普通高等学校风景园林专业规划教材

城市公园规划设计

王先杰　梁　红 ◉ 主编

U0234405

化学工业出版社

·北京·

内 容 简 介

《城市公园规划设计》详尽阐述了城市公园规划设计的理论与方法，包括总论与分论。总论分为 3 章，第 1 章概述城市公园的起源与发展、概念、分类与功能；第 2 章从规划的角度阐述城市公园与城市规划、城市绿地系统的关系，并与时俱进，尝试用城市规划的思考方式来解释近年来高频出现在公园设计中的名词与理论：绿道、景观都市主义、新城市主义和海绵城市；第 3 章从宏观的角度对城市公园的规划设计进行了总述。第 4～第 12 章分论详细阐明如何进行各类型城市公园的规划设计，参照《城市绿地分类标准》（CJJ/T 85—2017）分成综合公园、专类公园和游园三个部分。其中专类公园选择了动物园、植物园、儿童公园、城市湿地公园、遗址公园、游乐公园六大类型公园绿地进行详细论述；同时，随着城市化进程的加快，产生了大量的工业废弃地和废置工业设施，专类公园中特增加了后工业公园这一绿地类型进行介绍。

《城市公园规划设计》可作为高等院校园林、风景园林、城市规划、建筑设计、环境艺术设计、建筑学等专业师生的教学参考用书，也可以作为相关专业的工程设计和管理人员的参考书。

图书在版编目（CIP）数据

城市公园规划设计/王先杰，梁红主编 . —北京：
化学工业出版社，2021.2（2024.5 重印）
普通高等学校风景园林专业规划教材
ISBN 978-7-122-38245-0

Ⅰ.①城… Ⅱ.①王…②梁… Ⅲ.①城市-公园-
园林设计-高等学校-教材 Ⅳ.①TU986.2

中国版本图书馆 CIP 数据核字（2020）第 257349 号

责任编辑：尤彩霞　　　　　　　　　　装帧设计：韩　飞
责任校对：王　静

出版发行：化学工业出版社（北京市东城区青年湖南街 13 号　邮政编码 100011）
印　　刷：三河市航远印刷有限公司
装　　订：三河市宇新装订厂
787mm×1092mm　1/16　印张 16½　字数 430 千字　2024 年 5 月北京第 1 版第 4 次印刷

购书咨询：010-64518888　　　　　　售后服务：010-64518899
网　　址：http://www.cip.com.cn
凡购买本书，如有缺损质量问题，本社销售中心负责调换。

定　　价：68.00 元　　　　　　　　　　　　　　　　版权所有　违者必究

《城市公园规划设计》
编写人员名单

主　　编：王先杰　梁　红
副 主 编：王　凯　张　炜　施　鹏　汪　威

编写人员（按汉语拼音排序）：

高宛莉　南阳师范学院农业工程学院
郭雯雯　青岛农业大学园林与林学院
姜小蕾　青岛农业大学园林与林学院
姜雪昊　棕榈建筑规划设计（北京）有限公司
李凤仪　青岛农业大学园林与林学院
李旭兰　青岛农业大学园林与林学院
梁　红　青岛农业大学园林与林学院
萨　娜　青岛农业大学园林与林学院
施　鹏　棕榈建筑规划设计（北京）有限公司
汪　威　贵州民族大学旅游与航空服务学院
王　凯　青岛农业大学园林与林学院
王先杰　北京农学院园林学院
吴　彪　和久行一（青岛）设计咨询有限公司
张　炜　华中农业大学园艺林学学院
郑　涛　青岛农业大学建筑工程学院

前　言

　　城市公园是城市中向公众开放的，以游憩为主要功能，有一定的游憩设施和服务设施，同时兼有健全生态、美化景观、科普教育、应急避险等综合作用的绿化用地。城市公园的面貌反映了某个地区甚至国家的园林艺术水平和建设水平。它是城市建设用地、城市绿地系统和城市绿色基础设施的重要组成部分，是表征城市整体环境水平和居民生活质量的一项重要指标。为了适应时代发展和风景园林学科培养目标的需要，与以往国内有关的公园规划设计教材相比，《城市公园规划设计》教材力求在理论与案例上与时俱进，体现近年来公园规划设计理论研究与实践的发展，并紧跟时代要求，新增课程思政内容。

　　为了能够详尽阐述城市公园规划设计的理论与方法，《城市公园规划设计》的基本内容共分为两大部分：

　　第1篇是总论（第1～3章）。分为3章，第1章概述城市公园的起源与发展、概念、分类与功能；第2章从规划的角度来阐述城市公园与城市规划、城市绿地系统的关系，并与时俱进，尝试用城市规划的思考方式来解释近年来高频出现在公园设计中的名词与理论：绿道、景观都市主义、新城市主义和海绵城市；第3章从宏观的角度对城市公园的规划设计进行了概述。

　　第2篇是分论（第4～12章）。详细阐明如何进行各类型城市公园的规划设计。主要参照《城市绿地分类标准》（CJJ/T 85—2017）中公园绿地的分类标准以及结合国内的发展现状，分成了综合公园、专类公园和游园三个部分。

　　综合公园是公园绿地十分重要的组成部分（第4章），由于篇幅有限，社区公园在居住区绿地规划设计中常有非常详尽的阐述，因此本教材将社区公园略去不写；专类公园类型较多，为了重点突出，本书选择了儿童公园、动物园、植物园、游乐公园、城市湿地公园、遗址公园六大类型公园绿地进行详细论述（第5～8章、第10章、第11章）；随着城市化进程的加快，产生了大量的工业废弃地和废置工业设施，如何对工业废弃地进行生态恢复和景观再生，并注重工业遗产的保护与再利用，后工业公园的设计理论体系应运而生，因此，本教材的专类公园中特增加了后工业公园这一类型的公园绿地（第9章）；由于游园包含范围较广，因此本书仍选用了《城市绿地分类标准》（CJJ/T 85—2017）中与人们生活息息相关的游园进行了详细阐述（第12章）。

　　《城市公园规划设计》可供高等院校园林、风景园林、城市规划、景观设计、环境艺术设计、建筑学等专业师生阅读和参考，也可做相关技术人员作为在职进修学习的读本。

　　《城市公园规划设计》由风景园林相关专业的教学第一线的教师和设计院的高工联合编写。北京农学院的王先杰教授和青岛农业大学的梁红副教授担任主编；王凯、张炜、施鹏和汪威担任副主编，全书由王先杰、梁红统稿。本教材的具体分工如下：第1章和第7章由李凤仪编写；第2章由李旭兰编写；第3章由梁红、王凯、汪威编写；第4章和第5章由萨娜编写；第6章由郭雯雯编写；第8章由施鹏、姜雪昊、王凯、高宛莉编写；第9章和第12章由王凯、张炜编写；第10章由姜小蕾、王先杰、吴彪编写；第11章由郑涛编写，本书的参考文献和课程思政部分由梁红、王凯整理。感谢青岛农业大学研究生姜南、史露、沈昱君、朱凯和王静对本教材的绘图和校正所付出的辛勤劳动；感谢化学工业出版社的编辑在本书编写过程中的辛苦付出。本书的电子版高清图片可登录化学工业出版社教学资源网 http://www.cipedu.com.cn 免费下载。

　　因时间仓促，编者水平有限，书中的缺陷和不足难免，敬请读者批评指正。

编者

2020 年 11 月

目　录

第1篇　总　论

第2篇 分 论

第1篇 总 论

第1章 城市公园相关概述

城市公园是城市中的"绿色乐园",它诞生于两次工业革命交接的重要时期,是人类社会结构与自然环境被工业革命打破后催生的必然产物,在城市发展中发挥着积极的作用。城市公园的面貌反映了某个地区甚至国家的园林艺术水平和建设水平,是对内丰富市民物质精神生活、对外展现城市精神风貌的绿色窗口。

1.1 城市公园的起源与发展

1.1.1 城市公园兴起的历史背景（19世纪初）

世界较早的造园事件出现在公元前3700年的埃及,当时的法老及贵族们都为自己建造了墓园,可见世界范围内园林的产生已有5700多年的历史,相比之下公园概念的产生比园林概念的产生就晚了很多年。

17~18世纪欧洲大范围爆发了资产阶级革命,封建王朝被武装推翻,土地贵族与大资产阶级联盟的君主立宪政权得以建立,宣告了资本主义社会制度的诞生。与此同时,新兴资产阶级将封建领主及皇室的宫苑、私园没收并向公众开放,使得原本属于私人的园林转变为公共享有的风景财产,故将其统称为"公园"(public park)。这些"公园"是城市公园的早期雏形,为19世纪欧洲和美国建设一些开放的、为大众服务的城市公园打下了重要的基础。较早的实例有1804年切尔开设计的面积达366hm^{2}的德国慕尼黑"英国园"(图1-1)。

图1-1 德国慕尼黑"英国园"

1.1.2 欧洲城市公园群的发展（19世纪上半叶）

城市公园的出现至今只有170多年的历史,世界上公认的第一个公园为1843年英国利物浦市动用税收建造的一个公众免费使用的公园——伯肯海德公园(Birkenhead Park,图1-2),它的建设和使用标志了真正意义的城市公园的诞生。当时封建阶级的瓦解与新兴资产阶级的兴起是促使这一公益性质的园林形态产生的历史背景。

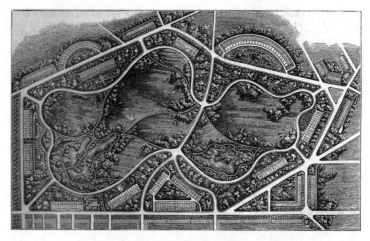

图 1-2　伯肯海德公园平面图（维多利亚时期）

19 世纪英国由于城市工业快速发展，城市人口的居住条件极度拥挤局促，导致工人的健康状况恶化和劳动效率低下，这一现象引起了靠工人工作效率获利的资本家的重视。在 1833—1843 年期间，英国议会通过了多项法案，准许动用税收来进行下水道、环卫、城市绿地等基础设施的建设。伯肯海德区城区人口数量激增，在这一时代大背景下，利物浦市议员豪姆斯（Isace Holmes）在 1841 年率先提出了建造公共园林（public park）的观点。两年后，政府收购了一块 185 英亩❶不适宜作为耕地的荒地，并计划将其中 125 英亩土地用于公园建设，其他 60 英亩的土地用于私人住宅开发。令人惊喜和意外的是，公园所产生的吸引力使周边土地获得了高额的地价增益，取得了经济上的成功：60 英亩土地的出让受益超过了购买整块土地和建设公园的总费用。

在伯肯海德公园建设的同时期，英国掀起了建设城市公园的热潮，各地的城市公园不断涌现，达到了一定的数量和规模，逐步形成城市公园群。这些公园群可以看作是公园系统的雏形，它们不仅有效解决了许多城市问题，并影响了城市空间的发展。其中，以伦敦的摄政公园群规划和巴黎城市改造最有代表性。

伦敦摄政区域的城市公园群规划（图 1-3）由约翰·纳什（John Nash）和汉弗莱·莱普顿（Humphrey Repton）合作完成的。规划主要分为 2 个部分，北端为摄政公园（Regent Park），南端是圣·詹姆斯公园（St James's Park）和绿园（Green Park），之间由摄政街（Regent Street）串联。整个摄政公园群深刻影响了伦敦市的结构发展和伦敦城市西部的功能分区：金融和商业区沿轴线生成，公园周边形成了居住区和生活区等，从而进一步影响了城市的空间发展。经历 100 多年的发展，摄政公园群也已经与肯辛顿公园（Kensington Garden）、海德公园（Hyde Park）等逐渐连接为一个整体。这个公园群的格局一直在延续和完善，并发展成为今日伦敦市中心一个庞大的公园系统。

受英国的影响，其他国家城市也开始兴建大量公园，并形成了公园群。著名的法国巴黎城市改造运动就建设了庞大的城市公园群，并且影响了整个巴黎的发展。

1853 年，路易-拿破仑·波拿巴任命巴黎行政长官乔治·欧仁·奥斯曼（Baron Georges-Eugène Haussmann）主持巴黎改扩建规划。奥斯曼针对巴黎的道路体系、园林建设、土地经营、市政工程等各个方面均做出了统筹安排。他构建了一个放射状的林荫道系统，道路的交汇处形成节点，在节点处兴建广场，再由广场向外发散出轴线，从而形成巴黎的整体

---

❶　1 英亩＝4046.86m²。

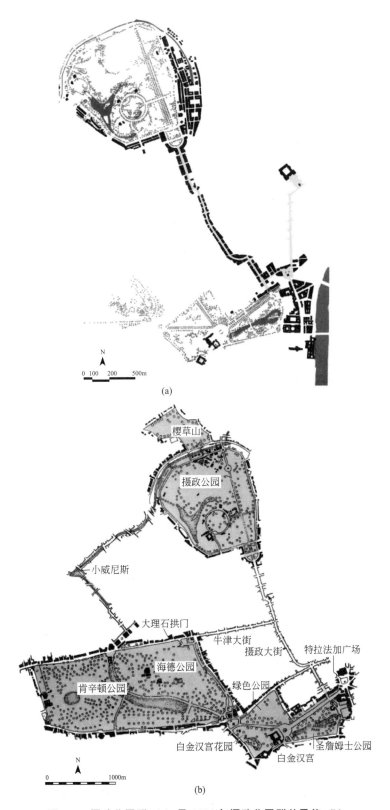

(a)

樱草山

摄政公园

小威尼斯

大理石拱门

牛津大街

摄政大街

特拉法加广场

海德公园

肯辛顿公园

绿色公园

白金汉宫花园

圣詹姆士公园

白金汉宫

N

0   1000m

(b)

图1-3　摄政公园群（a）及1994年摄政公园群总风貌（b）

图片来源：赵晶，朱霞清．城市公园系统与城市空间发展——

19世纪中叶欧美城市公园系统发展简述［J］．中国园林，2014，30（9）：13-17.

空间结构体系。同时，奥斯曼预见到拓宽城市道路必将损毁很多私家园林，于是提倡公园的发展。在奥斯曼的领导下，工程师和风景园林师让·查尔斯·阿尔方（Jean-Charles Christophe Alphand）和园艺师让·皮埃尔·德尚（Jean-Pierre Barillet Deschamps）共同推动了巴黎城市公园群的建设。

他们首先总结了伦敦公园建设的经验教训，认为伦敦的城市公园由于多由昔日的皇家园林改造而成，分布不均匀，联系性与协调性不足。因此，他们希望巴黎的城市公园体系建设能更加有序：园林应均匀分布，彼此建立联系并构成统一整体。于是，奥斯曼和阿尔方沿着巴黎的主要城市干道，特别是居住密度较高的街区附近兴建了包括蒙梭公园（Parc Monceau，图1-4）、肖蒙山公园（Parc des Buttes Chaumont）等在内的21个街心公园和5座大型公园，并在城市的边缘兴建了2座大型林苑，从而营建了巴黎的城市公园体系。阿尔方在兴建城市公园时，试图将公园融入城市环境中。他要求"将园外所有的景物都要纳入公园之中，从而使公园的边界消失"。城市边缘的2座林苑——布洛尼林苑（Bois De Boulogne）和文塞纳林苑（Bois De Vincennes），都采取了开放的设计模式，引城市道路入园。其中，布洛尼林苑由王室所有的规则式园林改造而成，现为向市民开放的永久性公园。该林苑中的一部分土地还被开发为居住区，获得的收益用于公园建设，保证了公园建设的正常运行和资金的循环使用。

图1-4　莫奈《蒙梭公园》（1879年，现藏于纽约大都会艺术博物馆）

巴黎的城市公园对城市的空间发展产生了深远的影响。在城市内部，公园与城市进行了景色的交融；在城市外围，郊区林苑通过林荫道与城市内部进行了连接。加之遍布街头的绿地和游园，形成了一个宏大的城市公园体系。这种自然形态的城市公园群构建于严谨的城市结构之上，从而改变了巴黎原有的空间格局。

1.1.3　"美国城市公园运动"与城市公园系统的成熟（19世纪下半叶）

美国的城市公园运动发端于19世纪中叶，以吸纳、务实和创新的精髓引领了现代城市公园的建设浪潮。当时美国处在由农业化加速向工业化转变的过程中，大量的移民潮流和公路、铁路等交通网的形成推进了美国城市化的进程。随着人口的增长、拥挤和贫困的加剧，城市中的居民越来越迫切需要可逃离城市繁忙和嘈杂的公共开放空间。

1853年纽约州议会就一项关于筹资兴建纽约市一座大型公园的议案进行了辩论，确定了要在纽约曼哈顿中央修建一个大型城市公园，其范围在59街到106街、从第五大道到第八大道的区域内。

深受道宁（Andrew Jackson Dowing）思想影响的弗雷德里克·劳·奥姆斯特德（Frederick Law Olmsted）曾在欧洲和不列颠诸岛上旅行，这些理论背景和经历使他对英国自然式风景园各个时期的思想主题都有所继承。1857年秋，奥姆斯特德与卡尔沃特·沃克斯（Calvert Vaux）合作参加了纽约中央公园的设计竞赛，获胜并担任公园的设计师。

在纽约中央公园的设计中，奥姆斯特德在尊重场地原有条件、明确公园公共属性的基础上，挖掘场地隐形价值而建立了完善的交通系统和功能体系，使这座城市不同阶级的人们在这里找到了属于自己的快乐。纽约中央公园的建成，标志着美国城市建设的新时代，也标志着美国开始有了现代意义上的城市公园。此后，美国各地城市公园如雨后春笋般地大量涌现，人们将这一时期称为"美国城市公园运动"时期，美国在城市公园建设方面成为后起之秀，开始走向世界前列。

纽约中央公园的设计与建造使奥姆斯特德意识到，既然公园能够带给其周边的居民和环境如此多的好处，就应该扩大其服务范围。因此在1866年的纽约布鲁克林公园的设计中，他与沃克斯设计了从公园通往城市的有公园氛围的道路，即供车马和行人通行的宽为80m的公园道路。如果说伦敦和巴黎的城市公园群只是公园系统的萌芽，在系统的联系性上还稍显不足，奥姆斯特德在美国的实践则真正实现了公园系统的理念。1868—1876年，奥姆斯特德运用公园道路，将布法罗市中的林荫大道、城市公园、滨水地带和城市广场等连接为一个整体，并将其与城市各部分相联系，形成布法罗公园系统，体现了奥姆斯特德景观设计理念中的景观系统性。在布法罗公园系统之后，奥姆斯特德还为芝加哥规划了一个公园系统，该公园系统规划在美国得到了广泛的认同，大量城市开始兴建公园系统，其中最具有代表性的是1878—1895年间建设的波士顿公园系统（Boston Park System），其规划深受布法罗和芝加哥等公园系统的影响。在波士顿公园系统中，奥姆斯特德不仅将大量的公园和绿地有序统一在一起，还连接了城市中心和偏远郊区，构建了引导城市发展的结构，改变了波士顿的原有格局。

在奥姆斯特德所构建的每个公园系统范式中，均是通过公园道路将各个公园绿地有序连通起来，从而形成一个完整的公园系统。不仅如此，这些公园系统还勾勒出了城市扩张的绿色骨架，其中的公园道路逐渐发展成为城市干道、人行道、步行街等城市交通体系；新的城市开放空间也围绕公园系统的绿色空间展开建设；公园系统中的绿色廊道连接了城市和即将发展的区域，构建了一个引导城市沿绿色脉络发展的复合结构。

1.1.4 城市公园的实用主义改革时期（20世纪上半叶）

20世纪上半叶开始，公园的综合性和实用性更加受到重视，设计团队往往囊括了园林、植物、生物、工程、建筑、社会学、城市规划等多个领域的专家，公园的美学体验、生态平衡、经营管理、实用服务价值等均受到关注。

公园作为公众领地，因其公共的特点要求管理以及运营具有更高的公开性和有效性。纽约中央公园在发展过程中就经历了这种具有极强目的性的多次改革，其中最有影响力的是革新主义者罗伯特·摩西对其进行的实用主义的改革。随着纽约中央公园的完成，它很快也陷入了衰落，纽约中央公园委员会于1870年解散，公园开始无人负责维修及保养，1934年，当共和党的费雷罗·瓜迪亚被选为纽约市市长后，这一切终于有改变了。他联合了当时5个和公园有关的部门，并派罗伯特·摩西（Robert Moses）负责整顿公园。罗伯特·摩西希望"公园既不是英国式的，也不是法国式的，既不浪漫，也不古典，而是高效的、有目的的、毫无疑问的美国式公园"，他在改革过程中"接受当时的风格，把浪漫的景观细节转变成经过精心设计的坚固边缘的世界风格，地形的框架，湖泊和主要建筑物都保留着，但其余的都要改变"❶。

　　瑞典斯德哥尔摩公园局负责人布劳姆对公园功能的表述反映了 20 世纪上半叶的 1930—1965 年的时代精神："公园能够打破大量冰冷的城市构筑物，作为一个系统，形成在城市结构中的网络为市民提供必要的空气和阳光，为每一个社区提供独特的识别特征；公园为各个年龄的市民提供散步、休息、运动、游戏的消遣空间；公园是一个聚会的场所，可以举行会议、游行、跳舞，甚至宗教活动；公园是在现有自然的基础上重新创造的自然与文化的综合体❶。"

1.1.5　城市公园的多层次发展时期（20 世纪下半叶至今）

　　20 世纪六七十年代起，西方各国面临日益严重的生态危机，人们对城市生态环境日益关注，开始重视城市生态设计理论研究和实践活动，因此城市公园也出现多层次的发展趋势，陆续出现了露天场所体系、规模相对较小的公园，越来越多的私人投资和商业技巧应用于北美公园中。伴随西方城市工业的逐步衰败，为解决弃置工业厂区的改造和再利用问题，有些工业厂区被改造成工业遗址公园，通过对已经破坏的生态环境进行恢复，并增加游憩设施，使其成为市民休息活动的场所，如德国杜伊斯堡北工业改造公园。

　　除了对生态问题的重视，后现代主义（post-modemism）在建筑艺术方面的兴起和壮大逐渐扩展和影响到公园设计领域，并且与其他的艺术思潮一起推动现代园林的发展。自 20 世纪 90 年代以来，城市公园呈现出多元化的发展。

　　（1）公园设计借鉴多种艺术形式

　　公园设计开始充分借鉴多种艺术形式，包括大地艺术、极简艺术、波普艺术、解构主义等，体现了艺术性的设计。法国巴黎莱维莱特公园（Parc de la Villette，图 1-5）由伯纳

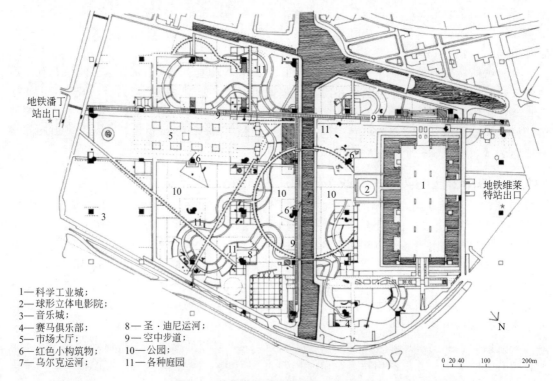

1—科学工业城；
2—球形立体电影院；
3—音乐城；
4—赛马俱乐部；　　8—圣·迪尼运河；
5—市场大厅；　　　9—空中步道；
6—红色小构筑物；　10—公园；
7—乌尔克运河；　　11—各种庭园

图 1-5　拉维莱特公园平面及点线面解构

---

　　❶　艾伦·泰特．周玉鹏，肖季川，朱清模，译．城市公园设计 [M]．北京：中国建筑工业出版社，2005．

德·屈米（Bernard Tschumi）设计，建筑师出身的他在设计中跳出传统的设计构思手法和结构，抛弃传统的构图形式中诸如中心等级、和谐秩序和其他的一些形式美规则，采用解构主义的手法，从法国传统园林中提取出点、线、面三个体系，并进一步演变成直线和曲线的形式，叠加成法国巴黎拉维莱特公园的布局结构。

（2）公园的功能越来越综合化

城市公园从最初单纯的田园风景到逐渐增加一些基本设施，再到运动休闲观念的贯彻和露天场所体系的形成，直至今天集休闲、娱乐、运动、文化、生态和科技于一身的大型综合公园，城市公园的功能内涵越来越丰富，形式也越来越多样。这种综合性正是应现代城市不断复杂化的社会要求而产生的。

（3）公园的生态设计越来越受到重视

建设公园时通过采用节水、节能、生态绿化等技术使公园的生态系统达到良性平衡，降低维护成本。海绵城市的提出使建设海绵型绿地成为公园设计的一项新要求，仅 2015 年一年，北京就新增了 70 个海绵公园，已建公园也开始纷纷进行雨水管理方面的改造。2014 年香山公园实施了雨水及地表水收集利用技术示范景观展示及恢复工程，这是北京市首次在山林公园实施该工程。预计设备全部到位，运作成熟以后，雨水收集规模约为 $1500m^3$，预计全年可收集雨水量为 7.7 万立方米。

（4）公园的服务更加人性化

其最核心的特征是城市公园完全免费开放，这一特征也是区别一个城市公园和一个商业设施的重要依据。除此以外越来越多的公园内开始装配免费的无线网络、无障碍通道、母婴室等便民设施，并且配备严密的监控设施以防发生意外。

1.1.6 中国城市公园发展简史

1.1.6.1 中国近代公园发展

1840 年鸦片战争后，帝国主义利用不平等条约在中国建立租界，为满足游憩活动的需要在租界内建造公园，并引入了大量的西方造园艺术。虽然早期的租界公园仅供外国殖民者和"高等华人"使用，禁止普通民众进入，但租界公园的出现仍然标志着中国园林的历史进入了一个新的阶段。这一时期的公园在功能、布局和风格上都明显具有英式自然风景园林和法国勒诺特尔式园林的特征，极大影响了我国自建公园的布局形态和模式。其中较为著名的租界公园有建于 1868 年的上海外滩公园（现名黄浦公园，图 1-6）、建于 1900 年的上海虹口公园（现复兴公园）、建于 1887 年的天津英国公园（现名解放公园）、建于 1917 年的上海中山公园（现中山公园）等。

图 1-6 黄浦公园与上海市人民英雄纪念塔

图 1-7 成都市人民公园辛亥秋保路死事纪念碑

随着资产阶级思想的传播，受租界公园的影响，清朝末年出现了中国自建的第一批城市公园，如建于 1897 年的齐齐哈尔龙沙公园、建于 1905 年的无锡城中公园、建于 1906 年的北京农事试验场附属公园、建于 1910 年的成都少城公园（现人民公园，图 1-7）等。

辛亥革命后，一批民主主义人士极力宣传西方"田园城市"思想，倡导公园建设，我国广州、南京、昆明、汉口、北平、长沙、厦门等主要大城市出现了一批公园，进入我国自主建设公园的第一个较快发展时期。一些坛庙社稷、皇家园林、风景名胜先后被整理改建成公园，如北京先农坛被改建为城南公园（1912 年）、社稷坛被改建为中央公园（1914 年，现名中山公园）、皇家园林三海之北海被改建为北海公园（1925 年），成都新繁东湖改建为东湖公园，南京玄武湖改建为玄武湖公园（1911 年），上海文庙改建为文庙公园（1927 年）等。此外，许多城市仍在陆续新建城市公园，如建于 1918 年的广州中央公园（现人民公园）和黄花岗公园、建于 1924 年的重庆万州西山公园和建于 1926 年的重庆中央公园（现人民公园）。到抗日战争前，全国已建有公园数百个。从 20 世纪 30 年代到 1949 年前这段时间，各地公园建设基本进入停滞阶段。

1.1.6.2　中国现代公园发展

1949 年以后中国现代公园建设事业的发展先后经历了 5 个阶段。

（1）恢复、建设阶段（1949—1959 年）

1953 年，我国开始实施第一个国民经济发展计划，城市园林绿化恢复进入有计划、有步骤的建设阶段，许多城市开始新建公园。1958 年，中央提出"大地园林化"的号召，对当时城市公园建设事业的发展起到一定的推动作用。截至 1959 年底，全国共有城市公园509 座，这一时期以恢复和扩建、改建原有公园为主，学习苏联建设经验，公园强调教育和休息结合、重视群体性和政治性活动。

（2）调整阶段（1960—1965 年）

这一阶段园林绿化建设陷入瓶颈，为渡过难关，出现了"园林综合生产""以园养园"的现象以及公园农场化和林场化的倾向。

（3）停滞阶段（1966—1976 年）

由于特殊的历史原因，这一时期城市公园建设和管理陷入停滞。

（4）蓬勃发展阶段（1977—1989 年）

十一届三中全会召开后，我国园林绿化事业得到恢复和发展。1978 年 12 月，国家基本建设委员会召开第三次全国城市园林绿化工作会议，会议首次提出了近期（1985 年）、远期（2000 年）城市园林绿化的指标。1981 年 12 月，第五届人民代表大会第四次会议通过了《关于开展全民义务植树运动的决议》，各级政府在城市建设中贯彻"普通绿化和重点美化相结合"的方针，取得较好效果。这时期的公园开始注重经济利益的追求，商业游乐设施开始增多。

（5）巩固前进阶段（1990 年至今）

20 世纪 90 年代以后，随着城市化进程的加快，城市环境问题越来越突出，1992 年随着创建园林城市的活动在全国普遍开展以来，配合城市建设的大发展，我国城市公园也经历了一个高速发展的阶段。

我国全国建成区绿化覆盖率从 1988 年底的 17% 增长至 2018 年的 37.9%，人均公（共）园绿地面积也由 3.3m² 增至 14.1m²。除日常休息和旅游功能外，更加重视公园的生态性和景观性。

1.2　城市公园的分类与功能

1.2.1　城市公园的概念

"公园（public park，park）"是一个普遍使用的概念，目前我国相关的国家标准和有关著作对公园的定义主要有以下几个。

中华人民共和国国家标准《城市规划基本术语标准》（GB/T 50280—1998）中的定义，公园是"城市中具有一定的用地范围和良好的绿化及一定服务设施，供群众游憩的公共绿地"。

国家标准《公园设计规范》（GB 51192—2016）定义公园是"向公众开放，以游憩为主要功能，有较完善的设施，兼具生态、美化等作用的绿地"。

根据国家行业标准《风景园林基本术语标准》（CJJ/T 91—2017）中定义，公园是"向公众开放，以游憩为主要功能，有较完善的设施，兼具生态、美化、科普宣教及防灾等作用的场所"。

《中国大百科全书（建筑、园林、城市规划）》（第二版）（中国大百科全书出版社，2009）对公园的定义是："城市公共绿地的一种类型，由政府或公共团体建设经营，供公众游憩、观赏、娱乐等的园林。"

以上定义从功能、服务对象、环境设施等方面对公园进行了论述，与维基百科中对公园的解释"公园是自然的、半自然的或人工种植的空间，用于人类的娱乐或保护野生动物以及自然栖息地"进行对照，可以发现国外对于公园的生态保护功能更加强调与重视。

1.2.2　城市公园的分类

各国家采取的城市公园分类方式都是不一样的，下面对苏联、美国、日本、中国的城市公园分类进行介绍。

1.2.2.1　苏联城市绿地分类

苏联在20世纪50年代按城市绿地的不同用途，将城市绿地分为公共使用绿地、局部使用绿地和特殊用途用地三大类。

① 公共使用绿地　包括：文化休息公园、体育公园、植物公园、动物园、散步休息公园、儿童公园、小游园、林荫大道、住宅街坊绿地等。

② 局部使用绿地　包括：学校，幼托，俱乐部，文化宫，医院，科研机关，工厂企业，休、疗养院等单位所属的绿地。

③ 特殊用途绿地　包括：工厂企业的防护林带（防风、沙、雪等），防火林带，水土保护绿地，公路、铁路防护绿地，苗圃，花场等。

在1990年以后，苏联实行了新的建筑法规，将城市用地分为生活居住用地、生产用地和景观游憩用地。其中园林绿地则属于景观游憩用地。综合这些绿地的位置、规模及功能等特征，景观游憩用地可分为城市森林、森林公园、森林防护带、蓄水池、农业用地及其他、耕地、公园、花园、街心花园和林荫道。

1.2.2.2　美国城市公园分类

美国城市公园按土地和管理权属的差别，可分为国家公园、州立公园以及县市公园、其他组织或个人所有但向公众开放的公园和开放空间。

按照游憩活动的差异，可分为悦动型公园（active park，以体育活动为主）和静憩型公园（passive park，以野餐、散步等休闲活动为主）。

按照建设模式的不同，可分为自然游憩地、设计型公园、未开发绿地。

按照使用群体和服务的细分，可分为公园（park，提供较为综合的设施满足多种游憩使用）、游憩中心（recreation center，提供室内运动场馆，配备专人规范化管理，可满足社区居民的日常游憩活动并提供各种培训项目）、游乐场（playground，仅提供室外运动场地供社区居民日常游憩使用）、口袋公园（pocket park，提供儿童游戏、野餐桌等供社区居民日常游憩的小型公园）、宠物公园（dog park）。

按照服务范围的差异，可分为区域公园、社区公园等❶。

1.2.2.3　日本公园分类

日本公园的制度始于1873年太政官关于开设公园的第16号布告，分为自然公园与城市公园两类。

根据日本1957年颁布的《自然公园法》规定，自然公园可分为国立公园、国家公园和都道府县立自然公园三类。

日本正式的城市公园行政则始于1956年（昭和31年）制定的城市公园法，按照系统分类可分为住区基干公园、城市基干公园、大规模公园、特殊公园、缓冲绿地、绿化道、城市绿化区、2号国营公园等8类。按照功能的不同又可将城市公园分为文化教育公园、工艺公园、场地公园、娱乐公园、家乡公园、草地公园、保健公园、防灾公园、庭院花园、城市绿化植物园、自然生态观察公园、樱花园、村镇/家乡疏林、天然野营地、互相接触公园、交通公园、乡间公园、国家公园、休养娱乐城市、广场公园、方形小花园、开放绿地、城镇农场等二十多种类型❷。

1.2.2.4　中国的城市公园分类

《城市绿地分类标准》（CJJ/T 85—2017）对城市绿地进行系统分类，划分为5个大类、13个中类、11个小类，其中5个大类分别为公园绿地、生产绿地、防护绿地、附属绿地和其他绿地。

其中G1公园绿地是分类重点（表1-1），这也是目前中国城市公园分类的唯一国家标准。按照公园绿地的主要功能和内容的区别，对公园采取了两级分类法。第一层次，将公园绿地划分为4个中类，分别是综合公园、社区公园、专类公园和游园。第二层次，共计9个小类，专类公园划分为动物园、植物园、历史名园、遗址公园、游乐公园、其他专类公园6个小类；游园没有下级分类。

表1-1　公园绿地分类标准（部分内容）

类别代码			类别名称	内容	备注
大类	中类	小类			
			公园绿地	向公众开放，以游憩为主要功能，兼具生态、景观、文教和应急避险等功能，有一定游憩和服务设施的绿地	
	G11		综合公园	内容丰富，适合开展各类户外活动，具有完善的游憩和配套管理服务设施的绿地	规模宜大于10hm²
G1	G12		社区公园	用地独立，具有基本的游憩和服务设施，主要为一定社区范围内居民就近开展日常休闲活动服务的绿地	规模宜大于1hm²
	G13		专类公园	具有特定内容或形式，有相应的游憩和服务设施的绿地	
		G131	动物园	在人工饲养条件下，移地保护野生动物，进行动物饲养、繁殖等科学研究，并供科普、观赏、游憩等活动，具有良好设施和解说标识系统的绿地	

❶ 骆天庆. 美国城市公园的建设管理与发展启示——以洛杉矶市为例 [J]. 中国园林，2013，29（7）：67-71.
❷ 蓑茂寿太郎，高梨雅明，后藤和夫，等. 日本城市公园行政的现状和展望 [J]. 北京园林，1990（3）：37-44.

类别代码			类别名称	内　容	备注
大类	中类	小类			
G13		G132	植物园	进行植物科学研究、引种驯化、植物保护,并供观赏、游憩及科普等活动,具有良好设施和解说标识系统的绿地	
		G133	历史名园	体现一定历史时期代表性的造园艺术,需要特别保护的园林	
		G134	遗址公园	以重要遗址及其背景环境为主形成的,在遗址保护和展示等方面具有示范意义,并具有文化、游憩等功能的绿地	
		G135	游乐公园	单独设置,具有大型游乐设施,生态环境较好的绿地	绿化占地比例应大于或等于65%
		G139	其他专类公园	除以上各种专类公园外,具有特定主题内容的绿地。主要包括儿童公园、体育健身公园、滨水公园、纪念性公园、雕塑公园以及位于城市建设用地内的风景名胜公园、城市湿地公园和森林公园等	绿化占地比例宜大于或等于65%
		G14	游园	除以上各种公园绿地外,用地独立,规模较小或形状多样,方便居民就近进入,具有一定游憩功能的绿地	带状游园的宽度宜大于12m;绿化占地比例应大于或等于65%

注:来源于 CJJ/T 85—2017。

上述各类城市公园均位于城市建设用地以内,除此以外,被称为公园的还有森林公园(EG12)、湿地公园(EG13)和郊野公园(EG14),三者均属于区域绿地(EG),位于城市建设用地之外。森林公园❶定义为"具有一定规模,且自然风景优美的森林地域,可供人们进行游憩或科学、文化、教育活动的绿地"。湿地公园❷的定义为"以良好的湿地生态环境和多样化的湿地景观资源为基础,具有生态保护、科普教育、湿地研究、生态休闲等多种功能,具备游憩和服务设施的绿地"。郊野公园❸定义为"位于城区边缘,有一定规模、以郊野自然景观为主,具有亲近自然、游憩休闲、科普教育等功能,具备必要服务设施的绿地"。三者的共同点为:自然环境良好,向公众开放,以休闲游憩、旅游观光、娱乐健身、科学考察等为主要功能,具备游憩和服务设施的绿地。

1.2.3 城市公园的功能

城市公园是城市不可或缺的重要组成部分,是宜居城市的重要内容,在城市居民的日常生活中发挥着重要的功能和作用。综合来看,城市公园至少具有以下五种重要的功能。

1.2.3.1 生态功能

城市公园是城市生态系统的重要组成部分,其生态功能表现在以下四个方面。

① 调节空气湿度与温度　城市公园的绿地与水体可调节区域空气湿度,降低城市的热岛效应。

② 涵养水源　城市公园丰富的植物种植可以减少降雨径流和径流污染的产生及外排,起到调节和补充地下水、保持水土的作用。

③ 净化空气　城市公园的绿色植物通过光合作用吸收二氧化碳,释放氧气,公园中的瀑布、喷泉等水景还可以使周围空气电离形成负氧离子,成为城市中的天然氧吧。

④ 维持生物多样性　城市公园的绿地可以为许多野生动物、昆虫及微生物提供生境,保证城市生态系统中各个物种之间互相依赖、彼此制约的关系,保障生物群落及生态作用的丰富和多样化。

---

❶❷❸　来源于《城市绿地分类标准》CJJ/T 85—2017。

1.2.3.2 社会服务功能

城市公园是公益性质的绿色基础设施，与其他灰色基础设施相比，具有吸引人们前往休闲娱乐的自然属性，能够让人在城市快节奏中感受到自然与人文的赏心悦目。它的社会服务功能可以细分为休闲、健身、亲子、社会交往4个方面。

① 休闲功能 城市公园最典型的特征，主要是指在工作以外的自由时间，以消遣娱乐、放松休憩为目的的公园游览活动。

② 健身功能 随着人们健康意识的增强，使用者对城市公园的健身功能的要求也越来越高，公园中常设置运动设施、运动场地来满足人们闲暇时间的日常运动与锻炼。例如，深圳观澜湖生态体育公园坐落于观澜湖旅游度假区（图1-8），占地22万平方米，是深圳北部目前唯一具有生态旅游、体育、休闲、娱乐等功能的综合主题公园。园内拥有18片符合国际网球协会规定的比赛用网球场、长达10km的山地越野自行车赛道。除此以外，喜爱运动的游客还可以选择射箭、越野单车、篮球、五人足球、七人足球、沙滩排球场、CS野战基地、拓展攀爬、体育游戏嘉年华等运动项目。

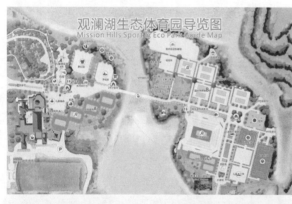

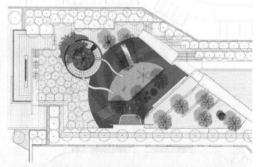

图1-8 深圳观澜湖生态体育公园
平面导览图及鸟瞰图

图1-9 北京嘉都中央公园儿童
活动场地平面及鸟瞰图

③ 亲子功能 孩子是家庭的纽带。在成长过程中，对孩子来说父母的陪伴的确很重要，但和同龄人交流、交友也一样重要。现代的公园设计也越来越重视儿童活动空间的打造，为周边的居民提供良好的交流交友、亲子娱乐的场所。例如，张唐景观设计有限公司在儿童活动区设计方面有很多精彩作品，如北京嘉都中央公园（图1-9）、成都麓湖云朵公园（图1-10）等。这些作品中的儿童活动场地设计鼓励小朋友走出家门到公园里一起玩耍。在这里，小朋友们会学到怎样排队玩滑梯、合作玩跷跷板、比赛玩攀爬、交换玩秋千、互相帮助玩攀爬；学会如何和别的小朋友交流；学会如何分享、如何合作、如何交换、如何帮助他人、如何妥协、如何保护自己。这些技能在成长的过程中比在学校学到的知识还重要。

④ 社交功能　工作场所和生活场所附近的城市公园往往成为人们日常交往的室外会客厅，例如，一些公园甚至在内部开设相亲角，吸引了大量市民前往，成为不同圈层人群相识、交往的重要场所。当然除了这些传统内容外，许多公园被赋予了时代的内涵，成为音乐节（图1-11）、动漫巡展、美食节的承办场地，为公园注入新的活力。

图1-10　成都麓湖云朵乐园平面及实景图　　　　图1-11　伦敦海德公园音乐节

1.2.3.3　文教功能

城市公园不仅要满足市民户外休闲娱乐活动的需求，也要满足地方教育、纪念、宣传、展览、展示、科普等文教功能，因此公园往往会成为地域文化、生态文化传达的重要媒介。

"千园一面"是城市公园面貌发展过程中遇到的瓶颈，为了让每个城市公园都形成自己的特色，成为城市风景的名片，一些公园在设计时巧妙利用场地内现有的文化历史古迹发展成为带有纪念性质的城市文化展示窗口，如北京元土城遗址公园（图1-12）、明城墙遗址公园等。还有一些区级、市级、省级的展览馆会依托自然景观良好的城市公园进行建设，使公园的文教科普附加价值得以提升。

图1-12　北京元土城遗址公园文化主题雕塑　　　图1-13　武汉推出亲子公益课——公园大课堂

此外，城市公园是居民接触自然的重要渠道，人们可以在公园中认识各种动植物，观察动物、植物外貌特征及其生活习性或生长特征，养成保护动植物、爱护环境的良好习惯，增强环境保护意识，达到日常自然教育的目的。例如，武汉市园林和林业局推出"武汉公园大课堂"活动（图1-13），由黄鹤楼公园、中山公园、解放公园等26家公园推出70余项亲子特色公益课，包括植物科普、自然体验、情感素质、户外运动等70余项活动，均免费开放约课。市民可通过"武汉公园客"微信平台获取菜单,并报名约课。这些课程并非一成不变,还将根据市民反馈和要求及时调整,极大地丰富了市民生活。

1.2.3.4 经济作用

城市公园属第三产业,有直接的经济效益和间接经济效益:直接经济效益是指门票、服务等直接的经济收入;间接经济效益是指公园绿化事业带来的良性生态效益和社会效益,如带动旅游业的发展、提升周边地价及商品住宅的价格等。

① 某些公园可以承担一定的农业生产作用 例如,鸳鸯湖国家湿地公园设立后,在大坝下游合理利用区,设置水产品养殖区,容积为 145 万立方米,所养殖的鱼类主要为草鱼、鲤鱼、胖头鱼,鱼产量约为 7.25×10^4 t,湿地公园内共有人工湿地稻田 198.7hm²,稻田产量按照 8.06t/hm² 计,据计算,鸳鸯湖国家湿地公园水产品供给服务功能价值每年能够达到 253.75 万元,谷物供给价值每年高达 800.76 万元,实现了城市湿地公园服务功能的最大化●。

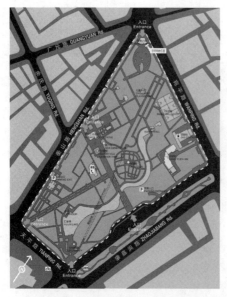

图 1-14 上海徐家汇公园平面图

② 城市公园可带动区域第三产业发展 例如,北京景山公园协助有关区、县政府承办苹果节、红杏节、樱桃节开幕式暨展销活动,推动了首都名优果品的宣传和影响力,并带动了郊区经济和观光采摘活动的开展。比如,在景山公园举办的"2009 年北京百万市民观光果园采摘游启动仪式暨中国·北京樱桃擂台赛",擂台赛上获得一等奖的两个郊区果园在擂台赛后几天就被挤得水泄不通。通过城乡手拉手系列活动的举办,景山公园为首都旅游观光采摘带来了新的发展契机。

③ 城市公园可助推房地产经济增长 伯肯海德公园就是典型的绿地建设带动地价增长的范例,这一特征延续到 150 多年后的今天仍然存在。例如,上海在建设徐家汇公园(图 1-14、图 1-15)时,一期的动迁资金就达 3.21 亿元,绿化建设资金超 4000 万元。公园建设成本如此之高曾令许多人质疑,但当公园建成后,不仅改善了周边的环境,也成了徐家汇的"钻石地段",周边房价上涨,各大企业入住,曾经空置的写字楼租借率也纷纷上涨,直接产生了数十亿元的经济效益。

图 1-15 上海徐家汇公园实景

● 张溶. 基于生态服务功能价值评估的水源地国家湿地公园功能区优化管理研究 [D]. 长春:吉林大学,2017.

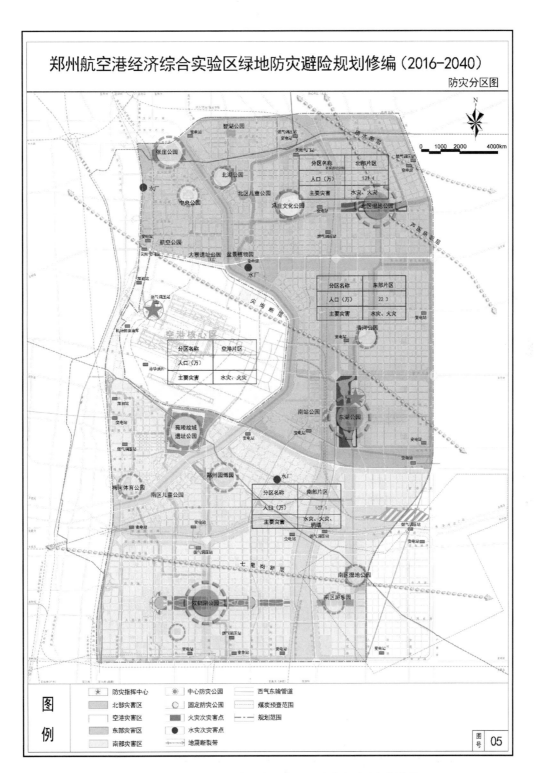

图 1-16　郑州航空港经济综合实验区绿地防灾避险规划修编
(2016—2040) —— 防灾分区图

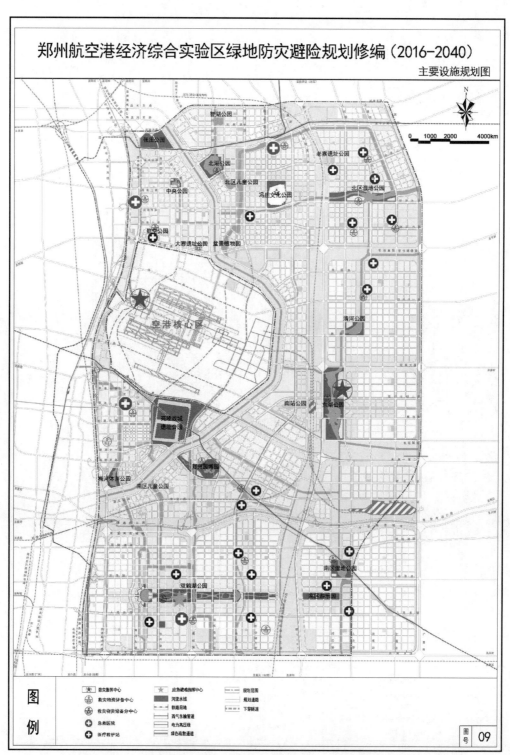

图 1-17 郑州航空港经济综合实验区绿地防灾避险规划修编
(2016—2040) —— 防灾避险绿地总体布局图

1.2.3.5 安全作用

公园的安全作用体现在以下两个方面。

① 城市公园可以作为安全隔离带　一些公园中常用的园林树木品种防火能力较强，如刺槐、青杨、火炬树、紫穗槐、五角枫、荆条、山杨、黄连木、臭椿、山楂、银杏、海桐、夹竹桃等，其在火情发生时可一定程度上防止火势蔓延。所以，一定规模的城市公园绿地是控制城市火灾蔓延、切断火路的重要隔火带。

② 公园可以作为防灾避险的场所　城市公园是城市应急避灾场所中的重要类型，是医疗救援、物资中转与发放的基地，其中最重要的是应对地震灾害，如唐山大地震期间唐山市各类公园均成了避灾、救灾的基地。以元大都城垣遗址公园为例，它是北京第一个按照应急避险标准设计的公园，拥有 39 个疏散区的避难所、应急避险指挥中心、应急避难疏散区、应急供水装置、应急供电网、应急简易厕所、应急物资储备用房、应急直升飞机坪、应急消防等多种类型防灾减灾设施。

为进一步加强城市公园的防灾避险功能，提高城市综合防灾避险能力，越来越多的城市开始针对城市公园系统进行绿地防灾避险的专项规划，如郑州航空港经济综合实验区。《郑州航空港经济综合实验区绿地防灾避险规划（2016—2040）》（图 1-16、图 1-17）针对实验区 362 平方公里内的防灾避险绿地进行科学选址与系统构建，并完善相应配套设施支撑，具体建设目标包括构建防灾避险空间体系、建设防灾避险绿地体系以及建设防灾避险紧急疏散体系三大部分。对城市绿地防灾避险功能的挖掘，能够使城市建设与防灾保障保持平衡，并将城市绿地系统打造成一个有生命力的基础设施，有效防御、改善和维护城市生态安全、人身财产安全。

课程思政教学点

教学内容	思政元素	育人成效
中国城市公园发展简史	爱国思想	使学生了解城市公园的发展史也是一部浓缩的中国史，"盛世出景观,乱世无园林"，只有国家强盛，园林才会有长足的发展，激发学生的爱国思想
城市公园的文化功能	文化自信	公园是地域文化、生态文化传达的重要媒介。"千园一面"是城市公园面貌发展过程中遇到的瓶颈，设计时要有文化自信，巧妙利用场地内现有的文化历史古迹,形成自身的特色

第2章 城市公园与城市规划

本章前两节针对城市公园与城市规划、城市绿地系统的关系进行论述。将城市公园置于更大的空间背景中，理解其在这种背景中起到的环境、社会、经济、文化等各方面的作用。在第三节，将尝试用城市规划的思考方式来解释几个经常出现在公园设计中的名词，希望能帮助读者通过另一个角度理解这些概念。

2.1 城市规划

要想了解城市规划，首先我们要明确什么是城市（镇）。关于这一点，我们要从两个方面来进行分析。首先，在人类发展的历史过程中，人类的第二次劳动大分工实现了商业、手工业与农业的分离。从这一时期开始，人类的聚居点就分成了两种类型：以农业为主的乡村和以商业、手工业为主的城市（镇）。所以，从城市第一次出现开始，其非农属性就是其区别于其他类型聚居点的决定性特征。其次，从我国古代"城""市"两个文字的意义来看，"城"主要是指为了防卫，利用城墙围合的区域；"市"则是进行交易的场所。但有城墙的交易及聚集点不一定是城市，因为一些村寨也拥有此功能。城市（镇）和乡村最根本的区别是产业结构上的区别；居民从事的职业不同，居民的人口规模、居住形式的密集程度等也有很大区别。

综上，城市（镇）是以非农业产业和非农业人口集聚为主要特征的居民点，包括按国家行政建制设立的市和镇。各国对城镇的定义都包含三个本质特征。

① 产业构成　城镇是以从事非农活动人口为主体的居民点，在产业构成上不同于村庄。

② 人口数量　相对于村庄城镇一般聚居更多的人口。

③ 职能　城镇一般是工业、商业、交通和文教的集中地，是一定地域的政治、经济和文化中心。

今天的城市早已成为一个复杂的系统，规模也已经发展成千万人口聚集的超大型人类聚居点。这种规模的人类聚居带来愈发细致的社会分工，孕育出更多更复杂的社会和自然关系网络。解决由这一复杂系统带来的工作、生活、游憩、交通等空间方面的问题，就是城市规划的主要工作。

城市规划是"对一定时期内城市的经济和社会发展、土地利用、空间布局以及各项建设的综合部署、具体安排和实施管理"。在这一过程中，城市规划设计师将根据政府发展规划和城市现阶段存在的问题和需求对城市用地进行安排和设计，通过总体规划、分区规划、控制性详细规划和修建性详细规划最终与建筑设计、景观设计、管线设计等建设项目对接。在某种意义上，城市规划就是政策落实在空间层面上的一种表达。为了便于管理，在城市规划这种统筹设计中，将城市建设用地分为8大类、35中类、44小类（表2-1）。

表 2-1　城市建设用地分类

代码	用地类别中文名称	英文同（近）义词
R	居住用地	residential
A	公共管理与公共服务用地	administration and public services

代码	用地类别中文名称	英文同（近）义词
B	商业服务业设施用地	commercial and business facilities
M	工业用地	industrial
W	物流仓储用地	logistics and warehouse
S	道路与交通设施用地	road, street and transportation
U	公用设施用地	municipal utilities
G	绿地与广场用地	green space and square

注：来源于 GB 50137—2011。

在城市建设用地分类表中的 G 是绿地与广场用地，就是城市绿地系统的用地总和。G 类用地又被分为 G1、G2、G3 三个中类，其中的 G1 就是本书的主要内容——公园用地。下面我们将对除绿地与广场用地之外的其他 7 种用地进行简述，并阐明这些用地与绿地及广场用地之间的关系。

2.1.1　居住用地（R）

居住用地就是指在城镇范围内，承担居民居住功能的用地。居住用地选择应满足城市功能布局、就业岗位和公共设施配置的总体要求。这一层面的考虑应该包括多样的居住类型来满足不同家庭的居住需求以及对居住地点选择的要求。

在居住用地选择过程中，首先按照地质、水文、水文地质、气候、地形地貌等方面的标准对城市建设用地进行土地适宜性分析（一般分为：一类用地，适于城市建设的用地；二类用地，需要采取一定工程措施才能建设的用地；三类用地，不宜进行城市建设的用地）；再综合工作地点、配套服务设施、开放空间系统、环境保护、交通系统和整体城市空间营造的设计，选择适宜的居住用地。

一旦 G 类用地周边出现居住用地或者干脆属于大型居住社区的一部分，设计者应当首先在用地范围内布置服务居民日常休闲活动的功能，尤其是服务于老人和小孩的活动功能。这不但为市民提供了就近休闲活动的场地，还同时给 G 类用地提供了稳定的活动人群，起到聚拢人气的作用。

2.1.2　公共管理与公共服务用地（A）和商业服务业设施用地（B）

公共管理与公共服务用地（A）和商业服务业设施用地（B）两类用地在功能和形态上较为类似，都是主要为社会配套三产服务的用地。两种用地的最根本区别在于后者以营利为目的，而前者则不以营利为目的。

当 G 类用地周边出现 A、B 两类用地，尤其是紧邻这两类用地时，G 类用地应当作为 A、B 两类用地的开放空间的延伸，承载其带来的大量高密度人流的休闲服务功能。在这种情况下，G 类地块应当与 A、B 类用地有便捷的交通联系及明确的标识导向系统。同时，在 G 类地块内的广场周边还可以布局带有餐饮和休闲功能的建筑，与 A、B 类用地相呼应。在主要适用人群分析中，应当充分考虑 A、B 类地块主要使用人群对本地块的影响。景观风格的选择也应当与之相适应。

2.1.3　工业用地（M）和物流仓储用地（W）

工业用地首先要求地势平坦，具有良好的排水坡度和地基承载力；要求用地集中、完整，并有足够的发展余地。其次交通方面要求有方便的运输条件，最好与铁路、港口等大型交通枢纽有便捷的联系。同时还需为用地内的企业提供稳定的能源，靠近发电站或热电站，还应考虑设置高压输电线走廊的可能性。最后还应考虑工厂对城市环境的影响，从风向、气候、地形、水文、地质等方面尽量减少工业对周围环境以及工业相互之间的污染和干扰，要求有必要的处理措施和隔离地带。

工业区周边及内部的绿化用地按照功能分为防护绿地和非防护绿地两种。防护绿地（G2）主要功能是降低工业生产过程中产生的"三废"（废水、废气、废渣）和噪声污染对城市其他区域产生的负面影响。乔、灌木能起到过滤作用，减少大气污染，同时吸收部分有毒气体。在防护带中可以平行地营造1～4条主要防护林带，并适当布置垂直的副林带。防护带的树种尽量选择能吸收有害物质或对有害物质抗性强的乡土树种。防护带附近在污染范围内的，不宜种植粮食及食用油料作物、蔬菜、瓜果等，以免引起食物慢性中毒，可种植棉、麻及工业油料作物等。

工业区周边及内部的非防护绿地是为工业区的工作生活提供相关配套的绿化及服务设施的用地。根据用地周边功能不同，参照R类用地和A、B类用地的注意事项进行设计。需要特殊注意的是：由于工业区内部存在频繁的货运交通，在设计中要特别注重交通对整个厂区的功能分割作用，尽量避免主要人行流线与车型流线的交叉和互相干扰。

2.1.4 道路与交通设施用地（S）

交通可以分为两个部分，即城市交通与城市对外交通。前者主要指城市内部的交通，主要通过城市道路、公共交通系统来组织。城市对外交通则是以城市为基点与外部空间联系的交通，如铁路运输、水路运输、公路运输、航空运输以及管道运输等。

城市道路与公路有很大不同，负担有多项任务，包括：解决城市交通；组织城市排水；埋（架）城市管线；安装城市设施；安排商业活动；组织城市空间；塑造城市景观等。

2.1.4.1 城市道路等级分类

城市道路按照其负担的任务可以分为交通性道路、生活性道路和游览性道路；按照其承担的交通活动的等级可以分为快速路、主干路、次干路和支路。

① 快速路完全为交通功能服务，设计时速为60～80km。快速路两侧5m以内不准种植大树（单向3车道以上靠人行一侧除外），以避免产生晃眼的树影。

② 主干道以交通功能为主，道路间距以800～1200m为宜，道路红线宽度在35m以上，设计时速为40～60km。

③ 次干道联系主干道，与主干道共同形成城市交通的骨架，可以兼顾商业服务功能，如设置大型公共建筑的出入口、加油站、停车场等。道路红线宽度为30～50m。

④ 支路联系居住小区，解决居住区交通，直接与两侧建筑物的出口相连接，以服务功能为主。红线宽度一般在15～30m之间。

2.1.4.2 城市道路结构分类

城市道路交通用地在不同城市中形成不同的结构模式，这些结构模式大体可以归结为以下3种（图2-1）。

① 棋盘式 棋盘式是最古老的形式之一。其优点是结构清晰，易于辨认，而且易于规划棋盘的内部，建筑物都有较好的朝向；缺点是对角线的交通距离增加0.4倍左右，而且路口多，不适应现代车流多的要求。

为了改进其缺点，历史上在以步行和马车为主的时代曾经出现过棋盘加对角线的模式，可以缩短城市主要区域之间的路程，但导致了五交和六交路口，极不利于现代的交通组织。

② 放射环式 放射环式是从市中心以放射状的干道直接联系其他区域，交通便捷了很多，而其他相邻区域之间的联系用环路解决，环路还可以解决过境交通问题。其主要缺点是

街坊形式各异，建筑朝向多变，土地利用率较低。这种形式符合现代社会交通的需要，使土地利用率的问题因城市绿地率的增加而不再成为问题，因而许多城市在保持老城棋盘格局的同时，外围新城区都采用了放射环结构。

(a) 棋盘式路网　　　　　　　　(b) 放射环式路网　　　　　　　　(c) 自由式路网

图 2-1　城市道路结构模式

李旭兰　绘制

③ 自由式　自由式是由于地形限制而产生（如山城），或一些古老的小城市由于自身发展而成，可以更灵活地适应多变的地形，同时形成优美的建筑群轮廓线。这种形式的路网往往在带来优美的城市景观的同时，增加了道路的复杂性。大量的三维曲折路网和尽端路会造成非本地人的识路困难。

2.1.5　公共设施用地（U）

公共设施主要包括两个部分：站场和管线。其中站场所占用地就是公共设施用地，而管线铺设往往不单独设置，而是结合交通设计在道路地下进行铺设。

U 类用地周边绿化以防护绿地（G2）为主。根据具体公共设施的特点，按照其污染程度设置绿化隔离带。在这种隔离带中，不应设置休闲活动设施，以观赏、景观性绿化为主，以提高城市景观和生态效果。

2.2　城市绿地系统

城市作为最大也是最复杂的人工生态系统，是人类在自然生态系统的基底上按照人类的工作生活需求改建而成的。城市中由于人工改造的部分往往占比很大，破坏了原本的生态结构，进而影响到城市气候、水文、动植物多样性等多方面的情况，最终导致城市不得不新建更多的设施以替代原本自然界的自我调节功能。而城市中与自然联系较紧密的空间，也就是我们经常提到的城市绿地系统，在城市中起着举足轻重的作用。城市规划中的一个重要任务就是通过规划设计，确保城市绿地系统能尽量大地实现其自然功能，对城市的人类生活环境起到正面积极的作用。

2.2.1　城市绿地系统的用地分类

国际上目前尚无统一的城市绿地分类方法。各国所采取的不同分类方法，也一直在不断调整。

德国将城市绿地分为郊外森林公园、市民公园、运动娱乐公园、广场、分区公园、交通绿地等。

美国洛杉矶市将公园与休憩用地分为游戏场、邻里运动场、地区运动场、体育运动中心、城市公园、区域公园、海岸、野营地、特殊公园、文化遗迹、空地、保护地等。

苏联将城市绿地划分为公共绿地、专用绿地、特殊用途绿地。

我国城市绿地分类也经历了一个逐步发展的过程。1961 年版高等学校教材《城乡规划》中，将城市绿地分为公共绿地、小区和街坊绿地、专用绿地、风景旅游或休疗绿地共四类。1973 年国家建委有关文件把城市绿地分为五大类，即公共绿地、庭院绿地、行道树绿地、郊区绿地、防护林带。1981 年版高等学校试用教材《城市园林绿地规划》将城市绿地分为六大类，即公共绿地、居住绿地、附属绿地、交通绿地、风景区绿地、生产防护绿地。1990年国家工程建设标准《城市用地分类与规划建设用地标准》（GBJ 137—1990），将城市绿地分为三类，即公共绿地 G1、生产防护绿地 G2 及居住用地绿地 R14、R24、R34、R44。1992 年，国务院颁发的新中国成立以来第一部园林行业行政法规《城市绿化条例》，将城市绿地表述为 "公共绿地、居住绿地、防护林绿地、生产绿地" 及 "风景林地、干道绿化等"，至少六类。1993 年建设部印发的《城市绿化规划建设指标的规定》中，"单位附属绿地被列为城市绿地的重要类型之一"。

2017 年，中华人民共和国住房和城乡建设部颁布了《城市绿地分类标准》（CJJT 85—2017）。新版分类标准在《城市用地分类与规划建设用地标准》（GB 50137—2011）中对城市绿地的分类标准基础上增加了 GX 和 GE 两类用地，最终将城市绿地分为五大类，即公园绿地 G1、防护绿地 G2、广场绿地 G3、附属绿地 GX、区域绿地 GE。基本解决了老版规范（2002 版）与《城市用地分类与规划建设用地标准》（GB 50137—2011）之间的衔接问题。

2.2.2 城市绿地系统的任务

在住建部 2002 年的文件《关于印发〈城市绿地系统规划编制纲要（试行）〉的通知》中提出："城市绿地系统规划的主要任务是科学制定各类城市绿地的发展指标，合理安排城市各类园林绿地建设和市域大环境绿化的空间布局。"不难看出城市绿地系统规划的任务主要有两条：一是制定指标，二是规划结构。

2.2.2.1 制定指标

城市绿地指标是反映城市绿化建设质量和数量的量化方式。目前，在城市绿地系统规划编制和国家园林城市评定考核中主要控制的三大绿地指标为：绿地率、人均绿地面积、人均公园面积、城乡绿地率。根据《城市绿地分类标准》（CJJ/T 85—2017），城市绿地指标的统计公式为：

绿地率(%)＝[(公园绿地面积＋防护绿地面积＋广场用地中的绿地面积＋附属绿地面积)/城市用地面积]×100%

其中，城市用地面积范围与上述各类绿地统计范围一致。

人均绿地面积(m^2/人)＝(公园绿地面积＋防护绿地面积＋广场用地中的绿地面积＋附属绿地面积)/人口规模

其中，人口规模按照常住人口进行统计。

人均公园绿地面积(m^2/人)＝公园绿地面积/人口规模

其中，人口规模按照常住人口进行统计。

城乡绿地率(%)＝[(公园绿地面积＋防护绿地面积＋广场用地中的绿地面积＋附属绿地面积＋区域绿地面积)/城乡的用地面积]×100%

其中，城乡的用地面积与上述绿地统计范围一致。

经过多年的研究和发展，在城市建设的各种规范规定中对城市绿地系统的标准提出了量化标准：

《城市用地分类与规划建设用地标准》（GB 50137—2011）确定以 $10m^2$/人作为人均绿

地与广场用地控制的低限，并以 $8m^2$/人作为人均公园绿地控制的低限。

2.2.2.2　规划结构

城市绿地系统的布局结构往往和城市整体空间结构密不可分。一般情况下，城市总体结构布局应当把城市现有的自然资源（如水体、山体、主要生态迁徙廊道等）作为重要的参考因素，而这些自然资源，往往也是城市绿地系统的骨架结构。通常情况下，系统布局有点状、环状、放射状、放射环状、网状、楔状、带状和指状等类型。结合我国的城市绿地系统的特点，可以归纳为下列几种常见形式（图2-2）。

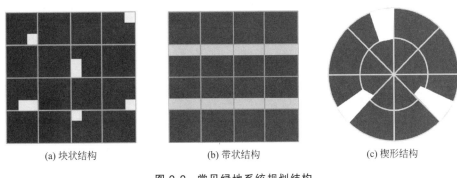

(a) 块状结构　　　　　　(b) 带状结构　　　　　　(c) 楔形结构

图 2-2　常见绿地系统规划结构

李旭兰　绘制

① 块状结构　以块状绿地为主要骨架形成绿地系统。这种结构便于与老城区改造结合，往往采取在城区现有绿地结构基础上进行小规模的"修修补补"，工程造价较低。但也因为这些现状的限制，无法对城市小气候和改善城市面貌起到很大作用。目前我国多数城市属于此类型。

② 带状结构　以现状的自然水体、城市道路等线型元素作为城市绿地系统的骨架。往往在现有的线型绿地空间基础上增加线型绿地空间，形成完善的绿地网络系统。这种结构容易形成良好的绿色街道景观，对城市面貌的改善作用明显。

③ 楔形结构　这种结构的特点是通过楔形绿地把城市外围的自然景观系统引入城市内部，对改善城市气候环境，缓解"城市病"❶起着重要的作用。同时，由于楔形绿地规模较大，对城市景观的改善作用也很显著。

④ 混合结构　按照城市的具体特点将前三种方式综合起来形成的城市绿地系统结构就是混合结构。这种结构可以根据不同需求，灵活采取各种应对措施，更加有利于对城市小环境的改造，方便居民游憩，有利于丰富城市总体与部分的环境景观。

2.3　跨学科思维的概念解释

进入21世纪，随着各个学科分支的深入发展，"多学科交叉""整体性思维""跨界"等词汇越来越频繁地出现在人们的视野中，借鉴其他学科的成果和思维方式来解决本学科内的问题，或者致力于解决两个学科交叉地带的"边缘问题"似乎已经成为一种趋势。《魔鬼经济学》的作者列维特（Steven D. Levitt）和都伯纳（Stephen J. Dubner）运用经济学思维来解释社会问题，在全社会掀起了一阵经济学狂潮（当然，这也归因于他们运用侦探小说一样的行文方式）。美国的霍勒德（J. H. Holland）教授模拟达尔文生物进化论的自然选择和遗

---

❶　城市病：一般指城市规模扩大和人口集中带来的一系列社会问题。

传学机制的生物进化过程提出了"遗传算法"（21世纪这一算法的更深入研究成果被广泛应用于大数据整理和机器学习，对人工智能的发展起着举足轻重的作用）。更有甚者，教育与游戏这两个看似对立的学科也开始进行大规模的"交叉融合"，利用游戏的手法促进人们的学习，同时减少学习给人们带来的枯燥和乏味感已经成为欧美发达国家教育行业的重要研究课题（美国的教育游戏《学习的远征》把整个中学教育变成了一场游戏）。在这种背景下，景观设计行业的发展也越来越多地借鉴其他相关行业的思维方式和思想成果。

城市规划是一门综合性非常强的学科，涵盖了城市发展的方方面面的内容，其自身本就具有的复杂性和跨界性的特点，在整体思维、功能设计、人文社会等层面上都对公园设计最终的使用效果起着十分重要的作用。

2.3.1 城市公园与城市绿地系统

思维角度：在历史和社会背景中理解概念。

城市绿地系统在19世纪发源于美国和欧洲。同一时期，处于主流地位并延续发展了几千年的古典园林设计手法突然被现代园林取代。如果我们想要从历史的角度来了解城市绿地系统和城市公园，我们首先要清楚这个转变发生的原因。

19世纪英国作家狄更斯在他的代表作《艰难时世》（图2-3）中这样描写当时城镇的生活环境："焦煤镇的天空是灰暗的，耸立的烟囱在源源不断地排放废气，焦煤镇的河流是紫红色的，纺织厂的废水混入河中，带走了曾经的清澈，常青树饱尝煤烟，如同一个吸鼻烟的邋遢鬼，生活在市镇里的人几乎不见天日，因为整片区域常年被烟雾笼罩。只有当蒸汽机停止转动，灰扑扑的世界被雨水洗涤干净，人们才会在云开雾散后看见月亮……"。狄更斯用大量这类描写表达了作者对工业城市的肮脏、混乱、恶臭和雾霾的厌恶。由此描写可知，当时英国的大城市并没有因为国力的强盛而变得更加宜居，反而因为大量的人口聚集和大规模的工业发展而出现了严重的"城市病"，加之后来因为卫生条件引发的大规模疫病，促使英国兴建了世界上第一个城市公园——伯肯海德公园，这就是著名的"公园运动"（park movement）的开端，而城市公园运动则是城市绿地系统发展的萌芽和开端。美国的纽约中央公园就是这一时期公园设计的重要代表。

图2-3 《艰难时世》封面及约翰·阿特金森·格里姆肖（John Atkinson Grimshaw）作品

所以说，19世纪城市公园的出现是城市绿地系统发展的开端，这一时期的城市公园与之前的古典园林设计有着极大的不同。古典园林主要是为了满足贵族阶层自身修养和经济实力的展现，这些园林所展现出来的气质往往是高贵、典雅但不可接近的（图2-4）。而现代城市公园主要是为了缓解高水平的思想自信和无法与之匹配的城市空间之间的矛盾而出现，所以以面向广大市民的休闲公园为主（图2-5）。

图 2-4   凡尔赛宫花园鸟瞰   图 2-5   纽约中央公园的人

受到亚当·斯密的影响，19世纪的英国社会普遍认同并尊重私人利益，这使得这一时期的公园设计相对于之前有了较大的变化，具有自身特点。

①真正的"公"园   公园设计的全民参与性、开放性和休闲娱乐性紧密结合。公园设计往往出口众多，或者干脆没有明确出口；空间中出现了更多的供人们休闲娱乐的设施；城市家具的配置开始出现，设计的接待人数规模变大……所有一切都在展示这是一个所有人都可以使用的空间。

②设计视角降低   由于主要使用者由少数贵族变为所有市民，公园设计的主要视角也从全景鸟瞰向人视点转变。更多的公园放弃了传统几何园林的鸟瞰构图，开始关注普通人能看到的景观效果。

③"神性空间"向"人性空间"转变   在古代，园林设计往往是为了赞美神的全能、歌颂贵族的伟大，所以往往出现巨型尺度的设计。随着使用者的改变，设计的主要关注点从大尺度的"神性空间"转变成了小尺度的"人性空间"。越来越多人性化的细节设计出现在现代园林设计中，更好地服务市民。

④城市公园体系的形成   随着城市公园运动的发展，单个城市公园运动发展为"公园体系"。唐宁提出了城市公共绿地是城市的"肺"的概念，强调人和自然之间的和谐关系，应以一种不损害自然的方式进行城市建设。1880年奥姆斯特德在波士顿用60～450m的绿化带将数个公园串联起来，形成景观优美、环境宜人的波士顿公园体系。该理论成为城市绿地系统的基础。从这一时期开始，公园与公园之间开始相互连接，形成了现代城市绿地系统的雏形。

19世纪末，随着工业革命在欧洲大陆普遍开展，城市规模越来越大，人口密度普遍升高导致城市环境日益恶化，最终导致人们对现有城市模式提出了质疑，随之出现了关于城市合理模式的大讨论，并出现了以霍华德田园城市为代表的一系列城市规划理论体系。这些理论强调将自然引入城市，来缓解城市内部的"城市病"；同时用自然元素作为边界限定城市发展范围，解决城市无止境扩展对周边环境带来的问题。

第二次世界大战暂时中断了人们对相关理论的研究，战争结束之后，百废待兴，各国无暇顾及对环境的保护，造成城市环境的极度恶化。到19世纪60年代，生态学作为新的设计理念引入城市绿地规划，开启了城市绿地系统规划的新篇章。麦克哈格（Ian Lennox McHarg）是较早提出系统地运用生态手法进行城市绿地规划的思想先驱。他的著作《设计结合自然》（Design with Nature）到现在依然是学习生态设计的必读书目。他在书中阐述了人与环境、环境与环境之间错综复杂的相互关系，人造生态系统应当顺应而不是改造所属自然环境。他发展出一整套从土地适应性分析到土地利用的层层叠加的规划方法和技术，提出了"千层饼模式"（图 2-6）。这一模式提出由土地适宜性决定人类最佳土地利用模式，强调自然和城市应该是一个有机系统。

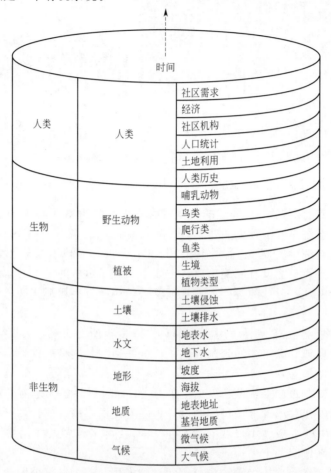

图 2-6 麦克哈格"千层饼模式"

20 世纪 80 年代，随着科学技术的进一步发展，出现了"绿色基础设施"（也叫生态基础设施）和绿道的概念，标志着新的绿地规划格局正在形成。

2.3.2 城市公园与绿道

思维角度：在整体中认识局部概念。

绿道是城市绿地系统的一部分，如果说城市绿地系统是一条华美的项链，城市公园是项链上精美的宝石，那么充当链子的就是我们这一节主要介绍的城市绿道。这一节中我们要从整体的视角来学习城市绿道这个概念，首先要明确两个关于整体的概念：城市生态系统和绿色基础设施。

2.3.2.1 城市生态系统

生态系统是指在自然界的一定的空间内，生物与环境构成的统一整体，在这个统一整体中，生物与环境之间相互影响、相互制约，并在一定时期内处于相对稳定的动态平衡状态。生态系统分为自然生态系统和人工生态系统两类，城市生态系统是最大、最复杂的人工生态系统。在城市生态系统中，城市居民与其环境相互作用而形成的统一整体，也是人类对自然环境的适应、加工、改造而建设起来的特殊的人工生态系统。一个区域想要具有可持续发展的能力，形成良好的区域气候，就必须达到生态系统的动态平衡。城市生态系统也必须达到这种动态平衡才能给城市居民营造舒适安全的城市小气候。

城市生态系统作为人工生态系统，与自然生态系统相比较具有以下几个特点。

（1）城市生态系统是人类起主导作用的人工生态系统

自然生态系统一般由非生物的物质能量、消费者（动物）、生产者（植物）和分解者（微生物）组成，其中后三者称为食物链。非生物物质能量是整个生态系统的基础，生产者把能量从非生物物质能量中传递至食物链，供消费者食用，消费者死后由分解者分解，再次变为非生物物质能量。在自然生态系统中，只需从外界引入太阳光，就能完成内部的能量传递和转换，达到自给自足。而在城市生态系统中，在城市内部具有巨大的消费者群体（市民），原来自然提供的生产者和分解者无法与之匹配。因此，城市生态系统所需要的大部分能量和物质要由其他生态系统（如农田生态系统、森林生态系统、草原生态系统等）提供。同时，城市生态系统产生的大量废物无法由自身所处的自然环境处理，只能传输到其他生态系统中去。所以，在城市生态系统中，原本分别由生产者、消费者、分解者分担的工作，最终都由人类来完成，这就形成了以一个人类为主导的人工生态系统。

（2）城市生态系统是不完整的生态系统，具有高度的开放性

由于城市生态系统中物质能量的提供和废物的消解都由其他生态系统提供，造成城市生态系统不能形成自给自足的网络结构。所以其在城市空间范围内是一个不完整的生态系统，要完成自身的能量循环，必须具有高度开放性。

（3）城市生态系统是物质和能量流动量大、运转快的生态系统

一个生态系统只需生产者和分解者就可以维持运作，数量众多的消费者在生态系统中起加快能量流动和物质循环的作用，可以看成是一种"催化剂"。城市生态系统中存在数量庞大的消费者，这就使得城市生态系统中的物质和能量运转非常快速，给充当生产者的运输系统和分解者的城市基础设施造成巨大的压力。

（4）城市生态系统是非常脆弱的生态系统

在自然生态系统中，食物链形成复杂的网络结构；而在城市生态系统中，由于所有的主要链条都依靠人工系统完成，而人工系统是一个相对于自然界简单得多的系统。众所周知，越复杂的系统就越稳定，简单的结构再加上城市生态系统大量、高速运转等特性，就使得城市生态系统往往会因为某一个人工链条的断裂出现灾难性的后果。在认识到这个问题之后，城市设计者们致力于增加城市生态系统中的结构性链条，以增加复杂度的方式来完善城市生态系统。也就是说我们要在城市中增加更多的能量和物质的循环途径。

2.3.2.2　绿色基础设施

各级市政基础设施承担了大部分的对物质和能量传输的工作。传统的市政设施由各级站场、管网和用户端组成，也被称为"灰色基础设施"。如果想要丰富灰色基础设施系统的路径，使之成为更加稳定的结构，是一个异常复杂、耗费巨大以至于根本不可能完成的任务。在这种情况下人们想到了另外一种方法：既然不能使灰色绿色基础设施本身的结构更加稳定，那么如果在灰色基础设施之外引入自身具有复杂稳定结构的自然生态系统的基础设施来代替部分灰色基础设施的功能，就可以以最小的成本完成对城市生态系统的优化。这种被引入的自然生态基础设施，就被人们形象地称为绿色基础设施。

在自然生态系统中，能量和物质的循环按照循环途径可以分为气体循环、水循环和沉积型循环三类，这三种循环都要求承担循环功能的绿色基础设施具有连续性和一定的基础宽度。

2.3.2.3　城市绿道

查理斯·莱托（Charles Little）在《美国的绿道》（*Greenway for American*）中提到："绿道就是沿着诸如河滨、溪谷、山脊线等自然走廊，或是沿着诸如用作游憩活动的废弃铁

路线、沟渠、风景道路等人工走廊所建立的线型开敞空间，包括所有可供行人和骑车者进入的自然景观线路和人工景观线路。它是连接公园、自然保护地、名胜区、历史古迹及其他与高密度聚居区之间进行连接的开敞空间纽带。"

绿色基础设施对城市发展起到非常重要的作用，其在城市空间的对应物就是城市绿道。城市绿道不仅承载绿色基础设施的所有生态功能，其自身还具有交通、景观和社会等方面的作用。

① 绿道的生态作用　绿道的生态作用首先体现在"绿色基础设施"上面。绿道本身的存在要帮助灰色基础设施进行城市中能量和物质的循环。传统城市的污染治理过于依赖灰色基础设施，绿道则通过自然自身的自净能力加速污染物在城市中自然代谢的速度。这是一种已经被证明投入更少、周期更长、更具可持续性的环境污染治理方案。

除了治理污染，绿道还可以降低自然灾害的影响，对城市进行未雨绸缪的主动保护，使人类聚居区避开灾害影响区。比如河道洪泛区的滩涂可以在洪水来临时减缓水位上涨。但在城市开发中，供应不足的土地迫使城市将绿色基础设施用地开辟为建设区，通过建设堤坝等灰色基础设施的方法进行防洪。最终河道失去了本来拥有的调洪功能，给大洪水侵袭留下了隐患。而一旦洪水决堤，堤坝内的城区将会受到巨大的影响。城市绿道的做法是引导城市规划，将有安全隐患的地段开辟为动植物栖息地，在栖息地内使用河道原本具有的自然调洪能力，削弱城市对灰色基础设施的依赖，形成更安全的城市防灾系统。

绿道的生态作用还体现在维护城市生态系统的生物多样性方面。传统的城市生物多样性保护往往针对某一栖息地或某一物种，把生物限制在某一个范围内生存。而绿道的网络系统能够给生物物种提供一种绿色空间网络，让它们繁衍生息，还可以引导人类开发远离重要的动植物栖息地，真正使城市生态系统与自然生态系统和谐共生。

城市绿道除了可以减少污染，还可以改善城市的小气候。城市森林作为城市的氧气供应站、温湿度调节器可以给城市带来郊区的新鲜空气，同时减少噪声的污染。

② 绿道的景观作用　绿道可以保护具有高观赏价值的自然景观，给城市这个人工环境增加更多更自然的元素。研究表明，自然元素能够很好地缓解城市居民在日常生活中容易出现的负面情绪。同时，绿道的规划设计还可以保护具有人文历史价值的景观，延续城市的历史和文脉。

③ 绿道的社会作用　绿道可以为居民提供大量户外休闲娱乐设施，提高居民的日常休闲活动质量，同时由于其网络化的特点，这些娱乐设施还可以较均匀地分布在城市范围内，从而提高城市休闲娱乐设施的共享性和均好性。除此之外，绿道还可以成为自然科学教育中心，结合科普展板、微信扫码等硬件服务设施，为市民，尤其是青少年提供良好的了解自然、了解历史等知识的平台。既丰富了市民日常生活，也起到了稳定社会的作用。

在经济方面，绿道可以通过自身景观资源整合沿线的旅游及休闲资源，提升旅游资源质量，给城市打造良好的名片，增加城市收入。除此之外，绿道的运营、维护管理、解说导游、餐饮服务等功能可以为社会提供更多的就业机会。一旦绿道建成，还会因为其景观等方面的优势提高周边地价。

2.3.3　景观都市主义和新城市主义

思维角度：用比较的方式来理解概念。

景观都市主义和新城市主义都是20世纪末在西方国家出现的设计理论，他们的设计目的都是为了解决当时出现的城市和社会问题，但最终的手段从表面上看却有些南辕北辙的味道。在本节我们将采用对比的手法来研究这一有趣的现象，以加深对这两种理念的理解。首先我们要介绍一下这两种理念出现的社会背景，以了解这两种理念共同的目标。

2.3.3.1 工业衰退与铁锈地带

19世纪后期到20世纪初，美国中西部因为交通和丰富的矿产资源成了重工业中心，涌现了一大批重工业城市。到了20世纪60年代，随着美国的产业转型，第三产业成为美国主导经济体系，重工业萎靡不振，导致工人收入降低或者干脆失业；大量工厂设备被闲置，渐渐长满了铁锈，这些区域就被人形象地称为铁锈地带。几乎在同一时期，由于战争胜利之后大量移民的涌入，再次冲击了城市中下层劳工就业市场，再加上白人的种族歧视等众多因素的影响，城市中心区变成了暴乱和犯罪的高发区。在这种情况下，有钱人纷纷迁往郊区，形成了大规模郊区化的现象，城市开始快速向郊区蔓延。与之相对，城市中心区渐渐衰败，出现了大量贫民窟。这种城市蔓延虽然在郊区满足了中产阶级的生活要求，却对整个社会的运转和生态环境带来了负面影响。

① 工作地和居住地的分离带来了巨大的交通压力，钟摆式交通给基础设施造成了大量浪费❶。

② 大量工作从城市迁移到郊区，郊区的低密度开发造成配套服务设施的服务半径很大，必须靠汽车来完成日常出行。从而导致所有的配套服务设施都要配建大型停车场，增加了市民对汽车的依赖，最终增加了城市日常能耗，占用了更多用地。这种蔓延加剧了人类对生态环境的侵占，造成了巨大的环境问题。

③ 对汽车的过度依赖减少了传统步行社会带来的人与人之间的互动。社区精神和社区凝聚力被破坏，越来越多的人脱离公共生活，造成"街道眼"❷的消失。这种情况滋生了更多犯罪；而更多的犯罪，使得更多的人不愿意参加公共生活，从而形成恶性循环。社区凝聚力和社区安全感急速下降。

④ 大量白人中产阶级迁往郊区，黑人和少数民族包括少量中下层白人留在市中心，加剧了阶层的分离和对立，社会不稳定因素增加。同时，城区内的基础设施老化、治安恶化等诸多问题又加剧了中产阶级的搬离，又形成恶性循环。

这些现代主义城市规划方法造成的城市问题已经无法依靠现代主义本身解决，最终导致了后现代主义思潮的产生。后现代主义指责现代主义忽略了人性的复杂和多样性，用理所当然的自大创造了千篇一律的城市空间。简·雅各布斯（Jane Jacobs）就是这其中的代表人物。在她1961出版的著作《美国大城市的死与生》（*The Death and Life of Great American Cities*）中颠覆了以往的城市规划理论。她认为政府以清扫贫民窟、复兴城市中心区的名义拆除老建筑，建设高层住宅和高速公路的手法是无效且有害的。这种粗暴的改建破坏了城市原有的多样化的稳定结构，破坏了原有的城市自我防御系统"街道眼"，从而加剧了中心城区的衰败。新城市主义和景观城市主义就是在这种背景下出现的规划理念。

2.3.3.2 景观都市主义

景观都市主义最开始被用来解决铁锈地带带来的环境污染问题，所以，这一理论的出发点是来自于生态和景观层面，认为景观和生态是未来城市空间组织的基础和重点。城市建设

---

❶ 钟摆式交通：人们在一天当中的同一时段有规律地往返于居住地与工作地，形成像钟摆一样的单向大量交通流，就称为钟摆式交通。由于上下班高峰会形成巨大的单向交通流，造成某一时段道路的一半超负荷运转、而另一半空闲的现象，无法发挥交通设施的最大运量而造成浪费。

❷ 街道眼：是由简·雅各布斯在《美国大城市的死与生》中提出的概念。她发现，传统街坊具有一种自我防卫的机制——邻里之间相互熟悉，也相互监督，外来的陌生人或行为异常的本地人很容易被发现，从而增加犯罪被发现的概率。雅各布斯把这种机制形象地称为"街道眼"。

伊始，应该首先满足自然生态关于各种物质能量循环、水环境、空气环境、植物环境和动物迁徙等的要求和景观体系的要求。以绿色基础设施的结构来引导城市规划设计和建设工作。同时在建设过程中引入公众参与的元素，使城市建设呈现出多样化、生态化和人性化的特点。简单来说，就是在生态系统的"命脉"之间的空隙中建设城市，并使其符合美学和人类心理学的要求。

1982年拉·维莱特公园国际竞赛中屈米（Bernard Tschumi，第一名）和库哈斯（Rem Koolhaas，第二名）的方案被认为是景观都市主义最早的实践。景观都市主义这一名词，是由多伦多大学建筑、景观和设计学院副系主任查尔斯·瓦尔德海姆（Charles Waldeim）在1997年研讨会上正式提出的。他认为："景观都市主义描述了当代城市化进程中一种对现有秩序重新整合的途径，在此过程中景观取代建筑成为城市建设的最基本要素。"

2007年加拿大多伦多城市滨水区堂河下游地段景观设计是一个非常典型的景观城市主义案例。由于新移民的不断涌入带动了周边地区的发展，多伦多堂河下游地区基础设施已不能满足市民生活需求。2007年多伦多市政府和相关组织联合举办了该地段的景观设计竞赛。进入前几名的方案都无一例外地使用了城市景观主义的理念。最终，美国MVVA提交的"都市港湾"方案一举中标。方案从改善河口自然生态环境出发，在空间、生态、功能、经济和社会5个层面思考设计地段和周边城区的关系。通过城市、河流、湖泊三者动态交汇的过程营造出一个区别于传统边界、充满活力的生活方式。

中标方案在综合解决场地工业污染、河口生态和景观效果的同时，考虑到区域原有历史的延续和周围环境融合的问题。在空间形态设计的同时，充分考虑到经济效益的实现，让传统中"花钱"的生态景观改造变成了能够产生经济效益的项目，这有利于提高各方面对景观生态改造的意愿。

景观城市主义理论强调景观设计不仅是一个蓝图，而且是一个动态发展的过程。"都市港湾"的设计与其说是空间形态的具体量化，不如说是一个示意。方案用概念性区块划分的方式，为未来的大区域景观可能的使用方式，提出操作性很强的实施策略，同时，不对具体空间形态做生硬的规定，具有很强的政策导向性和公众参与性。从这一点也可以看出，越来越多的景观设计方案开始借鉴城市规划层面的控制引导方式来进行城市开发。

2.3.3.3 新城市主义

1981—1982年，城市规划师杜阿尼（Andres Duany）、兹贝克（Elizabeth Plater-Zyberk）夫妇设计的佛罗里达海滨城被认为是新城市主义的开始。滨海城占地32hm^2，规划人口2000人，是一个典型的邻里单位❶规模的社区。整个规划设计以20世纪二三十年代美国自发形成的小镇为参照，采用综合用地模式进行空间布局，在规划上使居民出行到各主要公共空间步行距离不超过5min。城镇中心使用放射形路网结构，将重要的公共建筑设置在开放空间周边和道路对景点。采用小尺度路网的形势组织交通、划分用地，大多数街道仅18m宽，重视街景设计和公共空间设计，使之与植物景观资源和公共建筑相结合，恢复了传统街巷空间，为滨海城居民提供有吸引力的步行空间，以营造良好的社区凝聚力。

在1996年第四届新城市主义大会上形成了《新城市主义宪章》，宪章提出新城市主义的两种模式，包括TOD（Transit Oriented Development）模式（公交导向性开发）和TND（Traditional Neighborhood Development）模式（传统邻里发展）。虽然两者的侧重点不同，

---

❶ 邻里单位：1929年由佩里（Clarence Perry）提出的一种居住单元模型。他认为邻里单位规模应有学校的服务半径和服务人口确定，其他配套服务设施也以这个规模来进行配置，并按照服务半径要求形成不同等级的社区中心。通过交通干道切割出一个邻里单位，内部避免过境交通。

但都提倡步行出行方式、综合土地利用和社区凝聚力塑造。

（1）TND 模式

TND 模式又叫传统邻里发展，希望通过模仿传统社区的功能和空间组织特点来营造新的人性化社区，或者用来复兴因为后工业化衰败的老城区。TND 社区以邻里为基本单元，邻里半径约为 400m，街道间距 70～100m。保证大部分家庭到邻里公园的距离小于等于 3min 步行距离，到中心广场小于等于 5min 步行距离。邻里单元具有明确的边界，以确保城区不会无限制蔓延。社区中心具有可识别性。采用综合用地模式，在单个地块内综合多种用地功能，同时采用高密度开发，优先考虑步行空间，鼓励步行出行以恢复传统城镇街道面貌。

（2）TOD 模式

TOD 模式是在 TND 模式的基础上综合考虑远距离交通居民生活影响的开发模式。在社区内部，TOD 模式以公共交通站点为中心，连接居民日常步行交通和远距离通勤交通，鼓励人们更多地使用公共交通。主要公共空间与交通站点结合，辐射整个社区。区内汽车时速不可超过 25km/h，路宽不超过 8.5m，车行空间进行交通稳静化处理。采用紧凑布局，混合功能的用地方式，打造良好社区氛围。在区域层面上，沿线型公交线路布置多处 TOD 社区，形成有序的线型或网型结构。每一个 TOD 社区具有明确的边界，防止无节制地蔓延。

世界上最著名的 TOD 开发案例之一就是哥本哈根的指状开发（图 2-7）。该规划自 1947

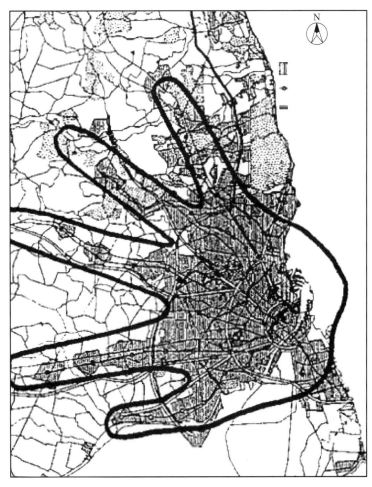

图 2-7　哥本哈根城市结构

年首次提出至今依然对城市起着积极的影响，同时仍作为经典案例，被众多规划实践当做学习的范本。方案针对当时人口增加、城市蔓延带来的钟摆式交通，城市中心基础设施配套不足、建筑质量较差等城市问题，提出了一系列解决方案。首先提出了在假定市区面积扩大75％的情况下城市发展的4种模式：①自然蔓延的情况；②短距离高密度交通布局的城市；③长距离低密度布局的城市；④短距离低密度布局的城市。经过比较，认为长距离低密度布局的城市较为合理。

规划制定了几点原则：对老城区采取保护性的限制开发政策，重点提升城市基础设施水平和生活环境质量。建设5条主要铁路干线，利用区域内原有城镇，形成以中心城（老城区）为中心，向外发散的"手指城市"。铁路沿线以车站为中心，形成具有完备的日常生活配套设施的城镇。规划建议特别提出，在各个"手指"之间，应保留楔形绿地，并尽可能与中心城区相连，在保护环境的同时，为居民提供更加多样化、宜人的休闲娱乐空间。

2.3.3.4　对比与思考

景观都市主义和新城市主义是为了解决同一问题而产生的两种不同的理论，他们从不同的角度来分析问题，从而得到了大相径庭的解决方式。

① 对生态保护的理解不同　景观都市主义认为新城建设在城市发展之初用蓝图的手法先确定不能跨越的生态控制线，可以保证自然生态系统中重要系统的循环，从而保护环境。如果是老城区，则应当在现有绿化结构基础上整理出完整通畅的绿色基础设施，让城市真正融入自然生态系统中。

新城市主义则认为"如果人类热爱自然的话，最好的办法不是到自然中去，而是离自然越远越好"。新城市主义提倡以"精明增长"❶的方式，提高容积率，限制城市规模，从而把城市对自然环境的影响降到最低。

② 出发点不同　景观都市主义最开始是被用来解决铁锈地带的废弃工业用地的再利用（也叫棕地改造）的问题。铁锈地带的工业用地绝大部分为重工业用地，由于重工业生产对土地产生的污染无法在短时间内消除，所以这些用地基本上都改造成为带有土地修复功能的绿地、公园等。所以，后期的理论实践也以环境改善和大尺度城市开放空间为主，较少涉及小尺度空间设计。

新城市主义最早的实践就是大型社区规划，以传统城镇空间为蓝本，强调步行空间营造和社区凝聚力塑造为主要目的。所以从一开始，它就带有强烈的公众参与性，从居民日常生活的小尺度空间入手，采取保守的渐进式改造方法，通过协调人、空间和社会之间的关系来提升居民的居住环境品质。

③ 恢复城市活力的手段不同　造成城市蔓延和中心城区衰败的原因很多，景观都市主义希望采取提高城市生态环境质量的方式吸引中产阶级回到城市中心。新城市主义则希望恢复传统街区步行系统的方式来达到同一目的。

④ 两种理论下的城市公园呈现不同的特点　由于生态廊道需要足够的宽度才能发挥其生态作用，景观都市主义中的城市公园往往担负生态功能，具有丰富的动植物资源，并且规模较大。新城市主义提倡"精明增长"，强调分散的小公园给整个社区带来景观休闲娱乐设施的均好性。所以新城市主义理念下的社区公园往往规模较小，同时配备更多的休闲娱乐

---

❶　精明增长：2000年，美国规划协会联合60家公共团体组成了"美国精明增长联盟"（Smart Growth America），确定精明增长的核心内容是用足城市存量空间，减少盲目扩张；加强对现有社区的重建，重新开发废弃、污染工业用地，以节约基础设施和公共服务成本；城市建设相对集中，空间紧凑，混合用地功能，鼓励乘坐公共交通工具和步行，保护开放空间和创造舒适的环境，通过鼓励、限制和保护措施，实现经济、环境和社会的协调。

设施。

这两种模式代表着 20 世纪后期设计师和城市建设者对城市改造的两种尝试。虽然它们出发点不同,手段不同,最终的成果也不同,但都曾经并且现在依然在城市设计行业中起着举足轻重的作用。通过对两种理论的对比,我们可以更加清晰地了解并掌握这两种理念的概念和方法。

2.3.4　城市公园与海绵城市

思维角度:从解决实际问题角度来理解概念。

在众多的规划设计理念中,海绵城市是在发展过程上比较特殊的一个。一般的规划设计理念,从第一次提出到被广泛认可往往需要十几年甚至几十年的时间才能被业界广泛接受和认可。但海绵城市的理念自从 2012 年 4 月在《2012 低碳城市与区域发展科技论坛》被第一次提出,到 2014 年确定在全国 16 个城市试点铺开,一共只花了两年的时间。究其原因,是因为这是一个以解决严重社会问题为目标,由政府主导推进的设计理念。在社会关系愈发复杂,突发事件越来越多的当下,设计师应当具备针对某一问题提出较为快速的解决方案的能力。下面我们将通过对海绵城市介绍,为大家提出一种思路。

由于改革开放以来中国经济社会的快速发展,城市规模爆发式增长。相比之下,城市配套基础设施的建设由于所处空间位置(地下铺设)带来的工程难度及铺设标准的相对滞后的原因,并没有能够满足这种爆发式增长带来的需求的巨变。在这种情况下,行政部门组织相关各界集中力量针对这一问题展开了广泛的讨论,并最终快速确定了应对措施。

在研究过程的开始阶段,专家们首先要考虑的就是借鉴其他国家的先进案例来寻找成熟的解决方式。它山之石可以攻玉,这是一种解决突发事件的有效方法。

2.3.4.1　各国城市水循环系统建设的成熟案例

在发达国家,19 世纪初就开始关注水循环系统,尤其是城市基础设施的给排水问题,从而积累了众多经验。

(1) 德国的雨水利用设施标准

德国早在 1989 年就出台了《雨水利用设施标准》,强调采用先进雨水收集技术高效集水,最终达到"排水零增长"的最终目标。德国雨洪治理主要采取以下三种方式。

① 屋顶　通过屋顶雨水收集系统利用雨水作为建筑内非饮用水使用,还可以通过建设屋顶花园的手法削弱屋面径流系数,减少雨水流失,同时提升城市环境质量。

② 地面　通过雨污截流与渗透手法降低地表径流系数。在雨水排水口设置截污篮,减少雨水携带的污染物。使用大量透水材料进行铺装设计,与植被设计结合降低地表径流系数。使用自然景观和人工湿地等方式进行雨水的存放。降低对排水管网的压力,同时增加城市内生态多样性,有利于形成稳定结构。

③ 区域　德国 20 世纪 90 年代开始采用生态小区雨水利用系统。该方法综合上面提到的两种方法,结合生态学、经济学、工程学等多学科结合,实现环境、经济、社会的和谐统一。具体做法包括屋顶花园、水景、渗透、中水回收、太阳能、风能和雨水利用与水景等,还可以对水质进行连续监控。

(2) 美国的雨水最佳管理措施与低影响开发

19 世纪 80 年代,美国制定了雨水最佳管理措施(BMPs)。该方法通过法律法规确定执行标准,采用雨水湿地、生态浅沟、雨水塘与生物滞留池等手法进行雨水管控。

在 20 世纪 90 年代,美国马里兰州的佐治亚王子郡提出"低影响开发"(Low Impact Development,LID)理念。该理念通过植物及植物根系固定的土壤对雨水的滞留、渗透、过滤作用，对雨水进行管控。2010 年，《低影响开发雨水管理规划和设计导则》出版，标志着低影响开发理论体系趋于完善。该导则建议通过生态植草沟、下凹式绿地、雨水花园、绿色屋顶、地下蓄水、透水路面等生态滞留技术控制降雨径流与污染，实现水循环的良性发展。

（3）日本的雨水渗透计划

日本是一个多雨且多地震的国家，其雨水管控的需求相对于其他国家更为迫切（因为地震和雨水结合往往形成破坏性更大的次生灾害）。经过多年发展，形成了一套具有自身特点的雨洪管理体系。

日本 1992 年的"第二代城市下水总体规划"正式将透水地面、渗塘及雨水渗沟作为城市总体规划的一部分，要求雨水渗透设施在新建和改建的大型公建群中必须设计。

（4）澳大利亚的水敏性城市设计

澳大利亚在 20 世纪末结合本国国情提出了水敏性城市设计理念（Water Sensitive Urban Design，WSUD）。WSUD 旨在通过雨洪水量、水质和雨水再利用三个层面将城市发展对水文环境的影响降到最小，同时改善城市微气候，美化城市。

WSUD 是一个从宏观到微观的综合水文治理系统，在设计过程中按照《WSUD 工程技术规程》执行，并在后期使用过程中进行标准评定。同时，建设公共网站，对环境评估的各项数据向公众开放，并负责宣讲相关保护知识。WSUD 优先选择现有的洼地、空地、水塘作为雨水收集点，并配备相应的抗涝和水敏性设备。集水点日常作为社区公共活动中心，收集的雨水可以用于绿地日常维护。按照集水点的规模和承载量进行等级划分，低等级集水点的雨水通过地表径流预先设计的路径向高等级集水点汇聚。利用延长流线、减缓流速、增加蒸发和下渗等方式减少排水量，以抗拒洪峰。

（5）瑞士的民众参与雨水工程

瑞士政府在 20 世纪末开始进行雨水管控，通过税收减免或津贴补助等形式鼓励民众参与。通过各家住宅的屋顶进行雨水收集、处理和再利用。从技术上来说该方法与德国的方法比较类似，但由于有公众参与的元素，加上雨水质量较高，人们基本可以通过自家的水循环利用系统满足所有非饮用水的日常使用。

2.3.4.2 我国实际情况

任何成功经验都需要植根于特定的城市特点才能发挥最大的作用，所以想要解决中国存在的问题，任何借鉴都要根据中国的实际情况进行调整。中国的城市和社会现状与欧美国家相比有很多不同。

① 城市格局不同　中华人民共和国成立之初，我国的城市规划体系更多参考苏联模式进行设计。虽然后期根据实际情况进行过很多调整，但我国大多数城市还是或多或少具有那个时代的特点。中国城市普遍具有路网间距大、道路宽、建筑退线宽的特点，这使得道路用地加上建筑退线外围用地之和在城市用地中占比更大。与之相对的，在同等城市规模和建设用地的情况下，绿化景观用地规模偏小。所以，相比于欧美国家在公园中采取的雨水收集净化的手法，我们更应该考虑如何在道路红线范围及建筑退线外围带状地块内采取相应措施，才能有效达到雨水收集和净化。

② 公共空间设计不同　虽然近年来中国国力得到了急速的提升，但毕竟时间还比较短。很多城市公共空间（包括各类公园和建筑周边环境）还是在经济条件较差的情况下设计的。由于经济实力和后期养护不到位的原因，这些公共空间的绿化植被用地中往往不允许，也不方便市民进入。所以这些城市空间往往把市民活动的空间全部铺上不透水的铺装（因为透水材料相对成本较高），且铺装面积很大，从而造成城市整体自然渗透性较差、地表径流系数较高。如对这些问题进行改进，由于其面积较大、投入成本较低的特点，预测能够收到良好的效果。

③ 建筑设计不同　在我国，虽然已经有很多绿色建筑和屋顶花园的经典案例出现，但毕竟应用范围较少，很多老建筑因为结构原因无法改建屋顶花园。所以国外普遍采用的有关屋顶绿化等手法不容易很快广泛推开。未来还随着社会的发展在推广绿色建筑方面做更多的工作。现阶段想要通过屋面处理提高城市防内涝的能力，并不能在短时间内收到良好的效果。

综上，综合分析国际上的成功案例和我国实际情况，如果想要快速地对城市雨洪情况进行改善，采用以澳大利亚的水敏城市设计的方式更容易立竿见影。而以德国、瑞士为代表的在屋面和建筑层面所做的改进措施，则可以成为远期目标进行引导的建设。这样的取舍不是因为一个方法比另一个方法更好，而是从解决实际问题的角度来看，在最短时间内解决城市内涝对人民生命财产的威胁才是重中之重。而更加理想的比如建筑的雨水收集，或者更生态化的整个生物圈层的命脉的修补和发展都可以在海绵城市中体现。

2.3.4.3　海绵城市

我国的地理位置和气候特点决定了我国水资源分布不均匀、旱涝灾害频发的特点。再加上基础设施配套并不完善，近年来国内各大城市的内涝灾害时有发生。为了解决这一社会问题，2014年由国家政府主导，出台相关政策推行"海绵城市"的设计概念，并在16个城市试点推广。

海绵城市是新一代城市雨洪管理概念，是指城市在适应环境变化和应对雨水带来的自然灾害等方面具有良好的"弹性"，也可称之为"水弹性城市"。国际通用术语为"低影响开发雨水系统构建"。下雨时吸水、蓄水、渗水、净水，需要时将蓄存的水"释放"并加以利用。

总体来说，海绵城市的建设主要包括保护原有生态系统，恢复和修复受破坏水环境和运用低影响开发措施建设城市生态环境。海绵城市要综合城市绿地和城市原有自然水体的蓄水、滞水功能，在吸纳城市雨水、净化水体的作用之外，为居民市生活提供良好的休闲娱乐场地，提高城市景观质量，打造良好的绿色基础设施网络。在我国，推行低影响开发的绿色生态基础设施，主要运用"渗、滞、蓄、净、用、排"的六字方针。

① 渗　改变原有灰色基础设施将雨水通过雨水口收集的集水方式，采用自然土壤和植被对雨水的渗透作用收集雨水。这种方式的好处是可以避免大量硬性基础设施建设，同时补充日益贫乏的地下水资源，还可以通过植物土壤的净化作用净化水体。从源头上改善水循环的水质。

② 滞　用绿地代替原有硬质铺装，减缓地表径流速度，从而减缓径流高峰的形成。

③ 蓄　模仿自然界地形地貌，用植物造景和地势结合的手法形成具有滞水功能的自然凹地。在洪峰来时，可以起到调蓄和错峰的目的。

④ 净　通过土壤、植被和水体的自净功能，对存储起来的雨水进行净化处理，再回到城市水网中再次利用。

⑤ 用　雨水经过土壤净化、人工湿地净化和其他净化措施处理，能够回到城市水网中参与水资源的循环利用。不仅能够缓解城市内涝问题，还可以增加城市水资源总量，缓解城市缺水问题。

⑥ 排　通过场地竖向处理，通过生态设施来完成超标雨水的排放。如遇到洪峰等排水量超过绿色基础设施承载极限，则应结合城市管网系统进行快速排水。

2.3.4.4　海绵城市中的城市公园

城市公园是海绵城市体系中的重要环节，在海绵城市体系下，城市公园应当在水环境设计中符合如下要求。

① 源头控制系统　此系统是指当降水发生时，通过各种雨水措施如雨水口、绿色屋顶、生态树池、景观水体、渗透铺装等，将雨水进行渗透、滞留、净化、调蓄等一系列作用，使得雨水不需要汇聚到排水系统，将雨水从源头进行控制的雨水管理系统。

② 中端传输系统　此系统是指在降水发生时，雨水通过一些小型雨水设施如调蓄池、调节池、生态沟渠、植草沟等蓄积起来进行再利用，主要是用于对中端雨水管理。

③ 末端调蓄系统　此系统是指在发生降雨时，雨水经过以上两个雨水系统后将多余的雨水汇集到最终雨水管理区域，如生态敏感区、洪泛区、自然或人工水体、大型调蓄设施等，对雨水进行蓄积利用。

2.4　小结

本章通过城市规划的视角对一些景观设计的理念进行了分析和研究。从中我们可以看出，采用城市规划的视角，可以跳出原有的就景观论景观的思考模式，从更多层面上理解景观设计的相关概念。把平面的知识概念放到立体的知识构架中，有助于我们有更广阔的思维来应对未来的设计实践。

课程思政教学点

教学内容	思政元素	育人成效
跨学科思维的概念解释	创新思维	培养学生从不同的角度和思维来进行景观设计和规划，如知识点中游戏与景观的结合
我国海绵城市建设与其他国家建设的思路	创新思维 文化互鉴	每个国家和城市的情况都各不相同，要因地制宜地根据我国各个城市的情况确定海绵城市建设思路和方法，将文化互鉴和创新思维相结合
城市绿地运动和城市公园运动的兴起	生态思想	从历史的角度来了解城市绿地系统和城市公园运动——恶劣的城市环境导致城市公园运动的兴起，让学生懂得珍视生态环境，用生态的理念和方法来进行景观设计
公园设计原则	人文关怀	使学生掌握公园的规划设计中应深入调查研究该公园绿地使用者的情况，包括使用者的年龄构成、生活习惯、休息时间的安排等，同时在功能空间划分、景观序列的安排、建筑小品的布置等方面都应结合心理学、行为学和人体工程学的原理，将以人文本、人文关怀的理念贯穿始终

第 3 章　城市公园的规划设计

城市公园的规划设计要以一定的科学技术和艺术原则为指导，满足游憩、观赏、环境保护等功能要求。规划是统筹研究解决公园建设中全局的问题，如确定公园的性质、功能、规模，在绿地系统中的地位、分工、与城市设施的关系，空间布局、环境容量、建设步骤等问题。设计是以规划为基础，用图纸、说明书将整体和局部的具体设想反映出来的一种手段。

3.1　城市公园规划设计原则

城市公园绿地的规划设计，应在城市绿地系统规划中确定，并结合河湖水系、道路系统及生活居住用地的规划综合考虑。城市公园规划设计的原则主要包括以下几个方面。

① 满足使用功能的要求　公园绿地的规划设计应首先满足人们的使用要求，在城市公园绿地的规划布局中，应根据合理的服务半径，将不同种类的公园绿地均匀地分布于城市中的适当位置，尽可能避免公园绿地服务盲区的存在。在具体公园的规划设计中应首先深入调查研究该公园绿地使用者的情况。这些情况包括使用者的年龄构成、生活习惯、休息时间的安排、户外活动的行为规律等，将以人为本的思想贯穿于设计的整个过程。在功能空间划分、活动项目的设置及景观序列的安排、建筑小品的布置等方面都应结合心理学、行为学和人体工程学的原理，设计出使用频率高、真正供人们休憩娱乐的公园绿地。

② 保证绿地生态效益得到充分发挥　为了满足城市公园的生态功能，在规划中应将大小不同的公园绿地分布于城市中，同时以绿带或绿廊的形式连成网络，这样可使公园绿地的生态效益得到充分的发挥。同时在具体的公园绿地设计中尽可能提高公园绿地的三维绿量。

③ 发挥美化环境的功能　为了使城市公园绿地发挥美化环境的功能，在规划设计中应考虑公园绿地和周围环境及建筑之间的关系、绿地本身的景观构成、景观序列及艺术特色等内容。对于一些有特殊意义的公园绿地还应对其地方文脉、场所精神、文化内涵等进行探索。

3.2　城市公园规划设计程序

城市公园规划设计，首先要考虑该绿地的功能，即要符合使用者的期望与要求。规划设计者必须对该地区居民的现在和未来的生活环境的变化做出全面的探讨，还要明确该公园在改善人们生活环境方面的价值。其次公园的规划还要对该地特性作充分了解，选择适当的环境，做出恰当的规划。公园规划设计可分为如下几个阶段：调查研究阶段、编制任务书阶段、总体规划阶段、技术设计阶段、施工设计阶段（图 3-1）。

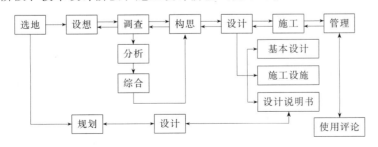

图 3-1　城市公园规划设计程序

3.2.1 调查研究

（1）基址调查研究

对公园范围内的现状地形、水体、建筑物、构筑物、植物，地上或地下管线和工程设施，必须进行调查，做出评价，提出处理方案。在保留的地下管线和工程设施附近进行各种工程或种植设计时，应提出对原有物的保护措施和施工要求。调查研究包括对社会环境、历史人文资料、用地现状、自然条件和规划作业调查等。

（2）社会环境调查

社会环境调查的主要内容包括：

① 城市规划中的土地利用；

② 社会规划、经济开发规划、社会开发规划、产业开发规划；

③ 使用效率的调查（居民人口、服务半径、其他娱乐设施场所、居民使用方式、时间、年龄、人流集散方向）；

④ 交通（铁路、公路、水路、桥梁、码头、停车场、航空等条件）；

⑤ 电信（电话、电报）；

⑥ 周围环境的关系（城市中心、近郊工矿企业区、风景旅游区）；

⑦ 环境质量（水、气、噪声、垃圾）；

⑧ 工农业生产（农用地及主要产品、工矿企业分布、生产对环境影响）；

⑨ 设施情况（给排水的地下系统、能源、文化娱乐体育活动设施、景观设施及原来用房的面积、风格、结构材料、损耗情况）；

⑩ 社会管理法令、社会限制等。

⑪ 场地的历史人文资料调查，包括：

a. 地区性质（农村、渔村、未开发地、大小城市、人口、产业、经济区）；

b. 历史文物（文化古迹种类、历史文化遗址）；

c. 居民（传统纪念活动、民间特产、历史传统、生活习惯等）。

（3）自然环境调查

① 气象：气温（平均、绝对最高、绝对最低）、湿度、降雨量，每月风速、风向、风力、风玫瑰图，有云天数、日照天数、大气污染，积雪厚度、冻土、结冰期、霜期、晴雨和特别的小气候。

② 地形地貌：地形起伏度、谷地开合度、地形山脉倾斜方向、倾斜度，沼泽地、低洼地、土壤冲刷地、泛滥痕迹，安全评价。

③ 地质：地质构造、断层母岩、表层地质。

④ 土壤：种类、分布、性质、侵蚀、排水、肥沃度、土层厚度、地下水位。

⑤ 水系：河川、湖泊和水的流向、流量、速度、水质pH（化学分析、细菌检验）、水深、常水位、供水位、枯水位及水利工程特点。

⑥ 生物：植物和野生动物数量、生态、群落，古树生长情况、年龄、特点、分布、健康状况。

（4）用地现状调查

用地现状调查内容包括：

① 核对、补充所收集到的图纸资料；

② 土地所有权、边界线、四邻；

③ 方位、地形、坡度；

④ 建筑物的位置、高度、式样、个性；

⑤ 植物，特别是应保留的古树；

⑥ 土壤、地下水位、遮蔽物、恶臭、噪声、道路、煤气、电力、上水道、排水、地下埋设物、交通量、景观特点、障碍物等。

（5）区位条件分析

公园的区域位置选择一般以批准的城市总体规划和绿地系统规划作为依据，结合公园地址的自然条件与城市远景发展的关系，决定公园建设的范围、内容、性质和规模。同时，正确处理公园与城市建设之间，公园的社会效益、环境效益与经济效益之间以及近期建设与远期建设之间的关系。

在进行区位条件分析时，重点考虑公园规划内容和服务半径的关系。作为市级综合性公园，其服务半径覆盖整个城市，服务对象为全体城市市民。因此，在公园规划内容上，应当丰富多彩，能够满足城市居民不同的休闲娱乐需求，可以开展富有城市特色的大型的游园活动。居住区公园服务半径仅为居住区范围，规划内容和规模可以适度减小，满足居住区内居民的休闲活动需要即可。

公园规划建设项目立项之初应进行必要的公众参与程序，广泛征集公园周围居民以及相关人员和城市市民的建设意见。这是公园建设的一个重要前提，对于公园内休憩活动项目和内容的选择，以及日后的公园游憩使用，都具有重要的指导意义。

（6）公园现状条件分析

在公园现状条件分析时，主要进行以下内容的分析：地形、地势、植被、文物与名胜古迹、当地风物传说、现有的构筑物、供电、给排水、地下管网等自然和人文条件及资源。这些条件都是公园规划设计的依据。

依据上述条件分析，结合公园的区位条件，可以制定出公园规划布局和表现形式的原则，通过相应的设计手段，创造出风格独特的园林艺术作品。《园冶》中"巧于因借，精在体宜"和"虽由人作，宛自天开"的著名论断，着重指出园林兴建的特性是因地制宜，灵活布置。在设计和建造过程中要始终贯穿这一指导思想。在公园建设之初，不仅要利用现状自然条件，而且要充分利用已有的人文景观资源，结合当地的风物传说（图3-2）。

图3-2　北京陶然亭公园华夏名亭园

3.2.2　编制计划任务书

　　计划任务书是进行公园规划设计的指示性文件。首先，要明确规划设计的原则；第二，弄清该园林绿地在全市园林绿地系统中的地位和作用，以及地段特征、四周环境、面积大小和游人容纳量；第三，设计功能分区和活动项目；第四，确定建筑物的项目、容人量、面积、高度、建筑结构和材料的要求；第五，拟定规划布置在艺术、风格上的要求，园内公用设备和卫生要求；第六，做出近期、远期的投资以及单位面积造价的定额；第七，制定地形、地貌的图表，水系处理的工程；第八，拟出该园分期实施的程序。

3.2.3　公园总体规划

　　公园总体规划需要在充分研究规划地区调查资料的基础上，认真组织各功能分区。从占地条件、占地特殊性和限制条件等分析，定出该地区可能接受的功能及其规模大小等，并对某些必要的功能进行整体配置。在本区域包含的功能中要有主要的功能单元，首先划出规模，而后再探讨单元，最后定出较好的功能组合方式。

　　功能图即组织整理和完成功能分区的图面，也就是按规划的内容，以最高的使用效率来合理组合各种功能，并以简单的图面形式表示。合理组织各种功能的关系、人流动线与车流动线的关系，并可抽象地在图面上进行讨论。在总体规划时，需作出以下图纸。

　　① 公园区位图　要表现该公园在城市中的位置、轮廓、交通和四周街坊环境关系，利用园外借景，处理好障景。

　　② 现状分析图　根据分析后的现状资料归纳整理，形成若干空间，用圆圈或抽象图形将其粗略地表示出来。如对四周道路、环境分析后，可划定出入口的范围；再如，某一方向居住区集中、人流多、四通八达，则可划为比较开放、活动内容比较多的区域。

　　③ 功能分区图　根据规划设计原则和现状分析图确定该公园分为几个空间，使不同的空间反映不同的功能，既要形成一个统一整体，又能反映各区内部设计因素间的关系。

　　④ 总体规划平面图　公园的总体规划平面图包括界线、保护界线、大门出入口、道路广场、停车场、导游线的组织；功能分区、活动内容、种植类型分布、苗木计划、建筑面积分布；地形、水系、水底标高、水面、工程构筑物、铺装、山石、栏杆、景墙；公用设备网络、人流动线及方向。

　　⑤ 竖向设计图　根据规划设计原则以及功能分区图，确定需要分隔遮挡成通透开敞的地方。另外，加上设计内容和景观需要，绘出制高点、山峰、丘陵起伏、缓坡平原、小溪河湖等；同时要确定总的排水方向、水源以及雨水聚散地等。还要初步确定园林主要建筑所在地的高程及各区主要景点、广场的高程，用不同粗细的等高线控制高度及不同的线条或色彩表示出图面效果。

　　⑥ 道路系统规划图　道路系统规划是在确定好主要出入口、主要道路、广场的位置和消防通道，同时确定主次干道等的位置、各种路面的宽度、主要道路的路面材料和铺装形式等后所制作的图。它可协调修改竖向规划的合理性，在图纸上用虚线画出等高线，再用不同粗细的线条表示不同级别的道路和广场，并标出主要道路的控制标高。

　　⑦ 种植设计图　种植规划需要考虑苗木来源等情况，安排全园及各区的基调树种，确定不同地点的密林、疏林、林间空地、林缘等种植方式和树林、树丛、树群、孤植树以及花草栽植点等。确定最好的景观位置，应突出视线集中点上的树群、树丛、孤植树等。图纸上可按绿化设计图例表示，树冠表示不宜太复杂。

　　⑧ 园林建筑设计图　根据规划设计原则，分别画出园中各主要建筑物的布局、出入口、位置及立面效果图，以便检查建筑风格是否统一，和景区环境是否协调等。彩色立面图或效

果图可设计拍成彩色照片，以便与图纸配套，送甲方审核。

⑨ 电气设计图　以总体规划方案为基础，规划总用电量、利用系数、分区供电设施、配电方式、电缆的敷设以及各区各点的照明方式、广播通信等设置。

⑩ 管线设计图　以总体规划方案及树木规划为基础，规划上水水源的引进方式、总用水量、消防、生活、造景、树木喷灌、管网的大致分布、管径大小、水压高低及雨水、污水的排放方式等。如果工程规模大、建筑多、冬季需要供暖，则需考虑取暖方式、负荷量、锅炉房的位置等。

⑪ 规划效果图　规划效果图包括全园或局部中心主要地段的断面图或主要景点鸟瞰图，以表现构图中心、景点、风景视线、竖向规划、土方平衡和全园的鸟瞰景观，以便检验或修改竖向规划、道路规划、功能分区图中各因素间是否矛盾、与景点有无重复等。

⑫ 规划说明书　主要是说明设计意图。它包括位置、现状、范围、面积、游人量、工程性质、规划设计原则、规划设计内容（出入口、道路系统、竖向设计、河湖水系等）；功能分区（各区内容）、面积比例（土地使用平衡表）、树木安排、管线电气说明、管理人员编制说明、估算（按总面积、规划内容，凭经验粗估；按工程项目、工程量，分项估计汇总）、分期建园计划等。

3.2.4　公园技术设计

技术设计也称为详细设计，是介于总体规划与施工设计阶段之间的设计。公园技术设计需要根据总体规划设计要求，进行每个局部的技术设计。

技术设计阶段的平面图比例通常使用1/100或1/500，包括如下方面。

① 公园出入口设计（建筑、广场、服务小品、种植、管线、照明、停车场）。

② 各分区设计：主要道路（分布走向宽度、标高、材料、曲线转弯半径、行道树、透景线）。

③ 主要广场的形式、标高；建筑及小品（平面大小、位置、标高、平立剖、主要尺寸、坐标、结构、形式、主设备材料）。

④ 植物的种植、花坛、花台面积大小、种类、标高。

⑤ 水池范围、驳岸形状、水底土质处理、标高、水面标高控制；假山位置面积造型、标高、等高线。

⑥ 地面排水设计（分水线、汇水线、汇水面积、明暗沟、进水口、出水口、窨井）。

⑦ 主要工程的序号。

⑧ 给水、排水、管线、电网尺寸（埋在地下的深度、标高、坐标、长度、坡度、电杆或灯柱）。

另外，公园技术设计还需要根据艺术布局的中心和最重要的方向，做出断面图或剖面图。包括主要建筑的平面图、立面图、剖面图和鸟瞰透视图，以及说明书、初步预算等。

3.2.5　公园施工图设计

根据已批准的规划设计文件和技术设计资料和要求进行设计。要求在技术设计中未完成的部分都应在施工设计阶段完成，并做出施工组织计划和施工程序。在施工设计阶段要做出施工总图、竖向设计图、道路广场设计、种植设计、水系设计、园林建筑设计、管线设计、电气管线设计、假山设计、雕塑设计、栏杆设计、标牌设计；做出苗木表、工程量统计表、工程预算表等。

① 施工总图　施工总图又称为放线图，其需要表明各设计因素的平面关系和它们的准

确位置。标出放线的坐标网、基点、基线的位置，其作用一是作为施工的依据，二是作为画平面施工图的依据。

施工总图图纸通常包括如下内容：保留现有的地下管线（红线表示）、建筑物、构筑物、主要现场树木等；设计地形等高线（细黑虚线表示）、高程数字、山石和水体（以粗黑线加细线表示）；园林建筑和构筑物的位置（以粗黑线表示）；道路广场、园灯、园椅、果皮箱等（用中等黑线表示）；放线坐标网做出工程序号、透视线等。

② 竖向设计图　竖向设计图用以表明各设计因素的高差关系，如山峰、丘陵、高地、缓坡、平地、溪流、河湖岸边、池底、各景区的排水方向、雨水的汇集点及建筑、广场的具体高程等。竖向设计图纸包括竖向规划平面图和剖面图。

竖向规划平面图是在施工总图的基础上表示出现状等高线、坡坎、高程；设计等高线、坎坡、高程；设计的溪流河湖岸边、河底线及高程、排水方向（以黑色箭头表示）；各景区园林建筑、休息广场的位置及高程；挖方填方范围等（注明填方挖方量）。

剖面图包括主要部位的山形、丘陵坡地的轮廓线（用黑粗线表示）及高度、平面距离（用黑细线表示）等。注明剖面的起讫点、编号与平面图配套。

③ 道路广场设计图　道路广场设计图主要表明园内各种道路、广场的具体位置、宽度、高程、纵横坡度、排水方向；路面做法、结构、路牙的安装与绿地的关系；道路广场的交接、拐弯、交叉路口、不同等级道路的交接、铺装大样、回车道、停车场等。道路广场设计图通常包括道路平面图和道路剖面图。

道路平面图依照道路系统规划，在施工总图的基础上，用粗细不同线条画出各种道路广场、台阶山路的位置。在主要道路的拐弯处，注明每段的高程、纵坡坡度的坡向等。道路剖面图比例一般为1:20，内容包括路面的尺寸和材料铺设方法，以及路面的宽度及具体材料的拼摆结构（面层、垫层、基层等）厚度、做法等。

④ 种植设计图　种植设计图主要表现树木花草的种植位置、品种、种植方式、种植距离等。种植设计图通常包括种植平面图和种植大样图。种植平面图根据树木规划，在施工总图的基础上，用设计图例画出常绿树、阔叶落叶树、针叶落叶树、常绿灌木、开花灌木、绿篱、灌木篱、花卉、草地等具体位置，以及品种、数量、种植方式、距离等。如果图纸比例小，可用编号的形式，在图旁附上编号与树种名、数量的对照表，以便施工参考。

⑤ 水系设计图　水系设计图需表明水体的平面位置、水体形状、大小、深浅及工程做法，包括平面位置图、纵横剖面图及进水口、溢水口、泄水口大样图。平面位置图需以竖向规划及施工总图为依据，画出泉、小溪、河湖等水体及其附属物的平面位置。用细线画出坐标网，按水体形状画出各种水的驳岸线、水底线和山石、汀步、小桥等的位置，并分段注明岸边及池底的设计高程。最后用粗线将岸边曲线画成折线，作为湖岸的施工线，用粗线加深山石等。在水体平面及高程有变化的地方都要画出剖面图，通过这些图表示出水体的驳岸、池底、山石、汀步及岸边处理的关系。进水口、溢水口、泄水口大样图如暗沟、窨井、厕所粪池等，还有池岸、池底工程做法图。

⑥ 园林建筑设计图　园林建筑设计图表现各景区园林建筑的位置及建筑本身的组合、尺寸、式样、大小、高矮、颜色及做法等。如以施工总图为基础画出建筑的平面位置、建筑底面平面、建筑各方向的剖面、屋顶平面、必要的大样图、建筑结构图及建筑庭院中活动设施工程、设备、装修设计。

⑦ 管线设计图　在管线规划图的基础上，表现出上水（消防、生活、绿化用水）、下水（雨水、污水）、暖气、煤气等各种管网的位置、规格、埋深等。管线设计图包括平面设计和

剖面设计。其中平面设计需要表示管线及各种井的具体位置、坐标，并注明每段管的长度、管径、高程以及如何接头等，每个井都要有编号。原有干管用红线或黑色的细线表示，新设计的管线及检查井，则用不同符号的黑色粗线表示。剖面设计则需画出各号检查井，用黑粗线表示井内管线及截门等交接情况。

⑧ 电气设计图　在电气规划图的基础上，将各种电气设备、绿化灯具位置及电缆走向位置等表示清楚。用粗黑线表示出各路电缆的走向、位置及各种灯的灯位及编号、电源接口位置等。注明各路用电量、电缆选型敷设、灯具选型及颜色要求等。

⑨ 小品设计图　小品设计图包括假山、雕塑、栏杆、踏步、标牌等。设计内容包括做出山石施工模型，便于施工掌握设计意图，参照施工总图及水体设计画出山石平面图、立面图、剖面图，注明高度及要求。

⑩ 统计表格和工程预算　统计表格包括苗木表及工程量统计表。其中苗木表包括编号、品种、数量、规格、来源、备注等，工程量包括项目、数量、规格、备注等。工程预算包括土建部分和绿化部分。其中土建部分需按项目估出单价，按市政工程预算定额中的园林附属工程定额计算出造价。绿化部分则需要按基本建设材料预算价格制出苗木单价，按建筑安装工程预算定额的园林绿化工程定额计算出造价。

3.3　城市公园游人容量和用地比例

3.3.1　城市公园游人容量的计算

城市公园的规划设计必须确定公园的游人容量。公园游人容量，即公园的游览旺季游人高峰每小时的在园人数。它是公园的功能分区、设施数量、内容和用地面积大小的依据。

公园的游人容量为服务区范围居民人数的 15%～20%，50 万人口的城市公园游人容量应为全市居民人数的 10%。市区级公园游人人均占有公园面积以 $60m^2$ 为宜，居住区公园、带状公园和居住小区游园以 $30m^2$ 为宜；近期公共绿地人均指标低的城市，游人人均占有公园面积可酌情降低，但最低游人人均占有公园的陆地面积不得低于 $15m^2$。风景名胜公园游人人均占有公园面积宜大于 $100m^2$。

公园游人容量应按下式计算：

$$C = A_1 / A_{m1} + C_1$$

式中　C——公园游人容量，人；

A_1——公园陆地面积，m^2；

A_{m1}——人均占有公园陆地面积，$m^2/$人；

C_1——公园开展水上活动的水域游人容量，人。

公园的游人量随季节、假日与平时、一天中的时间变化出现波动变化。公园游人容量的确定以游览旺季周末高峰时的在园游览人数为标准，从而保证公园设施的配比能够匹配游人的需求。如用节日的游人量，数值会偏高，由此测算的配套设施偏多，容易造成浪费，用游览淡季或平日的游人量又会使标准太低，造成公园内过分拥挤。

3.3.2　城市公园的用地比例

公园用地面积包括陆地面积和水体面积，其中陆地面积应分别计算绿化用地、建筑占地、园路及铺装场地用地的面积及比例，公园用地面积及用地比例应按表 3-1 规定进行统计。

表 3-1　公园用地面积及用地比例表

公园总面积/m²	用地类型		面积/m²	比例/%	备注
	陆地	绿化用地			
		建筑占地			
		园路及铺装场地用地			
		其他用地			
	水体				

注：1. 如有"其他用地"，应在"备注"一栏中说明内容。

2. 来源于《公园设计规范》（GB 51192—2016）。

公园用地比例应以公园陆地面积为基数进行计算，并应符合表 3-2 的规定。

表 3-2　公园用地比例　　　　　　　　　　　　　　　　单位：%

陆地面积 A_1 /hm²	用地类型	公园类型					
		综合公园	专类公园			社区公园	游园
			动物园	植物园	其他专类公园		
$A_1<2$	绿化	—	—	>65	>65	>65	>65
	管理建筑	—	—	<1.0	<1.0	<0.5	—
	游憩建筑和服务建筑	—	—	<7.0	<5.0	<2.5	<1.0
	园路及铺装场地	—	—	15~25	15~25	15~30	15~30
$2\leqslant A_1<5$	绿化	—	>65	>70	>65	>65	>65
	管理建筑	—	<2.0	<1.0	<1.0	<0.5	<0.5
	游憩建筑和服务建筑	—	<12.0	<7.0	<5.0	<2.5	<1.0
	园路及铺装场地	—	10~20	10~20	10~20	10~20	10~20
$5\leqslant A_1<10$	绿化	>65	>65	>70	>65	>70	>70
	管理建筑	<1.5	<1.0	<1.0	<1.0	<0.5	<0.3
	游憩建筑和服务建筑	<5.5	<14.0	<5.0	<4.0	<2.0	<1.3
	园路及铺装场地	10~25	10~20	10~20	10~25	10~25	10~25
$10\leqslant A_1<20$	绿化	>70	>65	>75	>70	>70	—
	管理建筑	<1.5	<1.0	<1.0	<0.5	<0.5	—
	游憩建筑和服务建筑	<4.5	<14.0	<4.0	<3.5	<1.5	—
	园路及铺装场地	10~25	10~20	10~20	10~20	10~25	—
$20\leqslant A_1<50$	绿化	>70	>65	>75	>70	—	—
	管理建筑	<1.0	<1.5	<0.5	<0.5	—	—
	游憩建筑和服务建筑	<4.0	<12.5	<3.5	<2.5	—	—
	园路及铺装场地	10~22	10~20	10~20	10~20	—	—
$50\leqslant A_1<100$	绿化	>75	>70	>80	>75	—	—
	管理建筑	<1.0	<1.5	<0.5	<0.5	—	—
	游憩建筑和服务建筑	<3.0	<11.5	<2.5	<1.5	—	—
	园路及铺装场地	8~18	5~15	5~15	8~18	—	—
$100\leqslant A_1<300$	绿化	>80	>70	>80	>75	—	—
	管理建筑	<0.5	<1.0	<0.5	<0.5	—	—
	游憩建筑和服务建筑	<2.0	<1.0	<2.5	<1.5	—	—
	园路及铺装场地	5~18	5~15	5~15	5~15	—	—
$A_1\geqslant300$	绿化	>80	>75	>80	>80	—	—
	管理建筑	<0.5	<1.0	<0.5	<0.5	—	—
	游憩建筑和服务建筑	<1.0	<9.0	<2.0	<1.0	—	—
	园路及铺装场地	5~15	5~15	5~15	5~15	—	—

注：1. "—"表示不作规定；表中管理建筑、游憩建筑和服务建筑的用地比例是指其建筑占地面积的比例。

2. 来源于《公园设计规范》（GB 51192—2016）。

3.3.3 城市公园的设施配置

城市公园中的设施，包括各类公园通常具备的、保证游人活动和管理使用的基本设施，属于公园中的共性设施。各种专类公园，通常有其自身特色，与之搭配有相适应的其他游览设施和服务设施。参照《公园设计规范》（GB 51192—2016）的规定，公园设施项目的设置应符合表 3-3 的规定。

表 3-3　公园设施项目的设置

设施类型	设施项目	陆地面积 A_1/hm^2						
		$A_1<2$	$2{\leq}A_1<5$	$5{\leq}A_1<10$	$10{\leq}A_1<20$	$20{\leq}A_1<50$	$50{\leq}A_1<100$	$A_1{\geq}100$
游憩设施 （非建筑类）	棚架	○	●	●	●	●	●	●
	休息座椅	●	●	●	●	●	●	●
	游戏健身器材	○	○	○	○	○	○	○
	活动场	●	●	●	●	●	●	●
	码头	—	—	—	○	○	○	○
游憩设施 （建筑类）	亭、廊、厅、榭	○	○	●	●	●	●	●
	活动馆	—	—	—	—	○	○	○
	展馆	—	—	—	—	○	○	○
服务设施 （非建筑类）	停车场	○	○	○	●	●	●	●
	自行车	●	●	●	●	●	●	●
	存放处	●	●	●	●	●	●	●
	标识	●	●	●	●	●	●	●
	垃圾箱	○	○	○	○	○	○	○
	饮水器	●	●	●	●	●	●	●
	园灯	○	○	○	○	○	○	○
	公用电话	○	○	○	○	○	○	○
	宣传栏	○	○	○	○	○	○	○
服务设施 （建筑类）	游客服务中心	—	—	—	●	●	●	●
	厕所	○	●	●	●	●	●	●
	售票房	○	○	○	○	○	○	○
	餐厅	—	—	○	○	○	○	○
	茶座、咖啡厅	—	○	○	○	○	○	○
	小卖部	○	○	○	○	○	○	○
	医疗救助站	○	○	○	○	○	●	●
管理设施 （非建筑类）	围墙、围栏	○	○	○	○	○	○	○
	垃圾中转站	—	—	○	○	●	●	●
	绿色垃圾处理站	—	—	—	○	○	●	●
	变配电所	—	—	○	○	○	○	○
	泵房	○	○	○	○	○	○	○
	生产温室、荫棚	—	—	○	○	○	○	○
管理设施 （建筑类）	管理办公用房	○	○	○	●	●	●	●
	广播室	○	○	○	●	●	●	●
	安保监控室	○	●	●	●	●	●	●
管理设施	应急避险设施	○	○	○	○	○	○	○
	雨水控制利用设施	●	●	●	●	●	●	●

注：1. "●"表示应设；"○"表示可设；"—"表示不需要设置。

2. 来源于《公园设计规范》（GB 51192—2016）。

3.4 城市公园的空间布局和分区

3.4.1 功能分区

城市公园中不同的活动需要不同性质的空间承载。由于活动性质的不同，这些功能空间应相对独立，同时又相互联系。为了避免各种活动相互交叉，在城市公园的规划设计中应有较明确的功能划分，这些若干个功能不同的区域，称为功能分区。

城市公园划分功能分区的做法最早出现在苏联。莫斯科在1928年修建的高尔基公园中，最先出现了科学理性的划分功能分区的做法，一般包括5个分区：文化教育机构和歌舞影剧院区（或文化教育及公共设施区）、体育活动和节目表演区（或体育运动设施区）、儿童活动区、静息区、杂物用地（或经营管理设施区）。每个分区有着相对固定的用地配额，对道路、广场、建筑、绿化的占地比例也有详细规定。

20世纪50年代，中国受苏联公园规划理论的影响，同时结合我国的实际情况，逐步形成了功能分区的规划理论。这种理论强调宣传教育与游憩活动的完美结合。因此公园用地是按活动内容来进行分区规划的。通常分为6个功能区：①公共设施区（演出舞台、公共游艺场等）；②文化教育设施区（剧场、展览馆等）；③体育活动设施区；④儿童活动区；⑤安静休息区，⑥经营管理设施区。在这种理论的指导下，我国20世纪50年代兴建的一批公园，如合肥逍遥津公园（1950年）、北京陶然亭公园（1953年）、哈尔滨文化公园（1958年）等均是参照苏联文化休息公园的模式规划建设的。

改革开放后，中国现代园林设计思潮呈现多元化、多样化。1986年召开的全国城市公园工作会议更提出要以植物造景，而非建筑为主来进行园林建设。但苏联文化休息公园设计理论中基于理性分析的功能分区和用地定额思想在设计中仍然简单适用且受到重视，并成为1992年发行的行业标准《公园设计规范》的一部分。

2016年颁布的最新版的行业标准《公园设计规范》中明确规定：公园的功能分区应该根据公园的性质、规模和功能需要划分，并确定各功能分区的规模和布局。公园的功能分区一般可包括入口区、管理区、安静休息区、运动健身区、娱乐活动区、主题游赏区等。

上海浦东世纪公园建成于1999年底，是上海内环线中心区域内最大的富有自然特征的生态型城市公园，其功能分区结合自身特色，划分为观景区、湖滨区、疏林草坪区、国际花园区、鸟类保护区、乡土田园区和迷你高尔夫球场7个不同功能区域，反映了鲜明的时代特色（图3-3）。

3.4.2 景观分区

景观分区和功能分区都是公园总体布局的重要组成部分。公园规划设计时，应将公园景观进行适当分类，按照景的特色划分不同的景区。景观分区的设置要使公园的风景和功能要求相符，但景观分区不一定和功能分区的用地范围一致，有时也需要交错布置，使同一功能区中有不同的景色，给游人以不同的享受。

景观分区应该根据公园内资源特点和设计立意划分。公园内的景区划分可以有多种方法。例如，可以按植物景观特色划分，例如樱花观赏区、水生植物观赏区；或者按照综合景观游赏特色划分，例如柳浪闻莺景区、花港观鱼景区、平湖秋月景区等。

景观分区图通常用简单的图形符号和文字在平面图上将各个特色景观区域的大致范围表示出来，称为景观分区图。如杭州花港观鱼公园分为鱼池古迹区、大草坪、红鱼池、牡丹园、密林区、新花港六个特色景区（图3-4）。

图 3-3　上海浦东世纪公园功能分区

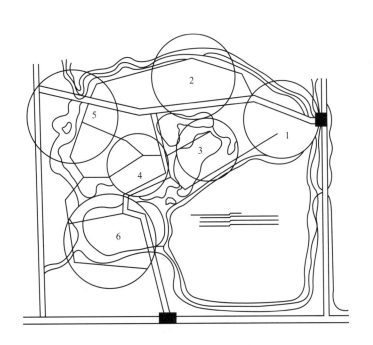

图 3-4　杭州花港观鱼公园景观分区图

1—鱼池古迹区；2—大草坪；3—红鱼池；4—牡丹园；5—密林区；6—新花港

3.5　城市公园道路广场规划设计

3.5.1　公园出入口设计

公园出入口是游客对公园景观的游览体验的第一印象，出入口合理与否对于公园的景观设计具有重要的意义。公园的出入口并非单指公园大门，而是一个位置、场所，是公园内外部环境空间的过渡。公园出入口应根据城市规划和公园本身功能分区的具体要求与方便游览出入、有利对外交通和对内方便管理的原则进行设立。

公园出入口设施主要包括大门建筑、出入口内外广场、停车场等。公园的范围线应与城市道路红线重合，条件不允许时，必须设通道使主要出入口与城市道路衔接。沿城市主、次干道的市、区级公园主要出入口的位置，必须与城市交通和游人走向、流量相适应，根据规划和交通的需要设置游人集散广场（图 3-5）。

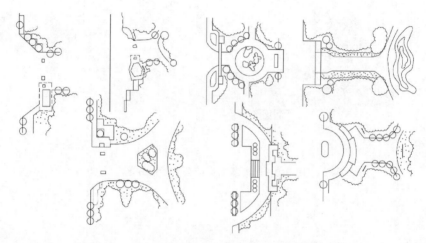

图 3-5　公园出入口的设计形式

3.5.1.1　公园出入口类型

应该根据城市规划和公园内部布局的要求，确定公园的主、次和专用出入口的设置、位置和数量；公园出入口位置的确定要综合考虑公园各个方向出入口的游人流量与附近公交车所设站点位置、附近人口密度及城市道路性质等因素。公园出入口类型通常可分为主要出入口、次要出入口和养护出入口。

① 主要出入口　主要出入口的确定需要全面衡量园区和园区周边环境的关系、园区内的分布要求及地形的特点等。一般来说，应该选择在城市主要道路和公共交通便利的地方设置公园的主要出入口，并且注意避免受到外界交通的干扰。公园主要出入口位置距城市道路交叉口距离应符合城市道路交通规划设计相关规定。综合型公园、儿童公园、动物园、植物园等大型公园主要出入口一般是 1～2 个，与城市交通干道连接，便于城市居民到达。

② 次要出入口　次要出入口起到辅助主要出入口的作用，设置在附近有大量游人出入的方向，一种是设置在如电影院、影剧院、展览馆、体育运动等公园内的文娱设施场所附近，目的是为了满足公园内的大量游人短时间的集散；另外一种情况可为附近地区居民提供便利条件，方便居民快速到达。一般在公园四周不同的位置选定不同的出入口，也为联系局部的园区提供便利。数量一般是一至多个。

③ 养护专用出入口　养护专用出入口是设置在公园管理区的附近，应满足机动车通行需要，方便管理和生产。

3.5.1.2 公园出入口的规模

一些公园类型如动物园、综合性公园、儿童公园等，游人量较大，在入口处要排队买票，同时部分游人要相互等候或拍照，因此需要设置公园的外集散广场。外集散广场面积可按如下方法计算：公园游人平均在园停留时间可按 4h 以上计算，最高进园游人数与最高在园游人数的转换系数为 0.5，可预计当公园容量为 10000 人时，游人最高进园小时中进入公园的人数为 5000 人，按每人在门外停留时间 3min 计算，高峰进园小时中每分钟门前约 84 人，需广场面积 250m²，加上当时出园游人所需则为 500m²。

3.5.1.3 公园出入口停车场设置

城市公园的停车场通常由自行车停车场和机动车停车场组成。自行车停车场占地面积较小，布局形式灵活多变，一般设置在公园出入口处，需注意功能和美观的双重效果。城市公园的机动车停车场通常占地面积较大，尤其随着私家车辆日益增多，机动车停车场常出现车位不足的问题。布局时应合理规划，避免车辆聚集过多、阻碍通行，且应考虑到入口美观问题。公园出入口停车场的布置应符合下列规定。

① 机动车停车场等出入口应有良好的视野，位置应设于公园出入口附近，但不应占用出入口内外游人集散广场。

② 地下停车场应在地上建筑及出入口广场用地范围下设置。

③ 机动车停车场的出入口距离人行过街天桥、地下通道和桥梁、隧道引道应大于 50m，距离交叉路口应大于 80m。

④ 机动车停车场的停车位少于 50 个时，可设一个出入口，其宽度宜采用双车道；50~300 个时，出入口不应少于 2 个；大于 300 个时，出口和入口应分开设置，两个出入口之间的距离应大于 20m。

⑤ 停车场在满足停车要求的条件下，应种植乔木或者采取立体绿化的方式，遮阳面积不宜小于停车场面积的 30%。

3.5.2 公园园路设计

公园园路联系着不同的分区、建筑、活动设施、景点，组织交通，起着引导游览、便于识别方向的作用。公园园路同时也是公园景观、骨架、脉络、景点纽带、构景的要素。公园园路类型通常包括主干道、次干道、专用道、散步道等。其中主干道是全园主道，通往公园各分区、主要活动建筑设施、风景点，要求方便游人集散，通畅、蜿蜒、曲折并组织分区景观。次干道是公园各区内的主道，引导游人到各景点、专类园，自成体系，组织景观。专用道多为园务管理使用，在园内与游览路分开，应减少交叉，以免干扰游览。散步道为游人散步使用，宽度通常比较窄，在 1.2~2m 之间。

3.5.2.1 园路布局

公园园路的布局要根据公园绿地内容和游人容量大小来定。要主次分明，因地制宜，和地形密切配合。如山水公园的园路要环山绕水，但不应与水平行，因为依山面水，活动人次多，设施内容多；平地公园的园路要弯曲柔和，密度可大，但不要形成方格网状；山地公园的园路纵坡 12% 以下，弯曲度大，密度应小，可形成环路，以免游人走回头路。山地公园的园路可与等高线斜交，蜿蜒起伏，上下回环。

园路的转折应衔接通顺，符合游人的行为规律。园路遇到建筑、山、水、树、陡坡等障碍，必然会产生弯道。弯道有组织景观的作用，弯曲弧度要大，外侧高，内侧低，外侧应设栏杆，以防发生事故。

两条园路交叉或从一条干道分出两条小路时，必然会产生交叉口。两条主干道相交时，交叉口应做扩大处理，做正交方式，形成小广场，以方便行车、行人。小路应斜交，但不应交叉过多，两个交叉口不宜太近，要主次分明，相交角度不宜太小。"丁"字交叉口是视线的交点，可点缀风景。上山路与主干道交叉要自然，藏而不显，又要吸引游人入山。纪念性园林路可正交叉（图3-6）。

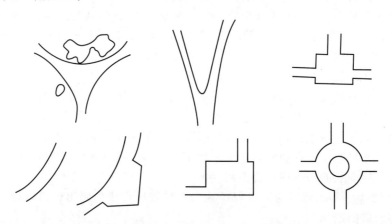

图 3-6　园路弯道和交叉口几种处理示意图

园路通往建筑时，为了避免路上游人干扰建筑内部活动，可在建筑面前设集散广场，使园路由广场过渡再和建筑联系；园路通往一般建筑时，可在建筑面前适当加宽路面，或形成分支，以利游人分流。园路一般不穿过建筑物，而从四周绕过（图3-7）。

图 3-7　园路与建筑的关系示意图

桥是园路跨过水面的建筑形式，其风格、体量、色彩必须与公园总体设计、周围环境相协调一致。桥的作用是联络交通、创造景观、组织导游、分隔水面，保证游人通行和水上游船通航的安全，有利造景、观赏。但要注明承载和游人流量的最高限额。桥应设在水面较窄处，桥身应与岸垂直，创造游人视线交叉，以利观景。主干道上的桥以平桥为宜，拱度要小，桥头应设广场，以利游人集散；小路上的桥多用曲桥或拱桥，以创造桥景。

汀步，即小溪间的几块石头，步距以 60~70cm 为宜。小水面上的桥，可偏居水面一隅，贴近水面；大水面上的桥，讲究造型、风格，层次丰富，避免水面单调，桥下要方便通船。

3.5.2.2 园路线形设计

园路线形设计应与地形、水体、植物、建筑物、铺装场地及其他设施结合，形成完整的风景构图，创造连续展示园林景观的空间或欣赏前方景物的透视线。主路纵坡宜小于 8%，横坡宜小于 3%，粒料路面横坡宜小于 4%，纵、横坡不得同时无坡度。山地公园的园路纵坡应小于 12%，超过 12%应做防滑处理。主园路不宜设梯道，必须设梯道时，纵坡宜小于 36%。支路和小路，纵坡宜小于 18%。纵坡超 15%路段，路面应做防滑处理；纵坡超 18%，宜按台阶、梯道设计，台阶踏步数不得少于两级，坡度大于 58%的梯道应作防滑处理，宜设置护栏设施。经常通行机动车的园路宽度应大于 4m，转弯半径不得小于 12m。园路在地形险要的地段应设置安全防护设施。通往孤岛、山顶等卡口的路段，宜设通行复线，须沿原路返回的，宜适当放宽路面。应根据路段行程及通行难易程度，适当设置供游人短暂休憩的场所及护栏设施。园路及铺装场地应根据不同功能要求确定其结构和饰面，面层材料应与公园风格相协调，并宜与城市车行路有所区别。

3.5.3 公园广场设计

公园中广场等铺装场地应根据公园总体设计的布局要求，确定各种铺装场地的面积。铺装场地应根据集散、活动、演出、赏景、休憩等使用功能的要求做出不同设计。内容丰富的售票公园游人出入口外集散场地的面积下限指标以公园游人容量为依据，按 500m^2/万人计算。安静休憩场地应利用地形、植物与喧闹区隔离。演出场地应有方便观赏的适宜坡度和观众席位。

公园中广场的主要功能是供游人集散、活动、演出、休息等，其形式有自然式、规则式两种（图 3-8）。由于功能等不同可分为集散广场、休息广场、生产广场。

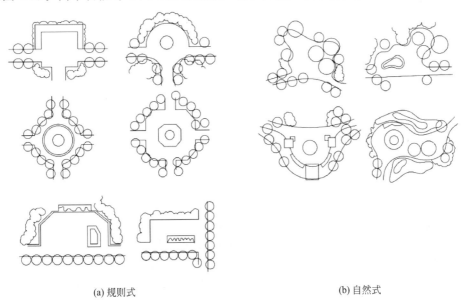

(a) 规则式   (b) 自然式

图 3-8 公园广场布局示意图

3.6 城市公园竖向规划设计

城市公园竖向设计应充分利用原地形、景观，创造出自然和谐的景观骨架。结合公园外围城市道路规划标高及部分公园分区内容和景点建设要求进行，要以最少的土方量丰富园林地形。竖向设计应根据公园四周城市道路规划标高和园内主要内容，充分利用原有地形地貌，提出主要景物的高程及对其周围地形的要求，地形标高还必须适应拟保留的现状物和地表水的排放。竖向控制应包括下列内容：山顶；最高水位、常水位、最低水位；水底；驳岸顶部；园路主要转折点、交叉点和变坡点；主要建筑的底层和室外地坪；各出入口内外地面；地下工程管线及地下构筑物的埋深；园内外佳景相互因借观赏点的地面高程。

城市公园竖向设计应以公园总体设计方案所确定的各控制点的高程为依据，土方调配设计应提出利用原表层栽植土的措施。人力剪草机修剪的草坪坡度不应大于25%。大高差或大面积填方地段的设计标高，应计入当地土壤的自然沉降系数。改造的地形坡度超过土壤的自然安息角时，应采取护坡、固土或防冲刷的工程措施。在无法利用自然排水的低洼地段，应设计地下排水管沟。地形改造后，原有各种管线的覆土深度应符合有关标准的规定。

城市公园中的地形类型通常包括平地、山丘、水体等类型，不同地形类型要依据其自身特点进行相应处理。

3.6.1 平地

平地为公园中的平缓用地，适宜开展娱乐活动。如公园内草坪，游人视野开阔，适宜坐卧休息观景。林中空地则为封闭空间，适宜夏季活动。集散广场、交通广场等处平地，适宜节日活动。平地处理应注意高处上面接山坡，低处下面接水体，联系自然，利于游人观景、群体娱乐活动。如果山地较多，可削高填低，改成平地；若平地面积较大，不可用同一坡度延续过渡，以免雨水冲刷侵蚀。坡度要稍有起伏，不得小于1%。可用道路拦截平地环流雨水，以利排水。平地应铺设草坪覆盖，以防尘、防水土冲刷。创造地形应同时考虑园林景观和地表水的排放，满足排水坡度需求。

3.6.2 山丘

公园内的山丘可分为主景山、配景山两种，其主要功能是供游人登高眺望，或阻挡视线、分隔空间、组织交通等。

主景山在南方公园中通常利用原有山丘改造；北方公园常由人工创造，与配景山、平地、水景组合，创造主景。主景山一般高可达10～30m，体量大小适中，给游人有活动的余地。山体要自然稳定，其坡度超过该地土壤自然安息角时，应采取护坡工程措施。优美的山面应向着游人主要来向，形成视线交点。山体组合应注意形有起伏，坡有陡缓，峰有主次，山有主从。衬景北用山地，南用水体。建筑物应设计在山地平坦台地之上，以利游人观景休息。

配景山的主要功能是分隔空间、组织导游、组织交通、创造景观，其大小、高低以遮挡视线为宜（1.5～2m）。配景山的造型应与环境相协调统一，形成带状，蜿蜒起伏，有断有续，其上以植被覆盖，护坡可用挡土墙及小道排水，形成山林气氛。

以北京奥林匹克森林公园为例，为保证山形水系的自然效果，以及人文内涵，最终确定了"左急右缓，左峰层峦逶迤，右翼余脉蜿蜒"的主山山体形式。奥林匹克森林公园以主山为骨骼，以贯穿全园的水系为血脉，以天境等建筑为眼睛，以道路为经络，以树木花草为毛发，构架了一个山因水活、水随山转、步移景异的自然园林（图3-9）。

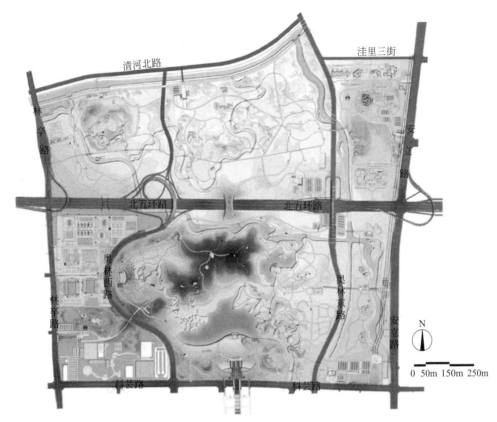

图 3-9　北京奥林匹克森林公园山水格局

3.6.3　水体

城市公园内的水体往往是城市水系中的一部分，起着蓄洪、排涝、卫生、改良气候等作用。公园中的大水面可开展划船、游泳、滑冰等水上运动，还可养鱼、种植水生植物，创造明净、爽朗、秀丽的景观，供游人观赏。

城市公园水体处理，首先要因地制宜地选好位置。"高方欲就亭台，低凹可开池沼"，这是历来造园家常用的手法。其次，要有明确的来源和去脉，因为无源不持久，无脉造水灾。池底应透水。大水面应辽阔、开朗，以利开展群众活动；可分隔，但隔不可居中；四周要有山和平地，以形成山水风景。小水面应迂回曲折，引人入胜，有收有放，层次丰富，增强趣味性。水体与环境配合，创造出山谷、溪流；与建筑结合，营造园中园、水中水等层次丰富的景观。

另外，公园的水体驳岸多以常水位为依据，岸顶距离常水位差不宜过大，应兼顾景观、安全与游人近水心理。从功能需要出发，定竖向起伏。如划船码头宜平直，游览观赏宜曲折、蜿蜒、临水。还应防止水流冲刷驳岸工程设施。水深应根据原地形和功能要求而定，无栏杆的人工水池、河湖近岸的水深应在 0.5～1m，汀步附近的水深应在 0.3～0.6m，以保证当地最高水位时公园各种设施不受水淹。水池的进水口、排水口、溢水口及附近河湖间闸门的标高，应能保证适宜的水面高度，以利于泄洪和清塘。公园的河湖水系设计，应根据水源和现状地形等条件，确定园中河湖水系的水量、水位、流向、水闸或水井、泵房的位置，各类水体的形状和使用要求。游船水面应按船的类型，提出水深要求和码头位置。游泳水面应划定不同水深的范围。观赏水面应确保各种水生植物的种植范围和不同的水深要求。公园内的河湖最高水位，必须保证重要的建筑物、构筑物和动物笼舍不被水淹。

水工建筑物、构筑物应符合下列规定：水体的进水口、排水口和溢水口及闸门标高，应保证适宜的水位和泄洪、清淤的需要；下游标高较高，致使排水不畅时，应提出解决的措施；非观赏型水工设施应结合造景采取隐蔽措施。硬底人工水体的近岸 2.0m 范围内的水深，不得大于 0.7m，达不到此要求的应设护栏。无护栏的园桥、汀步附近 2.0m 范围以内的水深不得大于 0.5m。溢水口的口径应考虑常年降水资料中的一次性最高降水量。护岸顶与常水位的高差，应兼顾景观、安全、游人近水心理和防止岸体冲刷。

3.7 城市公园种植规划设计

园林植物是构成公园绿地的基础材料，它占地比例最大，是影响公园环境和面貌的主要因素之一。城市公园的植物种植类型及分布应根据具体城市的气候状况、园外的环境特征、园内的立地条件，结合空间划分、景观构思、防护功能要求和当地居民游赏习惯确定。由于地域条件的不同，各个公园采取的种植措施不尽相同。可分为孤植、散植、群植、丛植、列植、疏林、密林、纯林、混交林、绿篱、草地、地被等。

3.7.1 城市公园种植景观形态

公园中植物景观的形态通常分为规则式、自然式、混合式。欧洲古典园林中植物景观多呈规则式。我国园林植物景观多呈自然式。自然式的植物景观多模拟自然森林、草原、草甸、沼泽及农村田园风光，结合地形、水体、道路来组织植物景观，体现植物自然的个体美及群体美。

① 规则式植物景观 这种植物景观注重于装饰性的景观效果，对景观的组织强调动态与秩序的变化，使植物配置形成规则的布局方式。修剪的各类植物在规则式景观中，常常表现出庄重、典雅与宏大的气质。植物的高低层次的组合，往往使规则式植物景观效果对比鲜明，色彩搭配醒目，整体景观表现出"刚"性的内涵。

② 自然式植物景观 公园中植物配置采用自然的手法来组织，按照自然植被的分布特点进行植物配置，形成一种自然的景观组合。在公园中，自然式种植注重植物本身的特性，植物间或植物与环境间生态和视觉上关系的和谐，体现出生态设计的指导思想。植物配置一方面讲究树木花卉的四时生态，讲究植物的自然形象与山、水、建筑的配合关系，营造适宜的地域景观类型，选择与其相适应的植物群落类型；另一方面则追求大的空间内容与色彩的变化，强调块、带的景观效果。自然式的植物景观常常是树木花卉植物配置景观的交融，这种布局手法更多地注重植物层次、色彩与地形的运用，形成变化较多的景观轮廓与层次，在四季中表现出不同的个性，整体景观"柔"性的内涵表现得更多一些。

③ 混合式植物景观 这种植物景观注重自然与规则的统一结合，在统一之中求得景观的共融性，分离之中求得景观的对比。因混合式植物景观兼具自然式与规则式两者的特点，所以变化较多。在公园植物景观中，混合式植物景观手法较多地应用于变化丰富的区域。

3.7.2 城市公园种植空间类型

城市公园中利用植物的各种天然特征，如形状、姿态、色彩、大小、质地、季相变化等，可以构成各种各样的自然空间，并根据园林中各种功能的需要，与小品、山石、地形等的结合，能够创造出丰富多变的植物空间类型。因此，可以将园林植物构成的空间具体分为开敞空间、半开敞空间、封闭空间、冠下空间、垂直空间五种类型。

① 开敞空间 在一定区域范围内，人的视线高于四周景物的植物空间称为开敞空间。一般用低矮的灌木、地被植物、草本花卉、草坪构成开敞空间。如花港观鱼公园中，在较大面积的开阔草坪上，除了低矮的植物以外，有几株高大广玉兰点植其中，并不阻碍人们的视线，也可称为开敞空间。开敞空间在城市公园非常多见，如大草坪、辽阔水面等区域，视野开阔，给人心胸开阔、心情舒畅轻松之感。

② 半开敞空间 在一定区域范围内，四周不全开敞，而是有部分视角用植物阻挡了人的视线所形成的空间称为半开敞空间。根据功能和设计需要，开敞的区域有大有小。从一个开敞空间到闭锁空间的过渡就是半开敞空间。它也可以借助地形、山石、小品等园林要素与植物配置共同完成。如花港观鱼公园中，草坪西侧利用种植乔木、灌木树丛构成封闭面，抑制人们的视线，从而引导空间方向，达到"障景"的效果。又如从公园的入口进入另一个区域，常常会采用先抑后扬的手法，在开敞的入口某一朝向用植物小品来阻挡人们的视线，使人们一眼难以穷尽，待人们绕过障景物，进入另一个区域就会豁然开朗、心情愉悦。

③ 封闭空间 人的视线四周用植物材料封闭，这时人的视距缩短，视线受到制约形成的空间称为封闭空间。此空间近景的感染力很强，景物历历在目容易产生亲切感和宁静感。公园安静休息区域的植物配置可以采用闭锁空间构建手法，这样，小尺度的空间私密性较强，也适宜于人们安静休憩或者年轻人私语独处。

④ 冠下空间 位于树冠下与地面之间，通过植物树干的分枝点高低、浓密的树冠而形成的空间称冠下空间。高大的常绿乔木是形成冠下空间的良好材料，此类植物不仅分枝点较高，树冠庞大，而且具有很好的遮阳效果，树干占据的空间较小，所以无论是一棵、几丛还是一群成片，都能够为人们提供较大的活动空间和遮阳休息的区域。此外，攀援植物利用花架、拱门、木廊等攀附其上生长，也能够构成有效的覆盖空间。如天津滨湖公园中的活动广场，种植高大乔木，形成绿荫广场，成为人们休闲、健身、娱乐使用率较高的空间类型。

⑤ 垂直空间 植物封闭垂直面，开敞顶平面所形成的空间称为垂直空间。分枝点较低、树冠紧凑的中小乔木形成的树列、修剪整齐的高树篱都可以构成垂直空间。由于垂直空间两侧几乎完全封闭，视线的上部和前方较开敞，极易产生"夹景"效果，来突出轴线顶端的景观。狭长的垂直空间可以引导游人的行走路线，对空间端部的景物也起到了障丑显美、加深空间感的作用。在纪念性园林，园路两边常栽植松柏类植物，人在垂直的空间中走向目的地瞻仰纪念碑，就会产生庄严、肃穆的崇敬感。

3.7.3 城市公园种植规划设计方法

现代景观设计使我们无论在观念上、创作方法上还是思维方式上都在发生变化，本节从设计方式和使用功能的角度出发，将城市公园种植规划设计划分为区域植物景观、界面植物景观、路线植物景观、节点植物景观、特色植物景观五个层面。

3.7.3.1 区域植物景观

城市公园是城市绿地系统重要的组成部分，设计城市公园植物景观，首先必须站在城市的角度去审视公园，去分析公园与城市的关系、公园与周边区域的关联。城市公园多位于城市重要的位置，准确地解析场地的内外特征，充分协调场地周边绿地，才能把设计融入城市中去。

目前，城市公园已经成为居民日常生产与生活环境的有机组成部分，随着城市的更新改造和进一步拓展，孤立、有边界的公园正在溶解，而以简洁、生态和开放的绿地形态，渗透进城市之中，与城市的自然景观基质相融合。如西湖是杭州市城市肌理重要的组成部分，西湖将湖水、绿丘、水岛、长堤向城市渗透并溶解在城市景观中，使西湖成为城市绿色的有机整体并以西湖景观作为城市文脉象征，形成城市空间序列的绿色中枢。

从具体公园角度进行种植规划设计，首先要进行的依然是公园内区域植物景观设计。在这个阶段，一般不考虑需使用何种植物，或各单株植物的具体分布和配置，而是根据功能要求，对不同区域进行种植空间设计、色彩设计等。在分析一个区域高度关系时，还应做出立面组合图。其目的是用概括的方法分析各种不同植物区域的相对高度，这种立面组合图能使设计师看出植物的实际高度，并判断出它们的关系。考虑到不同方向和视点，研究其立面组合搭配。实现一个全面的、可从各个角度进行观察的立体布置。

3.7.3.2　界面植物景观

界面是指公园与城市的交界面地带，既要考虑从城市的角度观赏公园，又要考虑从公园的角度去欣赏城市的效果。当今溶解公园的理念已成为公园景观设计热点，对公园界面设计又提出了新的要求。

公园界面设计通常根据具体场地现状而定，有时在城市交通干道一侧，利用起伏的地形和密植的植被来限制游人通行，或在公园界面地带，种植复式林带，以隔开城市噪声，使公园闹中取静。

3.7.3.3　路线植物景观

路线植物景观包括公园道路和线性水系周边布置的绿地植物景观，以此形成公园的生态绿廊和水系廊道。公园道路系统应是公园的绿色通道，通过贯穿全园的道路两侧的植物景观形成绿道网络。在自然式园路中，可打破一般行道树的栽植格局，两侧不一定栽植同一树种，但必须取得均衡效果。株行距应与路旁景物结合，留出透景线，为"步移景异"创造条件。路口可种植色彩鲜明的孤植树或树丛，或作对景，或作标志，起导游作用。在次要园路或小路路面，可镶嵌草皮，丰富园路景观。规则式的园路，亦宜有两三种乔木或灌木相间搭配，形成起伏节奏感。

公园中常常利用带状水系作为公园的景观生态廊道，利用水体的优势和独特的景色，以植物造景为主，适当配置游憩设施和有独特风格的建筑小品，构成有韵律、连续性的优美彩带。人们可以漫步在林荫下，临河垂钓，水中泛舟，充分享受大自然的气息。

3.7.3.4　节点植物景观

城市公园在统一规划的基础上，根据不同的使用功能要求，将公园分为若干景观节点，节点与廊道的互通，使之成为廊道的重点，也是公园形象表达的重点。这些节点包括出入口节点、活动广场节点、文化娱乐节点、安静休息节点、儿童活动节点等中心景观。各个节点应与绿色植物合理搭配，节点植物景观设计要精致并富有特色，才能创造出优美的公园环境。

① 出入口节点　公园入口是城市空间向公园空间转换的首序空间。其种植设计时应注意丰富城市街景，并与入口建筑相协调。入口前停车场，四周可用乔、灌木绿化，以便夏季遮阳及隔离周围环境；在大门内部可用花池、花坛、灌木与雕塑或导游图相配合，也可铺设草坪、种植花灌木等，这是入口的起始空间，是全园景观的引导区域，应创造视觉的冲击力和景观的识别性。

② 活动广场节点　公园广场多为休闲游憩广场，形式活泼、造型丰富。在北方，这样的广场应有良好的遮阳防晒、通风功能，冬天要有较好的阳光。在广场绿地设计中，往往通过铺地与绿化的交融，以体现或表现不同景观。陕西圣惠公园沿名人雕塑

大道一侧创建林下广场，老年人在此可以谈天说地，儿童可以奔跑游戏，形成难得的户外氧吧。

③ 文化娱乐节点　文化娱乐节点是公园的重点，常结合公园主题进行布置，在地形平坦开阔的地方，植物以花坛、花境、草坪为主，便于游人集散，适当点缀几株常绿大乔木，绿地采用自然式种植形式，如用栾树、合欢等高大乔木作为庭荫树，为游人创造休憩条件。用低矮落叶灌木和常绿植物，如丁香、海棠、紫薇、冬青等丛植或群植，组成不同层次、形态各异并具观赏性的植物景观。在被建筑物遮挡的背阴处及水边，配置玉簪、杜鹃、鸢尾、美人蕉等观色花卉等，再配以适量规模的三季草花作为衬托，形成花团锦簇、异彩竞秀的植物景观，创造格局自然、生机勃勃的景观效果。

公园缓坡地带，是供道路及河对岸观赏的主要区域，缓坡植物配置以草坪为基调，采用紫薇、木槿、海棠等组成季相变化的景观，并配以少量银杏、雪松等观赏树，作为点缀，增加立体感及植物层次，形成简洁、开阔、活泼、明快的景观节点。

④ 安静休息节点　安静休息节点是专供人们休息、散步、欣赏自然风景的好地方。安静休息节点多选择面积较大、游人密度较小、树木较多、与喧闹的文化娱乐环境有一定距离的地方。可用密林植物与其他环境分隔。安静休息节点常结合坡地、林地、溪流水域等环境布置。在植物配置上根据地形高低起伏和天际线的变化，采用自然式配置树木。在林间空地中可设置草坪、亭、廊、花架、座椅等。在溪流水域结合水景植物，形成湿地景观。

⑤ 儿童活动节点　这里是供儿童游玩、运动、休息、开展课余活动、学习知识、开阔眼界的场所。其周围多用密林或绿篱、树墙与其他空间分开，如有不同年龄的儿童空间，也应加以分隔。活动节点内游乐设施附近应布置冠大荫浓的大乔木遮阳。植物布置应结合儿童特点利用修剪植物形成一些童话中的动物或人物雕像以及茅草屋、石洞、迷宫等以体现童话色彩。在植物选择上应选用叶、花、果形状奇特、色彩鲜艳，能引起儿童兴趣的树木，忌用有刺激性、有异味或引起过敏性反应植物以及有毒植物、有刺植物（如枸骨、刺槐、蔷薇）等。有过多飞絮的植物，儿童活动空间中可种植雄株。

3.7.3.5　特色植物景观

利用植物的特性营造特色植物景观也是公园设计的重要内容。不同的植物材料具有不同的景观特色，棕榈、大王椰子、假槟榔等营造的是一派热带风光；雪松、悬铃木与大片的草坪形成的疏林草地展现的是欧陆风情；而竹径通幽、梅影疏斜表现的是我国传统园林的清雅。许多园林植物芳香宜人，能使人产生愉悦的感受，如桂花、蜡梅、丁香、兰花、月季等。在园林景观设计中可以利用各种香花植物进行配置，营造成"芳香园"景观，可单独种植成专类园，如丁香园、月季园，也可种植于人们经常活动的场所，如在盛夏夜晚纳凉场所附近种植茉莉花和晚香玉，微风送香，沁人心脾。

例如，中国沈阳世界园艺博览会丁香园，占地面积2.4hm²，地势高低起伏，主要栽种丁香属植物30余个品种。每至花季满园丁香接踵绽放，紫丁香花香淡雅；白丁香花密而洁白；蓝丁香花繁色艳；暴马丁香花序大型密集压枝。游客身临其境，只见满园丁香花尽收眼底，清风徐来，满园飘香，令人心清目亮，神智欣畅。

3.7.4　城市公园植物景观的意境创作

城市公园中园林植物景观不仅给人以环境舒适、心旷神怡的物境感受，还可使不同审美经验的人产生不同审美心理，即意境。利用园林植物进行意境创作是中国传统园林的典型造景风格和宝贵的文化遗产。

中国植物栽培历史悠久，文化灿烂，很多诗、词、歌、赋和民风民俗都留下了歌咏植物的优美篇章，并为各种植物材料赋予了人格化内容。以表达人的思想、品格、意志，作为情感的寄托，或寄情于景或因景而生情。例如，以松柏的苍劲挺拔、蟠虬古拙的形态，抗旱耐寒、常绿延年的生物特性比拟人的坚贞不屈、永葆青春的意志和体魄。正如郑板桥的七绝："咬定青山不放松，立根原在破岩中。千磨万击还坚韧，任尔东西南北风。"数千年的审美意识成为中国的传统思想，松柏早已成为正义、神圣、永垂不朽的象征。同样，以竹比喻人的"高风亮节、纵凌空处也虚心"的崇高品德；以荷花比喻人"出淤泥而不染，濯清涟而不妖"的高尚情操；称松、竹、梅为"岁寒三友"；赞梅、兰、竹、菊为"四君子"，种种寄情于植物之例不胜枚举。同时，园林植物季相变化的表现也会使人触景生情，产生意境的联想。因此，具有生命特征的植物景观创造出丰富的文化寓意，使植物的物质性景观向文化景观升华。物质与文化的结合增添了植物景观情趣，更加重了植物景观对城市公园形象影响的分量。

例如，西湖十景之一的"曲院风荷"就是意境深远的成功范例，"曲院风荷"是以夏季景观而著称的专类园。从全园的布局上突出了"碧、红、香、凉"的意境美，即荷叶的碧，荷花的红，熏风的香，环境的凉。在植物材料的选择上，又与西湖景区的自然特点和历史古迹紧密结合，大面积栽种西湖红莲和各色芙蓉，使夏日呈现出"接天莲叶无穷碧，映日荷花别样红"的景观。从欣赏植物景观形态美到意境美是欣赏水平的升华，不但含意深深邃，而且达到了天人合一的境界（图3-10）。

图 3-10　杭州西湖曲院风荷植物景观

3.8　城市公园建筑规划设计

建筑是城市公园的重要组成要素。在工业设计、人体工程学、美学广泛应用于建筑与园林小品领域的今天，公园景观环境的建筑与园林小品设计更应讲求其处理的精致化，在使用功能、造型和材质及色彩的运用和处理上，更加符合人体工程学且具备较好的视觉感受，因此设计者必须了解建筑与园林小品的实质特征（如大小、分量、材料、生活距离等）、美学特征（大小、造型、颜色、质感）及功能特征（品质影响及使用功能），使其在应用的过程中确实发挥其潜能，增加视觉心理功效，丰富环境语义。此外，在设计中，还应考虑残疾人及老人、儿童的特殊设备、设施的设计，充分体现以人为本的设计原则。

公园建筑设计的基本原则是"巧于因借，精在体宜"。要结合地形、地势，"随基势之高下"宜亭则亭，宜榭则榭，并在基址上作风景视线分析，"俗则屏之，嘉则收之"。设计时可根据自然环境、功能要求选择建筑的类型、基址的位置。

建筑造型设计需要结合体量、空间组织、细部装饰等，不能仅就建筑自身考虑，还必须注意与周围环境是否协调、景观功能是否能满足要求等问题。一般来说，园林建筑体量要轻巧，空间要通透。如遇功能较复杂、体量较大的建筑物时，可化整为零。按功能的不同分为厅、室等，再以廊架相连、院墙分隔、组成庭院式的建筑群，可取得功能景观两相宜的效果，如广州文化公园的"园中院"等。

建筑风格既要有浓郁的地方特色，又要与公园的性质、规模、功能相适宜。园林建筑公园中常见的园林建筑如亭廊、楼阁等，它们既是风景的观赏点，又是被游人观赏的景点，在公园中常成为艺术构图的中心。其位置多处于交通方便、风景视线开阔的地方。各种小品设施除了它们自身的使用功能之外，在美化和装点景色方面也有着不可忽视的作用。因此，在造型、色彩、质感与配置手法上都需要精心设计，使其为公园添景增色。

3.8.1 游憩建筑

3.8.1.1 亭

亭是公园绿地中最常见的遮阳避雨、供人休息、眺览的园林建筑。亭的种类很多。从平面上看，有圆亭、方亭、长方亭、十字亭、三角亭、五角亭、六角亭、八角亭、扇亭等；从屋顶的形式看，有单檐、重檐、三重檐、钻尖顶、平顶、歇山顶等；从亭所处的位置看，有山亭、水亭、桥亭、路亭、半山亭等；从亭所起的作用看，有井亭、碑亭、钟亭、鼓亭、售货亭等。从亭的建筑风格看，有中式、日式、欧式等。中式亭，常用木质或仿木质建造，多雄伟壮观，色彩鲜艳，构成较复杂，建筑费用高，适合于中国式造园。日式亭，其梁柱用柏木、美国黄松或其他仿木材料制作；屋顶一般采用彩板屋面或铜板屋面。欧式亭多为木结构。现代园林中的亭，其柱梁一般采用混凝土、木材、钢材构筑，屋面则多由耐候性强、坚实耐用的聚碳酸树脂板、玻璃纤维强化水泥搭建，亭的式样更趋抽象化，装饰趣味多于实用价值。

在公园中，亭既可以单独设立，也可以由2～5个亭形成组亭，如北京天坛公园的双环亭、桂林杉湖公园的蘑菇亭、上海南丹公园的伞亭、北京北海的五龙亭等。此外，亭还可以与廊、墙、植物、山石等结合组成景观。

山上建亭一般设在地势险要之处，如山顶、山脊、山腰等位置突出的地方或危岩巨石之上。山顶建亭可有效地控制、点缀风景。平地建亭其位置多在道路交叉口和路侧的林荫之间。水面建亭宜尽量贴近水面，尤其是体量较小的亭，更应注意与水面环境融为一体（图 3-11）。

3.8.1.2 廊

廊（图 3-12）在中国式庭院中应用极为广泛，廊不仅具有遮风避雨、交通联系方面的实用功能，而且还可作导游和组织、分隔空间之用。廊依平面形式来分有直廊、曲廊、回廊等；依结构来分有空廊（两边为柱子）、半廊（一面柱子一面墙）、复廊（两个空廊中间用漏花墙隔开）、单支柱廊（支柱在中间，两边无柱子）等；依布置的位置来看，有爬山廊、水廊、桥廊等。在现代造园中，廊的概念还扩展为花架廊（又名绿廊、花架、棚架），是一种顶部由格子条所构成，上方攀援蔓性植物的一种园林小型建筑物。

北
0 1m 2m 3m
0 1m 2m 3m
北
0 1m 2m 3m
0 1m 2m

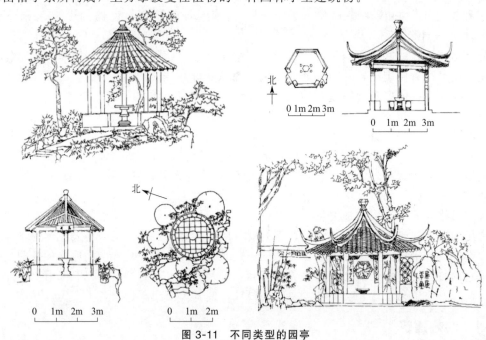

图 3-11　不同类型的园亭

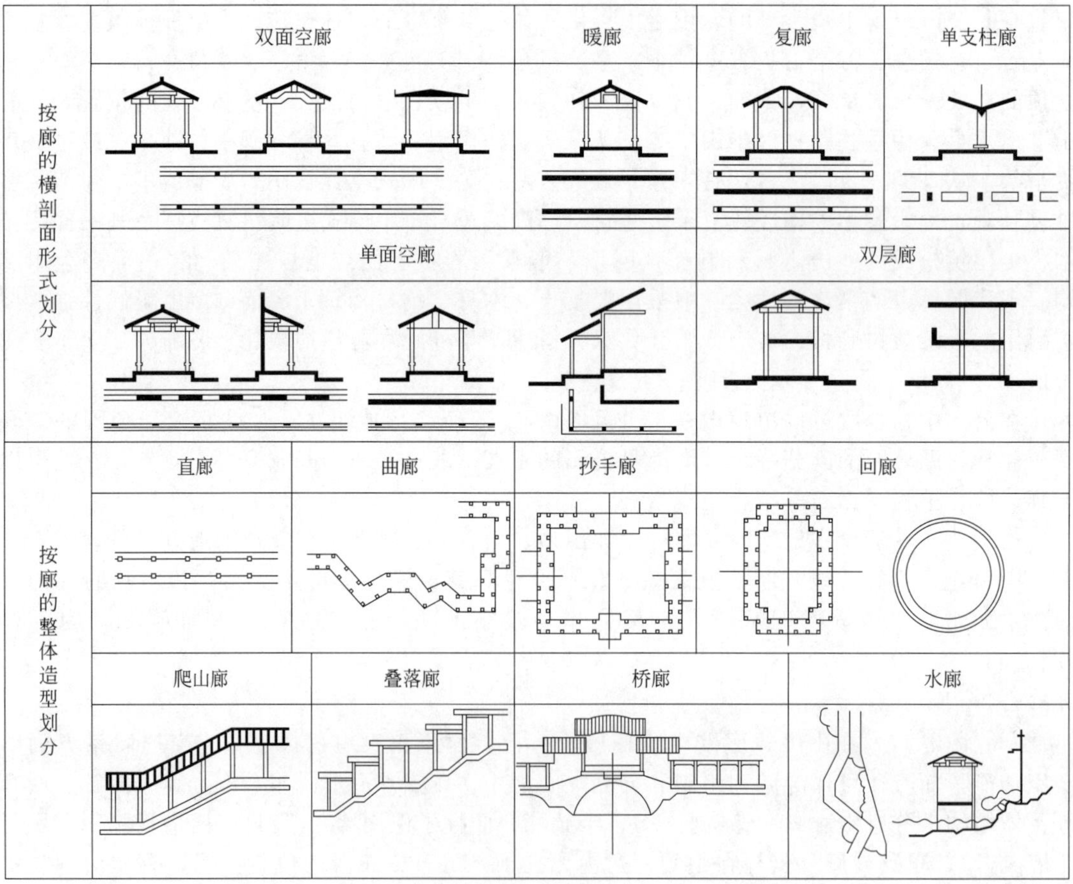
按廊的横剖面形式划分
双面空廊
暖廊
复廊
单支柱廊
单面空廊
双层廊
按廊的整体造型划分
直廊
曲廊
抄手廊
回廊
爬山廊
叠落廊
桥廊
水廊

图 3-12　廊的基本类型

廊的设计与功能需要和环境地势有关。在平地建廊，常沿界墙及附属建筑物布置。在视野开阔地可利用廊来围合、组织空间。廊的平面围合方向则面向主要景物，如长沙橘子洲公园的休息廊、南宁人民公园中的圆廊等，均属这种情况。山地建廊主要供游人登山观景和联系不同高程的建筑物之用。爬山廊有的位于山之斜坡，有的依山势蜿蜒转折而上。廊的屋顶和基座有斜坡式和层层叠落的阶梯式两种。如北京颐和园"画中游"爬山廊、无锡锡惠公园垂虹爬山游廊、广州碑林爬山廊等。在公园中也常采用棚架式的廊，藤本植物缠绕其上，更增添了一种生动活泼的生命气息。

水边建廊，廊基一般紧接水面，廊的平面也大体贴紧岸边，尽量与水接近。水岸自然曲折时，可沿水边成自由式布局，廊基也用自然式驳岸处理。水上建廊，应露出水面的石台或石墩。在廊的两柱间设置座椅，可为游人提供舒适的休息环境。供展出书画、石刻的廊式建筑，应有足够的宽度，以便参观者有一定的观赏距离。

3.8.1.3　榭

公园中一般以水榭居多。水榭的基本形式是：水边有一个平台，平台一半伸入水中，一半架立于岸边。平台四周以低平的栏杆相围绕，平台中部建有一个单体建筑物，建筑物平面形式通常为长方形。临水一面特别开敞，柱间常设微微弯曲的鹅颈靠椅，以供游人坐息、赏景。如上海虹口公园水榭、桂林榕湖中的圆形水榭等。

水榭设计应尽可能地突出于池岸，造成三面或四面临水的形势。水榭尽可能贴近水面，避免采用整齐划一的石砌驳岸。在造型上，水榭与水面、池岸的结合，以强调水平线条为宜。如上海世纪公园水榭，采用圆形建筑形式突出于水面（图3-13）。

3.8.1.4　舫

舫是在公园水面上建造的一种船形建筑物，又称不系舟。舫的基本形式与真船相似，一般分为前、中、后3个部分，中间最矮、后部最高，一般有两层，类似楼阁的形象，四面开窗，以便远眺。船头作成敞棚，供赏景谈话之用。中舱是主要的休息、宴客场所，舱的两侧作成通长的长窗，以便游人坐着观赏时有宽广的视野。尾舱下实上虚，形成对比。舫的设计妙在似与不似之间（图3-14）。

图3-13　上海世纪公园水榭

图3-14　周庄舫

3.8.2　服务建筑

3.8.2.1　公共厕所

公共厕所是公园中必不可少的便民建筑，如何使公共厕所与自然环境相互协调，成为一道美丽的风景，并提供完善的设备，供游客舒适地使用，借以提升该景区的格调和服务水准是相当重要的。一般而言，公共厕所依其设置性质可分为永久性和临时性，而永久性又可分为独立性和附属性两种。独立性厕所指单独设置，不与其他设施相连接的厕所。临时性厕所是临时性的设置，包括流动公共厕所。

3.8.2.2 商业建筑

商业建筑通常包括自动售货机、售货车、电话亭、服务亭、售票亭、餐厅、游艇码头等。这些都是商业销售用途的建筑与园林小品，常设置于休闲广场、广场入口等游人比较集中且易于找寻的地方。其形式可根据公园风格的不同，采用自然式、现代式等设计方式（图3-15）。

3.8.3 建筑小品

构成公园空间的景物，除建筑以外，还有大量的小品性设置，一组精美的隔断，一盏灵巧的园灯，一座构思独特的雕塑以至小憩的座椅，小溪的桥津，湖边的汀步等，这些小品不论是依附于景物或在建筑之中，或者相对独立，其选型取意均需经过一番艺术加工并能与公园整体风貌协调一致。

园林建筑运用小品进行室内外空间形式美的加工，是提高园林艺术价值的一个重要手段。园林建筑小品特别是那些独立性较强的建筑要素，如果处理得好，其自身往往就是公园内的一景。杭州西湖的"三潭印月"就是一种以传统的水庭石灯的小品形式"漂浮"于水面，使月夜景色更加迷人（图3-16）。

图3-15 北京玉渊潭公园码头　　　　图3-16 杭州西湖三潭印月

园林建筑小品除具有组景、观赏作用外，常常还把那些功能作用较明显的桌凳、地坪、踏步、桥岸以及灯具和牌匾等予以艺术化、景致化。一盏供照明用的壁灯，虽可采用成品，但为了取得某些艺术趣味，不妨用最普通的枯木或竹节进行艺术加工，倘处理得宜，绝不嫌简陋，相反倒使人感到别具自然风趣。

3.9 城市公园照明供电设计

灯光照明设施主要包括公园中的路灯、庭院灯、灯笼、地灯、投射灯。灯光照明小品具有实用性的照明功能，并以其本身的观赏性还可以成为公园饰景的一部分。此外，夜景灯光照明已成为公园景观设计的一个重要手段。公园夜景灯光照明设计的目的是突出园中的主要景物，包括建筑照明、桥梁照明、告示牌照明、水体照明、山石草木等自然景物照明。应根据景观的需要进行布置，避免处处亮起来，没有重点，失去趣味。同时，灯具的设置要注意环保和节能。

公园内照明设计宜采用分线路、分区域控制。电力线路及主园路的照明线路宜埋地敷设，架空线必须采用绝缘线。线路敷设应符合安全距离等相应的规定。动物园和晚间开展大型游园活动、装置电动游乐设施、有开放性地下岩洞或架空索道的公园，应按两路电源供电规划，并应设自投装置；有特殊需要的应设自备发电装置。

供电规划应提出电源接入点、电压和功率的要求。公共场所的配电箱放置在隐蔽的场所。外罩考虑设置防护措施。园林建筑、配电设施的防雷装置应按有关标准执行。园内游乐设备、制高点的护栏等应装置防雷设备并提出相应的管理措施。

3.10 城市公园给排水及管线规划设计

由于公园一般位于城区，公园生产生活用水一般采用城市供水系统的自来水。面积特大的公园，可采用独立的供水系统或公园内部分区供水。

根据公园内植物灌溉、喷泉水景、人畜饮用、卫生和消防等需要进行供水管网布置和配套工程设计。使用城市供水系统以外的水源作为人畜饮用水和天然游泳场用水，水质应符合国家相应的卫生标准。瀑布、喷泉的水一般循环利用。

公园的雨水可有组织地排入城市河湖体系，并可组织中水系统用于灌溉和清洗。公园排放的污水应接入城市污水系统，或自行做污水处理，不直接排入河湖水体或渗入地下。

公园内水、电、燃气等线路布置，既不得破坏景观，同时又必须符合安全、卫生、节约和便于维修的要求。电气、上下水工程的配套设施、垃圾存放场及处理设施应设在隐蔽地带。公园内不宜设置架空线路，必须设置时，要避开主要景点和游人密集活动区，不影响原有树木的生长。高压线下面严禁安排建筑物和乔木。

3.10.1 给水

公园给水根据灌溉、湖池水体大小、游人饮用水量、卫生和消防的实际供需确定。给水水源、管网布置、水量、水压应做配套工程设计；公园给水以节约用水为原则，设计人工水池、喷泉、瀑布。

喷泉应采用循环水，并防止水池渗漏。若取用地下水或其他废水，以不妨碍植物生长和污染环境为准。给水灌溉设计应与种植设计配合，分段控制，浇水龙头和喷嘴在不使用时应与地面相平。喷泉设计可参照《建筑给水排水设计标准》（GB 50015—2019）的规定。

饮水站的饮用水和天然游泳池的水质必须保证清洁，符合国家规定的卫生标准。我国北方冬季室外灌溉设备、水池，必须考虑防冻措施，木结构的古建筑和古树名木附近应设置专用消防栓。

3.10.2 排水

污水应接入城市活水系统，不得在地表排泄或排入湖中，雨水排放应有明确的引导去向，地表排水应有防止径流冲刷的措施。在无法利用自然排水的低洼地段，应设计地下排水网沟。

课程思政教学点

教学内容	思政元素	育人成效
公园施工图设计	职业道德 工匠精神	引导学生了解施工图设计要有严谨踏实的工匠精神和职业道德,不能有一丝的马虎和大意,这直接影响到后期的施工效果
中国植物景观的意境创作	文化自信	引导学生了解中国植物栽培的悠久历史和灿烂文化,诗、词、歌、赋和民风民俗材料赋予了植物人格化内容,设计中可利用此营造园林意境,突出文化内涵,树立文化自信

第2篇 分 论

第4章 综合公园的规划设计

4.1 综合公园概述

4.1.1 综合公园的概念

综合公园是城市绿地中公园绿地的一种主要类型。根据住房和城乡建设部发布的《城市绿地分类标准》（CJJ/T 85—2017），城市绿地分为五个大类：公园绿地、防护绿地、广场用地、附属绿地、区域绿地。公园绿地是指向公众开放、以游憩为主要功能，兼具生态、美化、防灾等作用的绿地，包括综合公园、社区公园、专类公园、带状公园、街旁绿地。根据住房和城乡建设部发布的《风景园林基本术语标准》（CJJ/T 91—2017），综合公园是指内容丰富，有相应设施，适合公众开展各类户外活动的规模较大的绿地。

4.1.2 综合公园的分类

由于各地城市人口规模和用地条件差异很大，在实际工作中很难明确区分某个具体综合公园的服务对象是全市居民还是区域内居民。因此，根据住房和城乡建设部发布的《城市绿地分类标准》（CJJ/T 85—2017），综合公园不再区分全市性公园和区域性公园，而是给出了有关建设规模的指导性标准。

标准中建议综合公园规模下限为 $10hm^2$，以便更好地满足综合公园应具备的功能需求。考虑到某些山地城市、中小规模城市等由于用地条件限制，城区中布局大于 $10hm^2$ 的公园绿地难度较大，为了保证综合公园的均好性，可结合实际条件将综合公园下限降至 $5hm^2$。

4.1.3 综合公园的特点

4.1.3.1 选址靠近城市中心，对市民生活影响较大

城市综合公园因为需要服务全市或市区内一定区域的市民，因此其选址往往靠近城市中心或者城市重要区域的中心，因此会与市民的生活有紧密的关联。综合公园往往有规模可观的绿地和丰富的活动设施，因此往往会吸引人们前来，并逗留其中。如纽约曼哈顿的中心，就坐落着一个具有 150 余年历史的大型城市综合公园——纽约中央公园（图 4-1）。在摩天大楼林立的纽约，中央公园为市民提供了约 $341hm^2$ 的广袤绿地，其中包括约 $60.7hm^2$ 的湖面和溪流、约 93.4km 的人行游览步道、约 9.7km 的机动车道。公园内生态多样、景观丰富，具有约 2.6 万棵树木和约 275 种鸟类。公园内还设文化

图 4-1 纽约中央公园

及科普的内容，如美国自然历史博物馆、大都会艺术博物馆、中央公园动物园等。中央公园因其绝对中心的区位优势和对周边环境的巨大影响，被称为"纽约绿肺"。奥姆斯特德在建造这座公园时曾指出："我们需要这么一个地方，人们下班之后会自然而然来到这里，散一小时的步，在这里看不到、听不到，也感受不到街道上的嘈杂和喧嚣，人们可以暂时躲开世俗的纷扰。"

直到今天，对很多纽约居民而言，中央公园已经成为他们生活中不可或缺的部分。人们以多种形式使用这一综合公园：运动爱好者在公园健身、跑步、打球；艺术爱好者在公园表演、创作、展示；普通居民在公园里聚餐、聚会、游憩（图4-2～图4-5）。中央公园对所有来访者都展示着它独特的魅力，它以优美的环境、自然的设计、丰富的内容，为城市开辟出一块休憩和放松的珍贵空间；饱受城市压力的人们在此可以远离喧嚣，重塑心灵，与自然亲密接触。

图4-2 纽约中央公园内维多利亚花园的游人

图4-3 纽约中央公园内毕士达喷泉附近休闲人群

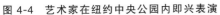

图4-4 艺术家在纽约中央公园内即兴表演

图4-5 纽约中央公园内闲适的人们

4.1.3.2 综合公园功能丰富，为居民提供多种游憩活动

对自然的亲近与渴望，是人类与生俱来的本能。综合公园因其较大的规模，可以提供尺度广阔的绿地空间和丰富的游憩功能，可以充分激发人们的情感，愉悦人们的感官需求，与人建立起行为和心理上的联系。詹姆斯·科纳（James Corner）认为："公共空间作为一种容器，承载着集体的记忆和欲望。它们是提供地理和社会的想象力的地方，并且可以扩大新的关系和创造可能性。"综合公园以其丰富的体验，提供了多样的活动场地，使人流连忘返，愿意多次光顾（图4-6、图4-7）。

图 4-6　达拉斯市 Klyde Warre 公园中的节日街市　　　图 4-7　纽约哈德逊河公园边缘地带的缓坡游憩区

4.1.3.3　综合公园是绿色基础设施的重要组成部分

近年来，海绵城市建设理念广为传播，城市雨洪管理日益受到关注。城市综合公园因为规模较大，成为城市雨洪管理的重要载体。通过科学的设计与合理的配套设施，能将公园绿地承接的雨水或人工灌溉水进行有效的收集、过滤、储存，经过适当处理后可以继续用于公园绿地的灌溉。通过对综合公园的深入设计，可以使其在调节雨洪平衡方面做出巨大的贡献。在雨量较多的时候，可以通过植被、透水铺装、绿色建筑等分担城市泄洪的压力。雨量少的时候，则可以通过收集的雨水满足自身的需求，使其降低对城市供水的需求。

较为典型的案例即浙江衢州市的鹿鸣公园。这是位于衢州新城中心区的一块"绿洲"，四周高楼环绕，属于高密度开发的区域，雨洪管理压力巨大。鹿鸣公园在设计初期即明确以绿色海绵为设计目标，"与水为友"，引入"都市农业"等新型景观，实现对自然的"最小干预"。公园总占地面积约 32hm^2，场地内原有的自然地表径流系统完全保留，并设计了一系列的生态滞水池作为滞水区域，将场地内的雨水截留，使其可以向土壤中渗透。园区内所有铺装皆为可渗透铺装，保证了全域都可以进行雨水下渗。区域内原有的和正在建设的水泥堤岸全部取消或者拆除，将河道恢复成自然的形态。景观构筑方面针对季节性雨洪也有适应性的设计，如公园中的凉亭高架于洪水淹没线之上，水上漂浮的栈道可以让游客体验滨水景观，又可以近距离观赏当地特色的红色砂岩山壁。

鹿鸣公园建成之后，已经成为衢州市新的城市名片，以其自然生态景观和宜人的游览体验，成为当地居民极为喜爱的去处，形成了一处极具活力的城市绿洲（图 4-8、图 4-9）。

图 4-8　鹿鸣公园的立体步道系统　　　　　　图 4-9　鹿鸣公园"与水为友"的绿色海绵设计

4.1.4　综合公园的功能

综合公园作为城市重要的生态基础设施，在城市发展中具有多重重要的功能。住房和城乡建设部于2012年11月曾发布《关于促进城市园林绿化事业健康发展的指导意见》，其中明确指出城市园林承担着生态环保、休闲游憩、景观营造、文化传递、科普教育、防灾避险等多种功能，是实现全面建成小康社会宏伟目标、促进两型社会建设的重要载体。未来随着城市发展，综合公园将成为城市改善生态环境、营造良好人居环境、丰富城市多元文化的重要载体。

4.1.4.1　生态保护功能

城市综合公园的发展与建设，可以大大提升城市生态质量，缓和热岛效应，补充氧气，蒸腾滋润，改善空气质量。更重要的是可以改善城市雨洪状况，控制径流，滋补水源。通过营造自然生态的环境，为野生生物提供栖息地，完善城市生态链条，提升生物多样性，为城市构筑起生态的屏障。

例如，新加坡碧山宏茂桥公园是新加坡最受欢迎的城市综合公园，现在已经成为联系碧山居住新区与宏茂桥区之间的绿色生态纽带。但在2008年时，现场却是一条混凝土构筑的人工沟渠，将居住区与公园明显地分隔开来。

此后新加坡对河道进行了重新的规划与设计，新的设计方案受到国家水务局"活力、美丽、清洁"水计划项目的影响，力图在满足给排水功能的同时，创造可以供社区娱乐休闲的活力空间，以促进社区间的联系和融合。因此，新的设计方案将混凝土河道拆除，将其恢复为自然的河漫滩的形象。将季节性雨洪考虑进其中，当进入雨季，雨量增加带来大量雨洪时，河道两侧的自然滩涂可以快速排除积水，解除洪患。而当水量减少时，露出宽广的河岸滩涂，营造出可供人们亲水休闲的空间。改造之后的河道蜿蜒曲折、宽窄不一，以近似自然河流的形态，赋予水流多样化的流动形式与多种流速，为水生生态的多样性奠定了基础。而在人工景观方面，以三座跨越河流的景观桥梁及台地状滨河走廊、亲水平台、戏水广场等形式，将人们吸引到水边，近距离感受到自然的韵律和生态的丰富之美，也进一步促进和推动了人们的生态意识的建立。

碧山宏茂桥公园水系统改造前后对比见图4-10。曾经的混凝土排水渠不仅割裂了城市空间，同时也无法应对暴雨灾害事件，如今取而代之的自然式河道对公园的蓄水能力、生物多样性、活动空间都有十分明显的增长作用。公园中的水源来自经生态净化群落处理的回收用水，极富创造力与想象力的空间设计让孩子们在游戏与互动中学会欣赏、了解水的价值（图4-11）。

贵州六盘水明湖湿地公园也为国内的综合公园建设提供了一个生态样本。该公园占地约90hm²，为当地提供了多重生态系统服务。设计用河流串联起溪流、湿地和洼地，将其塑造成一系列蓄水池和不同承载力的净化湿地，构建成一整套完整的雨洪管理和生态净化系统。公园将原先的硬化混凝土河道移除，重建为自然的河岸，使其恢复自净能力。同时，公园将人行道及自行车道纳入景观系统，构筑起连续的公共空间，增加滨水的游览体验。明湖湿地公园将滨水开发和河道整治结合在一起，促进了区域的城市建设，恢复了区域生态，增加了城市的活力（图4-12、图4-13）。

因此，现代的城市综合公园已经不仅仅是提供观赏与休闲游憩的所在，更是成为缓和生态环境矛盾、促进生态平衡、实现城市与自然协调可持续发展的载体，它除了承载公众生活、提供景观环境，还将成为城市生态系统的重要组成部分。

4.1.4.2　休闲游憩功能

综合公园可依据居民需求，布置适宜休闲游憩的附属设施，可以提供户外运动、科普文

图 4-10　碧山公园水系统改造前后对比

图 4-11　公园中的孩子们

图 4-12　六盘水公园的蜿蜒步道系统及净水体系

图 4-13　标志性的彩虹桥及融合了过滤池的步道系统

教、休憩赏玩等功能（图 4-14、图 4-15）。人们在公园内可以享受到丰富的体验，从景观到气味、质感、色彩、声音、温度、湿度等全方位对人的感官形成刺激，使人产生自然与闲适的感受，让人们在城市的快节奏生活中放松下来，缓解疲惫紧张的情绪，滋养心灵，更好地生活和工作。根据相关研究表明，人们在公园中适当休憩之后，其注意力及记忆力水平均可有显著提高，对工作效率提升有很大的帮助。

图 4-14　纽约中央公园里的慢跑者和轮滑者

图 4-15　美国达拉斯 Klyde Warren 公园中的各种便利设施

4.1.4.3 人际社交功能

综合公园也可促进人际交往，帮助城市中的人克服孤独感及焦虑感，更融洽、自然地与他人相处。在公园轻松自然的氛围中，人与人的隔阂感会大大减弱，偶然的邂逅更容易引发一场轻松的谈话，从而促进友谊的产生。对家庭而言，公园是极佳的儿童玩耍的场所。在公共开放的空间内自由惬意地玩耍，对儿童的性格形成及身体素质的培养均有很大益处。且在公园中往往可以促进年龄相当的儿童聚集玩耍，可以帮助儿童社交能力和表达能力的提高。

4.1.4.4 文化展示功能

城市中的综合公园，往往是其城市特色的集中体现。建设具有城市特色的综合公园可以让游客及市民对城市的记忆和理解更加深刻，成为展示城市建设水平、城市特色风貌的展示窗口。

图 4-16 厦门白鹭洲公园

例如，厦门的白鹭洲公园（图 4-16），其建设地址位于城市中心的鹭岛，总面积约 16hm^2。设计中突出鹭岛特色，以湖中岩石上的 13m 高的白鹭女神雕像（图 4-17）为标志性景观，象征着鹭岛和厦门，令人印象深刻，过目不忘，从而对厦门的城市印象有了更具体的认识。公园中还有喂养荷兰鸽的广场、中国生肖柱、香港回归纪念碑、书画院、展览馆、餐厅、酒吧、艺术品商店等设施，还设计有广受欢迎的音乐喷泉广场（图 4-18），以当地渔

船晚间回港时的灯笼为创作灵感，形成创意灯光秀，是很多游客必看的项目。灯光秀以鹭岛对岸的城市高楼集群为背景，灯光倒映在水面，形成光彩夺目、五彩斑斓的视觉效果，令人赏心悦目。白鹭洲公园通过对城市特色和标志性景观的塑造，成为了厦门城市文化展示的绝佳舞台，也是厦门一张独特的城市名片。

图 4-17 厦门白鹭洲公园白鹭女神雕塑

图 4-18 厦门白鹭洲公园音乐喷泉

综合公园同样也可以是文化激励的重要场所。综合公园中有时以纪念碑或公共艺术品的形式，对英雄事迹或社会思想进行展示和传播。同时公园中的开敞绿地可以为举办演出、进行展览、聚会互动等提供场地。这些不仅能让人可以近距离接触文化与思想，更可以激发和促进城市文化和精神内核的塑造，增强人们的自豪感，对城市发展与社会进步均有积极作用。

以纽约中央公园为例，其内设计有草莓园（图 4-19）。草莓园是一个圆形的小型广场，场

地以马赛克装饰，中央镶嵌着"Imagine"的字样，因为此处是根据英国传奇歌手、披头士乐队创始成员约翰·列侬的经典歌曲《永远的草莓地》来命名的，其地点正对着列侬当年居住的寓所。初到此处的游客大多觉得此处并不起眼，但是一年四季都摆放着的鲜花引发人们的好奇与求知欲。待他们了解了背后的故事，就会进一步被列侬的音乐传奇所吸引，怀念这位音乐巨人的同时，更深深感受到纽约这座城市的多元文化。

芝加哥的千禧公园（图 4-20）则以更为醒目的方式来彰显城市文化。总占地面积约 24.5hm^2 的公园原来是一处停车场，经弗兰克·盖里（Frank Owen Gehry）、安妮施·卡普尔（Anish Kapoor）等世界级设计师、艺术家的精心设计，成为涵盖多种形式的文化功能的城市地标，具备露天剧场、过街云桥、艺术雕塑、互动媒体构筑体等丰富的人文景观，并依托这些设计每年向市民免费开放多达 500 个艺术项目，吸引了大量的当地市民和来自世界各地的游客，真正成了芝加哥的城市客厅。

图 4-19　纽约中央公园草莓地的马赛克铺装与纪念鲜花　　图 4-20　芝加哥千禧公园中的云门

4.1.4.5　防灾避险功能

现代城市由于建设密度越来越大，必须要关注当灾害来临时的防灾避险空间。综合公园由于其建设密度低、开敞空间多的特点，成为城市防灾避险空间规划的重要组成部分。在综合公园设计与建设过程中，可配备防灾避险相关的设施及空间，以确保在突发紧急事件或重大灾害发生后，可以第一时间为周边居民提供安全避难、医疗救护、物资运输集散等服务，且在安全时期也可以作为安全教育演练的训练场所。

例如，北京市海淀公园是 2004 年被首批确定的应急避难场所之一。整个公园面积约 40hm^2，位于北京市西北角万泉河立交桥西北部。平时作为海淀区的综合公园，为周边居民提供休闲游憩空间。灾害发生时则可作为应急避难场所使用。公园设计有三个出入口，分别设置在场地东北部、北部、西北部，在灾时作为紧急疏散入口使用，保障人员及救援物资的运输通畅。公园内部的开阔草坪和场地，均可在灾时转换成应急宿营区，满足避难需求（图 4-21）。

东京临海广域防灾公园（The Tokyo Rinkai Disaster Prevention Park）是日本首都圈广域防灾的司令部，同时也作为救灾部队、救灾物资等救援力量的大本营和后方基地（图 4-22）。公园总占地约 13.2hm^2，于 2011

图 4-21　海淀公园的大草坪在灾时可以成为应急宿营区

年全面开园。公园平时作为防灾准备场地，可以用于开展防灾避难的信息交换、模拟演习、防灾训练等活动，增加市民对防灾工作的关注度，增强其防灾自救意识和互助技能。

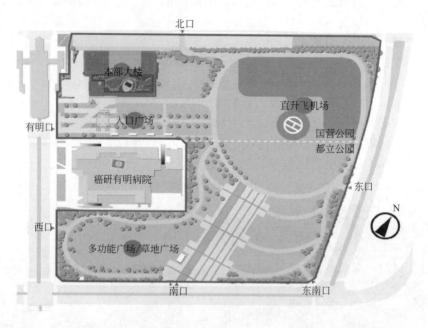

图 4-22　东京临海广域防灾公园平面图

公园的入口广场位于本部大楼和北部的癌研有明病院之间，面积约 $1hm^2$，是作为灾害发生时的医疗救援工作的场地。且在灾害发生时，入口广场还可设立灾情信息站共享信息，设计临时服务站，为灾民提供紧急处置、救灾物资、器材设备支持等服务。广场设计以硬质路面为主，能确保灾时救护车辆的安全通行。本部大楼设计能够抵御强烈地震，作为灾害发生时的防灾避难指挥中心。

公园内设计有直升机起落场地，可以作为大型运输直升机的临时机场。当灾害发生时可以供运输伤员、紧急物资、救灾设备器材使用。公园内作为主要景观的大草坪，在平时可以作为公园内休闲野餐的场地，在灾时可以作为灾民、支援部队和志愿者驻扎的临时营地，也可以作为管理、协调各方力量的临时指挥场所（图 4-23、图 4-24）。

图 4-23　东京临海广域防灾公园

图 4-24　东京临海广域防灾公园开敞大草坪

4.2 综合公园规划设计要点

4.2.1 综合公园规划设计原则

4.2.1.1 自然性原则

综合性公园作为城市绿地系统极为重要的组成部分，其设计核心就是要塑造自然、生态、绿色的城市环境。因此在设计时要在尊重自然、保护自然、回归自然的基础上来进行。综合公园应塑造成为城市中的绿洲，大面积的种植或者自然的水景，塑造广袤的绿荫，提供游客与自然亲密接触的机会。如波士顿"翡翠项链"系统中的公共花园，占地 $9.7hm^2$，塑造了一处郁郁葱葱的城市绿洲。公园以茂密的植物和中央广阔的水景为设计核心，使其看起来是一处自然的湖泊，使游客可以在此徜徉逗留，尽情放松身心。这也是综合公园应该向人们传达的自然设计的理念（图4-25～图4-27）。

图 4-25　美国哈德逊河边缘 Beacon 滨河公园
公园中挡土墙也可以作为人们聚会聊天的座椅

图 4-26　哈德逊河公园
公园中的天鹅船是园内非常受欢迎的游览项目

4.2.1.2 功能性原则

综合公园要服务较为广泛的人群，因此其空间属性应具有较强的开放性和适用性。在规划过程中，应首先明确其适应当地环境和满足区域人群需要的功能，再以功能来明确形式。将空间进行合理的布局和规划，以尊重自然、尊重当地的理念来设计，如用具有视觉吸引力的围栏或者矮墙来围合空间，形成公园内外的视线联系，而避免用高大的围墙来阻隔外部人群对公园内部的感知等。

图 4-27　波士顿公共花园
园中拥有大量的树荫和供人休憩的草坪

4.2.1.3 参与性原则

现代的综合公园不只是可以观赏的美景，也要提供可以参与和互动的活动项目或游憩空间。现代的智能科技和光电设备提供了广阔的设计空间，可以允许人们以新的形式与景观之间形成互动。比如在硬质景观区域安装创新的艺术装置，或布置极具表现力的现代媒体设施鼓励人们参与其中，或以 LED 光源等形式装饰广阔的场地和地形，让人们可以徜徉其中，仿佛置身科幻世界。文化表征与象征意义可以通过这些设备展示和传播，赋予公园更鲜明的景观特色和更广泛的公众认同感。

例如，芝加哥千禧公园内的云门和皇冠喷泉很好地体现了这一设计原则。云门由英国艺术家安易斯（Anish）设计，每到夜晚灯光亮起，就可以与游客互动（图4-28）。皇冠喷泉由西班牙艺术家约姆·普朗萨（Jaume Plensa）设计，是两座由喷泉与影像幕墙结合的构筑体，喷泉主体高约15m，水池长约70m，两个大型影像屏幕每小时更换6张芝加哥市民脸部表情特写，每隔一段时间，屏幕中的市民口中会喷出水柱（图4-29）。每逢盛夏，皇冠喷泉变成了孩子们戏水的乐园。云门和皇冠喷泉的设计师让原本静止的物体与游人一起互动起来，成为公园与来访者互动的优秀案例。

4.2.1.4 艺术性原则

综合公园作为景观的集中载体，其设计应注重塑造视觉美感和艺术审美。在公园进行户外活动的人群，会受到公园精致的景观、丰富的材质、绚丽的光影等综合因素的影响，从而感觉到艺术的熏陶和美的陶冶。富有艺术性的设计能够以潜移默化的方式打动人们的心灵，使人感受到自然、惬意、闲适、放松的氛围，激发人的活力以及治愈心灵的精神力量。

图4-28 夜晚的芝加哥千禧公园云门　　　　图4-29 芝加哥千禧公园内的皇冠喷泉

4.2.1.5 可持续性原则

公园的设计是以艺术和创新的方式协调人工环境与自然环境的重要手段，因此必须满足可持续性的原则。一个好的公园建设，必须在不透支子孙后代资源的前提下进行。这具体包括优先使用当地的材料资源、使用可循环的材料和能源、减少建设产生的废弃物和垃圾等。在新的时代发展要求下，可持续性将不再是设计的附带要求，而将成为公园设计的核心和基本标准。

美国达拉斯市的 Klyde Warren 公园即是这方面的典型案例（图4-30）。公园建设在商业区和住宅区之间，原先为八车道的高速公路。公园以屋顶花园的形式覆盖在高速公路上方，将分隔的城市区域重新连接起来。公园通过广泛种植本地树种，塑造绿荫，降低环境温度，营造舒适自然的小气候。同时设计中通过路基蓄水系统收集雨水和用于灌溉，以减少地表径流和雨水对地面的荷载。公园内以砾石、草坪、植被表面为主，与不透水的硬质地面相比，其渗透率超过50%（图4-31）。路基蓄水系统可以为公园收集和储备高达45m³的用水，同时土壤和铺装设施之间的排水垫层也可以涵养水分，有助于植物的生长和景观的维持。通过一系列生态化的设计，公园对淡水资源和其他能源的需求大大降低，真正成了可持续发展的景观。

图 4-30　Klyde Warren 公园　　　　　　图 4-31　Klyde Warren 公园内的草坪、植被和砾石表面

4.2.2　综合公园规划设计方法

4.2.2.1　功能分区

综合公园内的使用者，有多种不同的活动形式，设计应根据场地特点与市民需求，设计不同的使用功能。根据场地的使用特点，公园中的活动大概有室外休闲活动、文化活动、室内活动三种。室外休闲活动如慢跑、漫步、攀登、骑行、闲坐、摄影、野餐甚至滑板轮滑等极限运动。文化活动如表演、展览、创意市集、舞蹈、武术、演讲等。室内活动如餐饮、展览等。

综合来看，一般综合公园应包括六大功能分区：观赏游览区、静谧休闲区、文化展示区、运动健身区、儿童娱乐区、管理辅助区。在设计时，应根据场地周边环境、地形条件、市民需求等合理安排各项功能分区。

① 观赏游览区　观赏游览区的主要功能是景观欣赏、展示、游憩等，通常是公园景观最为优美、特色最为突出的区域。此功能不必集中布置，可以在公园中广泛设置，且与其他功能区域要有适宜间隔，尤其要与运动健身区、儿童娱乐区等相分隔。观赏游览区宜设置在距离主要出入口一定距离之处，由精心设计的园路引导，引导人们前往体验。

② 静谧休闲区　公园的主要体验之一是让游客放松身心、缓解疲惫，因此其设计应提供安静、悠闲、舒适的活动形式，如闲坐、远望、阅读等。一般可选择在有一定地形的坡地、谷底、水畔、林间，设计以具有观赏性和实用性的风景建筑，如亭、廊、榭、台等。位置选择应适当远离公园主要出入口与城市主要道路，以求形成静谧安闲的游览体验。

③ 文化展示区　文化展示区是综合公园文化展示功能的主要窗口，可供开展科普文教、演艺表演、展览展示等活动。其选址应具有一定的视觉吸引力，如以缓坡设置露天剧场或演出舞台；或利用下沉场地设计下沉广场开展集体活动、游戏场地等。文化展示区应设置适合其功能的配套建筑，如剧院、展馆、舞台等。设计时可充分利用地形、植被、水体、道路等将各个活动区域分隔开，保证各个场地的使用。此功能因使用时人流较为集中，应靠近公园主干道设计，以快速疏散人流，避免拥堵。附近应设置足够的服务设施，如厕所、茶室、饮水处等。

④ 运动健身区　公园的使用者有静就有动，有相当数量的市民有在公园运动健身的需求，因此应设计适当的场地以满足其活动的需要。运动健身区应设置在公园主入口周边，以硬质铺装为主，设置足量的休闲座椅和音响等设施。也可通过调查等形式，深入了解周边居民的运动需求，针对性地设计篮球场、羽毛球场、网球场、跑道、健身设施等。由于此处以运动为主要使用形式，因此会对周边形成噪声干扰，故应设计以地形或植被围合，以与周边功能分隔并降低噪声干扰。

⑤ 儿童娱乐区　综合公园也要考虑周边儿童的活动需求，因此需要设置儿童娱乐区。

其选址、空间设计、功能分区、设施配套等均应符合儿童的行为心理和生理尺度。首先应选在阳光充足、空气流通、地势较高、排水通畅的地方。为确保儿童的活动安全，应避开公园内的交通干道，入口及边界应有一定形式的围合，以阻挡外界噪声和其他活动对儿童的干扰。儿童娱乐区的规模不宜过大，应根据公园占地面积大小、用地条件、区位特点、周边儿童的数量等因素适宜设置。其功能布局应按照年龄进行分项设计，如婴幼儿活动区、学龄前儿童活动区、大童活动区等（图4-32）。其辅助设施设计应迎合儿童的行为特点，设置不同种类的游乐设施，供儿童攀登、钻爬、游戏、跳跃等（图4-33）。并且应以体量较小、设计精巧、形态有趣、色彩质感丰富的类型为主，同时应尽量贴近自然，将环境与儿童游戏设施相互融合。儿童娱乐区在设计中应特别注意其安全性设计，其铺装应采用松散柔软的填充材料，如木屑、细沙、塑胶等，防止儿童跌落受伤（图4-34、图4-35）。植物选择上应以无毒、无刺、无刺激性气味的景观植物为主。游乐设施应选择无毒无害、环保生态的材料，且应注意边缘圆滑，以避免划伤或刺伤儿童。

图 4-32　新加坡远东儿童乐园的幼儿区和儿童区戏水池

图 4-33　公园内不同形式的滑梯

位于芝加哥的 Maggie Daley 公园毗邻著名的千禧公园，占地面积约 8hm²，2014 年底正式对外开放。公园内包含体育健身设施、攀岩场、滑板场、网球场、冰场和美食中心等，成为游客以及当地居民休闲活动的最佳场所之一。公园拥有充满想象力的儿童及青少年活动区域，整合了不同的主题空间、活动设施，各种娱乐项目有序紧凑地布置在自然曲线围合成的空间里，并且为看护孩子的大人们提供了舒适的休闲空间（图4-36）。

图 4-34 儿童乐园中设计有登山步道、低扶手的人工地形   图 4-35 新加坡远东儿童乐园内的吊桥设施

图 4-36 芝加哥 Maggie Daley 公园的儿童活动场地

⑥ 管理辅助区 综合公园规模大、功能全、游人众多，因此需要较为全面的养护管理。管理辅助区是为公园养护及管理需要而设置的建筑或设施的集中设置区域，一般应包括管理用房如值班室、办公室、财务室、会议室以及水、电、暖、通信等工程配套。一般应选址在园内较为隐蔽的区域，且应设置专用的出入口。

4.2.2.2 出入口设计

综合公园的出入口一般分为主要出入口、次要出入口和专用出入口三种。

公园主要出入口，应首先选择临近城市交通，如临近公交车站、地铁站、过街天桥或人行横道等，方便人们快捷地抵达公园。主入口往往以广场形式设计，方便人群聚散。结合广场周边可设置游客中心、咖啡店、纪念品店等功能建筑，以满足游人的多方面需求，且能营造一种欢快活跃的气氛。

4.2.2.3 园路设计

园路系统是串联公园各个分区和景点的交通纽带，也是构成公园景观的重要元素。根据《公园设计规范》（GB 51192—2016）中规定，园路的路网密度宜为 $150\sim380\text{m/hm}^2$。

按照道路等级分类，园路宜分为主路、次路、支路、小路四级。公园面积小于 10hm^2 时，可只设三级园路。

主路是综合公园中利用率最高的道路，也是尺度最宽、游人最多的道路。其作用为串联整个公园所有主要区域，并承担部分园区管理和消防、游览功能，因此需要支持车行，如消防车、管理用车、游览车等。因此，设计中要求路宽一般为 $4\sim6\text{m}$，纵坡不大于 8%，同一纵坡长度不宜大于 200m，横坡在 $1\%\sim4\%$，路面铺装以硬质铺装为主，要求坚实耐磨，以确保车辆和人行需要（图 4-37、图 4-38）。

图 4-37　北京奥林匹克森林公园中与
慢行系统相结合的主干道（一）

图 4-38　北京奥林匹克森林公园中与
慢行系统相结合的主干道（二）

次路：宽度仅次于主路的公园道路。与主路相连接，引导和串联公园各景观节点，是公园中主要的游览用道路。其宽度可根据游人容量、道路的主要功能、活动内容等因素而定。

支路：是公园道路系统最细微的分支，是对整体道路结构的完善和补充。负责联系各景点内部的各个角落，可以采用丰富的材质和多变的形式，其设计可以相对灵活，与周边环境相融合。

园路的设计首先应保证其功能的适用。其线路应选择在场地必经之地，应该是人们在穿越此处时自然而然的选择。适宜的道路应包括合理的线路、必要的宽度、布置恰到好处的休息座椅、丰富美观的沿途景观和无障碍坡道、科学的道路指引等。其中无障碍设计是保证园路功能适用的极为重要的方面，确保行动不便者、推婴儿车者、婴幼儿、老年人等能够安全快捷地通行。园内所有道路应至少保证有一条设计为无障碍通道，其要求是宽度应在 1.2m 以上，纵坡控制在 4% 以下，当 4% 的坡度持续 50m 以上时应设置 1.5m 以上的休息平台。有高差的地方应设置坡道来连接，其坡度越小越有利于通行，一般应控制在 1∶20～1∶15 之间。坡道至少一侧应设计 0.9m 高的连贯扶手。为防止轮椅、婴儿车等从边缘滑落，应设置高 5cm 以上的挡石。

同时，伴随生态意识的不断提高，在现代的城市发展中各地均提出了海绵城市建设的系统规划，在推广和应用低影响开发建设模式方面进行不断的深入探索。综合公园的园路也应在满足交通安全等基本功能的基础上，充分利用其自身宽度及周边绿地空间实践海绵城市的建设思想。应结合道路横断面和排水方向，利用不同等级的道路和绿化带、车行路、人行道和停车场建设可渗透式设施，通过渗透、净化、调蓄等方式，实现综合公园园路的低影响开发控制（图 4-39、图 4-40）。

图 4-39　青岛世园会入口广场透水砖铺装

图 4-40　可以满足雨水渗透的预制混凝土铺装

4.2.2.4 种植设计

综合公园因其规模较大，面积较广，其种植也应进行精心设计，以形成景观丰富、生态多样、四季分明、维护方便的植物景观。丰富多样的植物群落不仅能形成代表性的景观，且能缓冲公园与周边城市建设之间的视觉冲突，对自然与生态也大有裨益。种植设计中应考虑以下原则。

综合公园种植设计首先应考虑当地抗性强、形态美、成活率高的乡土树种。例如，在北京奥林匹克森林公园的种植设计中，设计者就实地勘察了北京周边的植物物种资源，且查阅了大量前人研究成果，对北京地区常用的乡土园林绿化树种有了综合的考量。结果表明，从耐寒、耐旱、

图 4-41 北京奥林匹克森林公园鸟瞰

耐贫瘠、抗病虫害、抗污染、观赏价值、生态效益等多个层面，乡土树种均有较显著的优势。在奥林匹克森林公园植物景观设计中坚持以北京乡土树种为公园骨干和基调树种，在此基础上再进行乔灌草的搭配，以建立多样丰富的群落类型，取得良好的景观和生态效益（图 4-41）。

在种植设计中，应注重乔灌草的搭配层次。乔木层可以提供广阔的绿荫，供夏季庇荫游人，冬季则以叶落后的枝干形成独特美感的景观。在季相设计上，应按照植物的不同生长季节来进行合理搭配，并应考虑不同花色、花形、芳香等细节，以形成花繁叶茂、应接不暇的季相景观。例如，杭州太子湾公园，其植物景观以优美浪漫的樱花和色彩斑斓的郁金香为特色（图 4-42、图 4-43）。其主要观赏的种类是日本樱花、山樱花，且搭配了二乔玉兰、白玉兰、紫玉兰、紫叶李、日本海棠、贴梗海棠、棣棠等，以期与樱花一起来加强春季景观。在此基础上，公园设计兼顾了四季季相，如设计了秋季赏叶的无患子、鹅掌楸、银杏、金钱松等，红色叶的枫香、红枫等，并适当布置常绿植物和冷季型草坪，以丰富冬季景观。太子湾公园以其自然、丰富、多样、优美的植物景观，吸引了大批游人前来欣赏。

图 4-42 杭州太子湾公园

图 4-43 杭州太子湾公园的郁金香

4.2.2.5 水景设计

综合公园内为形成丰富多样的景观类型，常借助塑造不同类型的水景来形成特色景观。综合公园内的水景形式多样，其主要类型可以分为静态水景和动态水景两类。

静态水景以人工湖、水池等为载体。人工湖往往位于公园的中心，是景观塑造的焦点，合理的设计可以为人们提供丰富多样的亲水游憩形式，如沿湖活动、近水观赏、湖中游憩等。

静态水景首先应关注其水面的平面设计，如宽窄、曲直、广狭等，水面形态应尽量与周边地块形状保持一致。小的静态水面形态设计较为自由，几何形状或自然形状均可。大型静态水景则应尽量减少对称、整齐的因素，以较为平缓和流畅的线条进行设计，以求形成优美动人、浑然天成的形态。

较大的静态水景如人工湖，应考虑水上运动和赏景的要求。水面的大小、宽窄与环境的关系就需要有全面系统的设计。在水上泛舟时，人们对周边景观的欣赏受到水体自身尺度的影响。水面窄、水边景观高，则在水中游览时视觉仰角大，感受到的空间闭合性较强，可形成静谧深沉的感受。水面宽、水边景物低，则视觉仰角小，空间开放性强，可形成广阔旷朗的体验。

在人工湖的水面形状设计中，若水体过大，需要进行一定的分隔时，应注意其比例和相互关系。一般可通过堤、岛对水面进行分隔，其中应有一个面积较大、位置最为突出的主水面，其他水面的面积可略小，作为次水面。例如，在西安曲江遗址公园的设计中，其水体以如意葫芦形水面为主体，以自然曲折的岸线将曲江池划分为三部分，形成了主次分明、形态多变、自然优美的水体景观，不仅再现了大唐长安时期的山水城市格局，对西安的城市生态也起到了积极的作用（图4-44）。

图 4-44　西安曲江遗址公园

在北京奥林匹克森林公园的水景设计中，"主湖"位于奥林匹克中轴线的北端，湖面约24hm^2，背靠的主山高度约为48m，以此设计的高宽比使游人在"主湖"南岸观看主峰时视距比约为1∶12，景观效果较好。同时园区西北利用现状近10m的高差规划为由跌水构成的湿地观赏区，东部及东北方向分别与现状公园水系相连，形成湖、湿地、河渠等形态多样、景观丰富的水景效果。最终构筑起以"主湖"为核心的"龙头"水系格局，构成自然韵味十足的水系景观（图4-45～图4-47）。

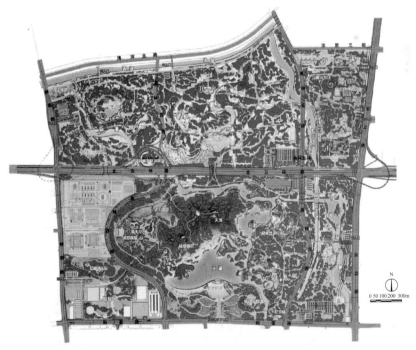

图 4-45　北京奥林匹克森林公园规划平面图

图 4-46 北京奥林匹克森林公园内被堤岛划分的水面　图 4-47 北京奥林匹克森林公园湿地水景区沉水廊道

动态水景通常以瀑布、喷泉、跌水、溪流等载体为主，以动态的水体来展现丰富的视觉变化。可以设置在广场、园路周边、景观节点等，动态水景还可以结合声光电等现代设备，形成更具视觉表现力的景观。例如，澳大利亚阿德莱德市鲍顿公园（Bowden Main Park）（图 4-48）的中央水景，以旱喷结合构筑物及夜景照明造景，使得构筑物上方一系列的圆盘与旱喷颜色相呼应，呈现出丰富的视听感受。

图 4-48 澳大利亚阿德莱德市鲍顿公园

4.2.2.6 建筑小品设计

综合公园的建筑小品是丰富景观、提供使用功能的重要载体，是体现综合公园景观特色的重要元素。综合公园的建筑小品大致可以分为以下几类：首先是功能性建筑小品，这是以提供适宜功能为目的设置的建筑小品，常见的如洗手间、电话亭、垃圾箱、饮水器、景观座椅、景观亭、花架、指示牌等；其次是观赏性建筑小品，这是为提高公园审美，满足人们视觉享受的需求而设置的，如雕塑、景石、花钵等。

建筑小品的主要作用是服务和观赏，与游人的关系较为密切，在设计中应注意以下几点。

首先应注重标志性。建筑小品往往是场地中的重要节点，对游人的感知有聚焦、吸引的作用，在设计中要凸显建筑小品的形态、色彩、质感设计，使其形成识别性强、视觉感知突出的景观。如新加坡滨海湾公园中的中国园附近，以台阶步道中间形成跌水景观，水体曲折婉转，层层跌落，配合湖石雕塑，非常具有中国传统园林的味道，向人们暗示着即将到达的中国园氛围；台阶两边的植物非常茂密，将人们的视线集中在台阶的尽头（图 4-49）。

图 4-49　滨海湾公园中国园

　　其次应注意其功能的适宜性。建筑小品要具有服务功能，因此要与场地相适应，以满足人们各种使用要求。如芝加哥 Maggie Daley 公园内的圆木小品，以人能坐下使用的尺度来进行设计，可以提供临时的休息设施，同时也可以成为孩子们的游戏道具（图 4-50）。

图 4-50　芝加哥 Maggie Daley 公园内的圆木座椅

　　再者要注意其整体性。建筑小品应在形态、质感、色彩等方面，与周边环境相呼应，力求与公园整体设计相融合。如新加坡滨海湾公园（Gardens by the Bay）中的导视系统，基调以深紫色为主，在色彩突出的前提下，再加入超级树的酒红色和蜻蜓桥的淡红色，全园的导视系统形成了统一的色调和协调的风格，给人以明确的导引及亲切和安全感（图 4-51）。

图 4-51　新加坡滨海湾公园南花园的 LOGO 景墙与景点指示牌

4.3　综合公园实例分析——新加坡滨海湾公园

4.3.1　项目概况

　　新加坡滨海湾公园，是政府主导的"花园里的城市"建设理念的重要体现，也是新加坡最大的海滨发展项目。由新加坡国家公园局和英国 Grant Associates 事务所合作完成。设计以植物景观为核心，架构不同类型的主题花园来提供丰富的休憩和娱乐功能。设计中结合新加坡的自然特色和历史文脉，以多样化的景观塑造为游人带来充满活力的游览体验。

4.3.2　规划布局

　　公园由三大主题花园构成：滨海南花园、滨海东花园、滨海中花园。其中滨海南花园是占地面积最大、设计内容最丰富，也是最为重要的景观区域。滨海南花园的设计核心是展示新加坡的骄傲，以人与植物、自然的智慧、智能设计为设计主题，总占地 $54hm^2$。其布局以一丛兰花的生长脉络为意向，以印度园、中国园、马来园、殖民主题植物园等为兰花花瓣，以园内的交通系统为兰花的枝条，以绿地为兰花的绿叶，以内部水体、能源、通信系统的基础建设为根茎，共同构成一朵徐徐绽放在新加坡滨海湾的美丽兰花（图 4-52、图 4-53）。

图 4-52　新加坡滨海湾公园南花园实景鸟瞰

图 4-53　新加坡滨海湾公园南花园总平面图

4.3.3　景观设计

4.3.3.1　超级树

滨海湾超级树是全园的景观亮点和标志性构筑物（图 4-54）。由 18 棵 25～50m 不等的巨大树形构筑物，散布在公园内三个不同组团里。其中 12 棵以组团的形式布置在花园最中央，构成擎天大树森林。有三棵位于西北角银色花园，另三棵位于东边的金色花园。这些超级树成为滨海湾公园最著名的景观标志，吸引了无数游人前来观赏。同时超级树也是公园的重要基础设施，通过在树冠安装光伏设备，可以将太阳能转化为电能，供给夜晚超级树的照明。另外一些靠近冷室的超级树，还成了冷室的排气设施。

4.3.3.2　史迹花园

史迹花园是新加坡滨海湾公园的园中园。内部分为四座主题花园，其景观主要为展示新加坡热带植物景观以及三大民族文化，分别是中国花园、马来花园、印度花园及殖民地植物园。在设计中分别提取不同民族文化中最具有文化韵味和特征的要素，如中国花园以红色围墙、圆形洞门、太湖石、竹林等要素，以极具中国传统园林景观的风貌，向游人传达新加坡与中华文明间源远流长的紧密关联（图 4-55）。

图 4-54　新加坡滨海湾公园超级树及 OCBC 空中步道

图 4-55　新加坡滨海湾公园史迹花园平面图及其中的中国花园

4.3.3.3　云雾森林和花穹

云雾森林和花穹是滨海湾公园极具特色的两座冷室花园（图4-56），以钢结构和玻璃幕墙为主体结构，设计在能满足最大限度地采光的同时，又隔绝绝大部分热量。花穹是目前世界上最大的玻璃冷室。其能源来自滨海湾和新加坡全国范围内的农业废料，以生物质锅炉供给。云雾森林在内部复制了海拔1000～3500m高度的低温潮湿热带山区的气候，其内种植冷温高原特色植物（图4-57）。花穹则复制了地中海以及南亚的气候环境，用于展示地中海地区和亚热带地区的特色植物。

图4-56　新加坡滨海湾公园云雾森林和花穹两座冷室花园

图4-57　新加坡滨海湾公园云雾森林内云山

4.3.3.4　蜻蜓湖和翠鸟湖

花园中的水体设计以静态水面为主，最主要是两个湖面，分别为蜻蜓湖和翠鸟湖。花园将滨海蓄水池中的水引入湖面，并设置天然过滤床，将水中的营养物质适当降低，以保持水质洁净。湖水中的天然净化水可以用于灌溉，多余的水还会回流到滨海水道中以维持水的循环。通过两个水面的设计，既保证了园区用水，同时又为鱼类、昆虫、鸟类、水生植物等提供了水生栖息地（图4-58）。

图4-58　新加坡滨海湾公园蜻蜓湖和翠鸟湖

4.3.4　小结

新加坡滨海湾公园充分体现了新加坡营造"花园中的城市"的理念，以超前的理念、深入的设计、独具特色的植物景观和系统的生态设计，将自然景观与建筑完美融合，以可持续能源技术的应用推动公园成为全球景观发展的标杆，其独特的设计构思和技术应用的方式，值得深入学习和推广。

课程思政教学点

教学内容	思政元素	育人成效
综合公园的文化展示功能——纽约中央公园的草莓园	人文关怀	引导学生了解草莓园是为纪念英国传奇歌手约翰·列侬而设计的,通过纪念性的设计手法来唤起人们对歌手的怀念,体现人文关怀
新加坡碧山宏茂桥公园、贵州六盘水明湖湿地公园水系统的处理	生态理念	使学生了解现代的城市综合公园已经不仅是提供观赏与休闲游憩的所在,更是成为缓和生态环境矛盾、促进生态平衡、实现城市与自然协调可持续发展的载体,要将生态理念贯穿城市公园的设计始终
北京奥林匹克森林公园的水系设计	爱国情怀民族情怀文化自信	引导学生了解奥林匹克公园的特殊地理位置、龙形水系的营造,激发学生的爱国主义、民族自豪感和文化自信
新加坡滨海湾公园	创新思维生态理念	引导学生了解新加坡滨海湾公园冷室花园和超级树中先进的生态理念和创新思维,如冷室花园的能源来自滨海湾和新加坡全国范围内的农业废料,超级树除了景观功能外,还承载着将太阳能转化为电能等生态功能
史迹花园	文化包容	史迹花园以极具中国传统园林景观的风貌,向游人传达新加坡与中华文明之间源远流长的紧密关联,引导学生了解设计中要懂得欣赏他国的文化,积极进行文化的交流互鉴

第5章 儿童公园的规划设计

5.1 儿童公园概述

儿童是社会的重要成员，也是所有国家都必须关注的重要群体，儿童的成长关系到国家及民族的未来。而众多研究表明，是否能为儿童提供开放、安全、优质的城市公共空间，将对儿童健康成长起到重要的影响。儿童公园的建设可以使孩子在较为安全的外部环境中，得以拓展自己的好奇心，增强自身的综合能力，提高其自信心，从而促进儿童的全面发展。

国外对于儿童乐园的研究较早，其成果也更为系统和完善。儿童乐园的雏形可以追溯到18世纪中期为儿童专设的游戏场地，最初是设置在综合公园及居住区内，后来伴随着社会发展与城市建设不断发生演变，现在已成为一类专门的公共空间。在美国、英国、日本、德国、法国等发达国家的城市规划中，已经将规划建设儿童公园列为一项重要内容。以日本为例，第二次世界大战前日本的儿童公园在全国仅有 600 多个，而到了 1988 年全日本专类的儿童公园达到约 45300 个，面积约为 8000hm^2，其发展可谓是迅猛。

伴随着儿童公园建设的日益火热，其建设标准也日益完善，如欧洲在20世纪70年代就完成了有关儿童游戏场地的系统规范建设；到1979年有10个国家制定了关于居住区内儿童游戏场地的国家统一标准。

我国在 1949 年后进行了一系列的儿童公园的理论探索，同时也形成了一定的实践成果。尤其是近年来，我国很多城市都在进行儿童公园的新建与改建工作，儿童公园的数量与设计质量均得到明显提升，但仍有许多亟须解决的问题存在。首先，大部分儿童游戏场地仍以大型综合公园中的一个功能区块形式存在，儿童的游憩空间受到外部成人环境的影响较大，甚至有的地区出现儿童游乐设施与成人健身休闲设施混合摆放的情况，儿童乐园的独立性难以保证。其次，儿童乐园的设计手法单一，大多仍是简单设计的场地加部分游戏设施，缺少能让儿童发挥其创造力和开拓精神的场所和器材。还有，部分儿童乐园设计中对儿童的特点认知不深，未能进行针对性的设计，导致边界设置不当、尺度过大或过小、围护设施不安全、误用对儿童有负面影响的植物材料等情况，从而产生安全隐患。

因此，深入研究儿童乐园自身功能特性，了解儿童心理行为特征，遵循儿童安全尺度，适当引导和激发儿童想象力及创造力，是儿童乐园设计的基本原则。设计师只有在把握以上内容的基础上，才有可能真正营造出适合儿童、促进发展、受儿童欢迎的儿童乐园。

5.1.1 儿童公园的概念

儿童公园是指单独设置，为少年儿童提供游戏及开展科普、文体活动，有安全、完善设施的公园绿地，是城市公园中专类公园的一种重要类型。通常儿童乐园应单独设置，也可以在其他公园或绿地中开辟儿童游乐区。儿童乐园是以儿童游戏、运动、休憩为主要功能的活动空间，是丰富儿童生活的重要室外环境。

5.1.2 儿童公园的分类

根据不同的角度和标准，儿童公园可以有多种分类方法。如按照独立性及从属关系可分为独立型儿童乐园和从属型儿童乐园；按服务范围可分为全市性儿童公园、区域性儿童公园和社区儿童公园；按照设置功能内容可以分为综合性儿童乐园和主题性儿童乐园。其中较为常见的是按照规模进行划分，可分为大型儿童公园、中型儿童公园和小型儿童公园，此种分类方法便于与城市规划及城市设计相结合，能较好地按照其不同服务半径对城市区域进行覆盖。

5.1.2.1　全市性儿童公园

全市性儿童公园一般多为综合性儿童公园，其功能较为丰富，内容较为多样，具备丰富的科普、文体内容及多样化的游戏设施、优美的景观环境及完善的维护管理。能满足全市范围内少年儿童进行游戏、文体活动和科普教育的需要。一般应选择在交通便利、风景优美的地区，占地面积较大。

如广州市儿童公园，是广州唯一一所市级儿童公园，位于白云新城城区齐心路，总占地面积约 26 万平方米。公园以"自然生态、科普文化、亲子交流、体验参与"为设计主题，设置了 20 多个各具特色的游乐区域，成为广州儿童最喜爱的游憩场所之一（图 5-1）。

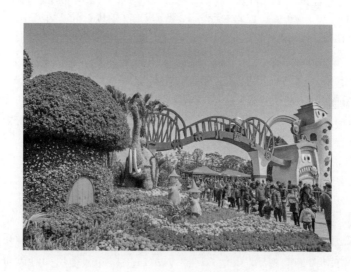

图 5-1　广州市儿童公园的入口

5.1.2.2　区域性儿童公园

区域性儿童公园一般为综合性或专题性儿童公园，园内具备较多的科普、文体内容，安全的游戏设施及良好的绿化环境，具备基本的维护管理措施，能满足区域内不同年龄的少年儿童进行游戏活动和科普教育的需要。

5.1.2.3　社区儿童公园

社区儿童公园占地规模较小，游戏活动和设施较少，通常设在城市综合性公园内或居住区内。其具备常用的游戏设施和文体内容，能满足周边社区内儿童进行游戏活动和科普教育的需要。通常通过自身设计的造型、色彩、线条等营造有趣活泼的氛围，来弥补自身内容的不足。

例如长沙岳麓大道北长房云时代儿童乐园"天空乐园"即为典型的社区儿童乐园，其占地面积约 $460 \mathrm{m}^2$。在规模有限的情况下，乐园以天空为设计主题，结合 3～12 岁儿童的行为特征及心理喜好，设计星光之门（图 5-2）、月光秋千、天空城堡（图 5-3）等具有强烈艺术感与吸引力的游戏设施，让孩子们在探索中发现与学习，不断发展自己的综合能力。

图 5-2　长沙云时代儿童乐园的入口设计
——星光之门

图 5-3　长沙云时代儿童乐园的游戏设施
——天空城堡

5.1.3　儿童公园的功能

儿童乐园主要包括生态功能、游憩功能、景观功能、科普文教功能。

5.1.3.1　生态功能

儿童乐园是城市公共绿地的一部分，对城市生态建设也具有积极的影响。儿童公园通过种植丰富多样的景观植物，塑造适宜儿童游戏的景观环境，同时也为优化城市环境做出了一份贡献，在美化城市、改善城市小气候、净化空气、调节湿度、防风降噪等生态层面均有积极作用。通过建设大量的城市儿童公园，可以对优化城市生态起到极大的促进作用。

5.1.3.2　游憩功能

城市发展过程中，公共开放空间越来越稀缺，对儿童而言，儿童公园营造了一个和谐安全的游戏空间，可以让他们轻松地开展各项活动，儿童公园内的设置均应符合儿童的心理及生理特点，创造出有吸引力及趣味性的活动内容，儿童可以在其间开心玩耍。

5.1.3.3　景观功能

在儿童公园的景观设计中，观赏性也成为很重要的因素。例如澳大利亚的依安波特基金会儿童公园，空间被设计为一系列令人兴奋的小空间，并设计出独具特色的主题，包括海洋花园、积雪峡谷、秘密废墟、雨林湿地等，多样的主题及丰富的植物搭配塑造出观赏性极强的景观，成为这个儿童公园最广为人知的标签。

5.1.3.4　科普文教功能

在依安波特基金会儿童公园设计过程中，曾对游客进行了广泛的调查。在诸多关键的调查结果中，其中有一项最为突出的是"希望孩子能通过感官或互动的体验来探索自然，了解自然、植物以及园艺的知识"，这说明一个优秀的儿童公园不仅要让孩子看着好看、玩着有趣，还要让他们获得教益。依安波特基金会儿童公园在建设中就通过多种形式让孩子们在玩耍的同时能感受到自然，从而更好地进行学习和促进自我认知，这是儿童公园的科普文教功能最突出的体现（图 5-4、图 5-5）。

图 5-4　依安波特基金会儿童公园中的园艺体验（一）　图 5-5　依安波特基金会儿童公园中的园艺体验（二）

5.2　儿童的生理、心理和行为特征

与成人相比，儿童在生理、心理和行为特征等多个层面都有巨大的差异，因此儿童公园的设计过程中要充分了解儿童在各个层面的特征，倾听孩子们的声音，从儿童的角度出发来塑造户外空间。

5.2.1　儿童的生理特征

儿童公园要塑造供儿童使用的户外空间，就必须迎合儿童在成长过程中的形体特征。儿童的生长发育是一个连续的过程，没有严格的分隔阶段。随着儿童的逐渐成长，其人体工程学尺度逐渐增长，体能越发充沛，其活动场地的范围也逐渐扩大。1～2 岁儿童逐步掌握行走技巧并开始到处走动，2～3 岁时儿童尝试跳跃与攀爬，并热衷于攀登、翻越障碍等复杂行为。这一时期也是儿童知觉形成的阶段，有初步的记忆及理解力，喜欢模仿成年人的行为。4 岁后逐渐开始尝试探索外部世界，其观察、感知、测量、理解世界的逻辑能力越来越强，开始喜欢拍球、骑车、玩泥巴等具有一定刺激性或创造性的活动。直至学龄期儿童，其思维能力及运动能力都大大增强，可以独立进行足球、羽毛球、篮球、游泳、跑步等运动，其独立性增强的同时，团队意识也大大增强，其社会性得到发展，与同伴组团变得日益重要。因此在设计儿童乐园时要充分考虑儿童的独立活动及集体活动等多种场景，为其预留出充裕的开放空间。根据欧洲儿童公园的设计实践指出，婴幼儿的活动范围局限在父母周围，学龄儿童的活动范围可扩大到半径 300～400m，而 12 岁以上的儿童其活动范围可延伸至1km。根据人体工程学可知，人的臂展约等于其身高。以 12 岁儿童为例，其身高约为1.5m，因此在儿童活动较为频繁的区域，其人均活动场地面积应满足 $2.5m^2$ 以上，以满足孩子的行动尺度要求。

如长沙长房云时代儿童乐园中，针对 1～8 岁儿童的行为特征，设计了攀爬架与沙坑的组合。用攀爬架构造的崎岖不平的网廊来象征月球表面的起伏地形，让孩子在攀爬与摇摆行走中，既锻炼了动作的协调，又收获了关于月球的知识，是以儿童行为特征为设计依据的优秀案例（图 5-6）。

5.2.2　儿童的心理特征

从儿童心理学角度而言，人类的儿童阶段是其心理发展最旺盛、发展变化最快、可塑性最强的阶段。除了遗传因素会影响儿童心理发展外，另一个重要影响因素就是外部环境。其中就包括可供儿童使用的公共空间，其娱乐设施的丰富程度及活动空间的吸引程度都是其中

图 5-6 长沙云时代儿童乐园攀爬架设计

较为重要的影响因子。"行为主义和社会学理论"指出后天的环境影响对儿童的行为心理塑造有明显的作用，这从理论上明确了儿童游戏场地设计需要基于儿童心理发展的科学性和必要性。

儿童对环境的需求存在物质与精神两个层面，即生理需求的满足与心理需求的满足。儿童在环境中的心理需求主要表现在以下几个方面。

"好奇心"——儿童天生对外部世界具有强烈的好奇心，迫切希望去体验、感受、探知一切新鲜的事物，亲身参与到外部的互动中去，从实践中获得感知，从而得到成长。

"表现欲"——儿童在逐渐成长过程中，自我意识逐步觉醒，其表现欲将越来越强，从而越来越乐于尝试挑战，通过不断征服环境来培养自信，儿童乐园设计中应充分利用这个特点，设计适当的具备挑战性的内容，激发儿童的兴趣。

"社会性"——儿童在参与公园的活动过程中，可以与不同的孩子甚至成人进行交流，即参与到社会交往中的过程。可以促进孩子的社交能力成长，培养交往能力，为以后融入社会发展做更好的准备。

"兴趣感"——兴趣是儿童深入学习某项事物的核心动力，好奇心虽能推动儿童广泛的尝试，但兴趣能让儿童对某项特定活动和事物不断摸索、尝试、探寻，对儿童的深层学习起到至关重要的推动作用。

5.2.3 儿童户外活动的行为特征

设计儿童公园需要研究儿童的户外活动的模式及规律，比如活动的规律性及诱因、活动半径、活动时长、活动内容等。玩耍及游戏是儿童的天性，游戏是儿童感知世界、认知环境的第一步。孩子们在游戏玩耍的过程中不断发展体能、锻炼思维、促进沟通能力及协作能力，同时激发孩子们的创新能力、思辨能力、组织能力、决策能力等。因此游戏方式及特征也是研究儿童户外行为特征的重要依据。

根据儿童户外游戏的主要特征，可以将儿童游戏类型划分为以下几个主要类别：

首先是机械性游戏，即通过简单重复的动作进行玩耍，通常如来回翻滚攀爬、重复蹲起跳跃、扔出捡回玩具、绕场地不断奔跑等；

第二类是角色扮演类游戏，如过家家，儿童通过扮演某种特定角色获得代入感的游戏，孩子们经常会扮演家长、老师或者警察类他们感兴趣的社会角色；

第三类是规则性游戏，儿童按照事先制定的游戏规则进行游戏，如找朋友、打沙包等，这类游戏通常具有一定的竞争性，儿童可在参与过程中体会到紧张激烈的对抗感和趣味性，尤其在较大龄儿童中更为普遍；

第四类是创造性游戏，如涂鸦、堆沙、玩泥巴等，此类游戏往往是儿童内心兴趣点的具体体现，如女孩儿往往会在绘画中展示美丽的花朵、衣服、饰品等内容，男孩儿则往往倾向于描绘马匹、坦克、汽车等具有机械性的内容，在此过程中儿童通过自己的想象描绘内心所感知到的世界，且往往表现出很强的创造性。

在多种形式的游戏过程中，儿童常常呈现出以下几个主要的行为特征。

5.2.3.1 同龄聚合性

儿童对相近年龄的孩子具有天然的亲近感，因此更有意愿在一起玩耍，同时因为不同年龄段的儿童游戏形式差距较大，这使得相近年龄的儿童更容易聚集在一起玩耍。如低龄段的儿童更偏向于动作简单、形式随意、意图直观的游戏，而大龄儿童则更倾向于具有一定竞争性或冒险性的游戏形式，如打球、赛跑、攀爬等。

5.2.3.2 时间规律性

鉴于儿童的身体发育还不如成人完善，其受环境影响更为明显。春秋两季节气温适宜，环境变化较弱，因此是儿童户外活动的高峰期。夏季由于高温影响，午间儿童户外活动大大减少，清晨与傍晚是儿童活动外出的集中时段。冬季受低温限制，儿童户外的活动全天均明显减少，是活动频率最低的季节。

同时，由于受到家长工作性质及工作时间的影响，儿童户外活动也呈现出节假日及周末为高峰、工作日为低峰的特点。同时多数家长工作为八小时工作制，因此在清晨与傍晚有较多空闲可以陪伴儿童外出活动，使得儿童整体呈现清晨、傍晚活动比白天多的规律。

5.2.3.3 自我中心与合群需求

根据 D. C. 麦克莱兰的理论，人在社会组织中有三种需求最为强烈，即"成就需求、权力需求及合群需求"。成就需求即希望自身强于别人、取得成就的需求；权力需求即能影响他人、控制他人的需求；合群需求即追求人际密切关系及友谊的需求。儿童期是这三种需求的萌芽期，但由于儿童成长前期主要接触人群多为家人，家庭宠爱集于一身，因此儿童的活动呈现出一定的矛盾性，既以自我为中心，希望凡事能以自己理解或标准发展，同时又希望能与其他儿童建立友谊，愿意为此妥协和调整的特征。

5.2.3.4 行为惯性

儿童的游戏活动在一段时期内呈现出一定的行为惯性，即户外活动时常围绕自己感兴趣的内容进行，且游戏次序或形式常常规律性重复。这一点在低龄段儿童呈现出更喜欢某些游戏设施或活动内容，大龄段儿童则体现出更喜欢与某些玩伴玩耍，或在群体游戏中扮演某种特定类型的角色等，设施及游戏内容的影响较小一些。这也体现出儿童在不同发展阶段的依赖性。

5.3 儿童公园规划设计要点

5.3.1 儿童公园规划设计原则

在进行儿童公园规划设计时，首先要明确公园的服务对象是 1～15 岁的少年儿童，在充分分析总结儿童生理、心理及活动特征的基础上，根据不同年龄段儿童的活动特点，针对性地设计游戏设施及空间形式，并充分考虑以下几个设计原则。

5.3.1.1 安全性

儿童公园相较于综合性公园而言，除了一般的设计原则之外，更强调其设计的安全性。选址阶段就应关注场地与周边环境的关系，避免距离车行道太近，防止因车辆通行或尾气聚集对儿童造成影响。设计时要注重围合形式及材料选用，适当围合的空间可以让儿童感觉更安全稳定，且便于监护人的看护。材料选择上应选择绿色环保的材质，植物材料应选择无刺无毒、质地较柔软的种类，避免儿童误触受伤。出入口设计不应过于开阔，且应具有明显的界限，场地应具有无障碍设计等。

同时应考虑到儿童活动应有监护人的陪同，在场地设计时应充分考虑监护人所使用的空间，使其既与儿童活动空间相邻，可以监控到儿童活动的状态，同时又能有所间隔，避免成人活动对儿童的影响。

只有当环境整体呈现出安全稳定的感受时，儿童才能全身心投入到游戏和探索中，从而获得更好的成长。

例如，新加坡滨海湾远东儿童乐园的亲水区，除设置有多种不同的戏水游乐设施外，还有专门为监护人设置的停留和活动空间。一方面有跨度极大的剧场空间，可以在日常提供广阔的遮阳，为监护人的休憩提供便利，同时在嬉水区周边，也设置若干小空间，使监护人与孩子可以近距离接触。无论是进入场地与儿童共同嬉戏还是停留在周边监控儿童的活动，都为孩子们提供了心理上的稳定感与安全感，促使孩子们可以放心玩耍、尽情释放儿童的天性（图5-7、图5-8）。

图5-7　新加坡滨海湾远东儿童乐园嬉水区

图5-8　在儿童乐园嬉水区玩耍的孩子

5.3.1.2　丰富性

所谓丰富性，就是场地中儿童游戏设施和活动内容的多样性。设施的多样可以提供更为丰富的游戏内容，更好地吸引儿童参与到户外活动中来。设施过于单一，儿童会很快失去兴趣，吸引力会快速降低，失去了其应有的作用。同时，场地可供开展的活动应丰富，也就意味着设计时空间尺度应多样化，即具有开阔平坦的空间，可供奔跑嬉戏，也应具有小型的空间，供儿童进行较为安静的游戏活动。无论场地大小，均应有较为明确的场地划分和适宜儿童使用的尺度。

5.3.1.3　趣味性

儿童公园的设计应具备较强的趣味性，通过多样的游戏设施、灵活的空间设置、丰富的色彩造型、独具特色的风格设计等，让儿童感受到新鲜与有趣。适当布置具有一定挑战性和刺激性的项目，如攀登、钻爬、翻越、维持平衡类的项目，既可以锻炼儿童的体能，同时也可以让孩子在与玩伴的相互竞赛中，收获成就感与平衡的心态。有趣味性的设计有利于保持孩子对公园的持续热情，激发他们长期参与户外活动的积极性，更好地引导儿童参与到团体活动中去。

5.3.1.4 生态性

儿童相对于成人而言，更易对自然的元素感兴趣，如美丽的花卉、嫩绿的枝芽、斑驳的树干、质感强烈的石头、潺潺的流水等。儿童公园中应因地制宜，适当布置自然景观元素，一方面为儿童提供丰富的感知素材及游戏设施，同时也可以带来良好的生态效益，改善小环境里的空气质量及温度湿度、降低粉尘浓度、减少噪声影响，对儿童身心均能带来良好益处。

5.3.2 儿童公园规划设计方法

5.3.2.1 儿童公园的选址

儿童公园的选址是设计的第一步，在条件允许的前提下，儿童公园应优先选择在交通便利、周边人群较为密集的区域，并尽可能选择自然条件较好、景观资源较为丰富的场所。场地应光照充足、空气流通，地形整体应尽量平整，无太大坡度。与周边交通干道应保持适当距离，与机动车道的距离较近时要考虑安全隔离措施及防尘降噪手段。场地内部不应有外部交通穿过，禁止有架空高压线穿过。场地与周边污染源应保持合理的安全距离。

5.3.2.2 儿童公园的主题设计

儿童公园的主题设计是塑造公园特质的核心，一个具有吸引力的主题对儿童的兴趣激发具有极为明显的作用。作为城市公共空间而言也需要不同的主题景观来塑造其独特性，从而为使用者带来更好的感官体验。

儿童处于认知能力和思维能力均快速发展的阶段，容易喜新厌旧。儿童乐园是属于儿童的游戏和成长空间，不论是活动内容还是设计形式，都应充满乐趣，富有吸引力。随着现代儿童对户外活动要求的不断提高，儿童公园不应仅仅是单纯的娱乐设施的叠加，而应该是由一个鲜明且富有吸引力的主题规划控制下的系统性设计。一个优秀的主题能使儿童公园变得独具特色，更能吸引富有想象力和创造力的儿童来使用。

儿童公园的主题灵感可以来源于他们生活中常见或喜爱的元素，如缤纷多样的色彩、富有自然气息的花朵与枝叶、精灵古怪的动物形象、儿童积木或者玩具等，这些与儿童生活密切关联的元素可以经过加工、提炼和组合成为设计的核心元素，从而形成一个鲜明的主题。如重庆儿童公园充分结合地形变化，设计出昆虫的形象来构筑功能建筑，形成儿童活动聚集地，受到儿童的欢迎。只有这样具有鲜明设计主题的儿童公园才能对儿童呈现出更为持久的吸引力。

5.3.2.3 儿童公园的安全性设计

儿童是较易受到伤害的群体，其自控能力及避险能力均处于较低水平，还无法如成人般完全独立自主活动。但儿童公园在设计中，应倡导儿童在场地里自主活动，自主探索，这要求儿童公园在设计时应着重考虑安全性。首先儿童公园应远离车行道和周边环境较为杂乱、人员构成较为复杂的区域，避免因城市交通或人员流动对儿童造成威胁。园区道路应采用防滑、耐磨损材料，并具有适宜坡度，排水良好，避免采用吸水和湿滑材料。场地周边应无污染源，场地内没有开放电源。公园中应避免出现锐利的突出、易触碰的尖角、易绊倒的地面凸起、锋利的材料等，避免儿童在活动时受伤。场地超过0.7m的高差应设置安全护栏，栏杆高度应不小于1.05m，并尽可能采用垂直式，避免儿童攀爬。场地中的缝隙（如设施间隔、栏杆缝隙等）宽度避免在90～225mm之间，避免儿童卡住头部，易引起手指、脚趾被卡的小孔在设计中也应避免。游戏设施材料应经过强度测试，采用不易变形和耐磨损的材料，边缘须圆滑，宜碰撞位置应以软性材料包裹。

儿童乐园标识系统应足量设置、导向清晰、形式安全，并在需要位置设置醒目安全警示标识。儿童公园的植物材料应有专门设计。

例如，新加坡滨海湾远东儿童乐园在安全性方面做了很多工作。以其中的儿童攀爬网为例，设计在一处较为平缓的斜坡上，将攀爬网设置其中。坡脚设置利于攀援的小脚垫，可以让低龄段的儿童也能体验到攀爬的乐趣。在坡上设置的攀爬网，其与地面高差约20cm，既可以让孩子有挑战的乐趣，又不会因跌落产生危险。粗壮的绳索利于儿童的抓握，所有网格均以金属拉钩牢牢绑定，不易产生晃动，增强了儿童使用时的稳定性。下层地面采用塑胶材质，可以起到缓冲保护作用（图5-9）。

图5-9　新加坡滨海湾远东儿童乐园攀爬网设计

5.3.2.4　儿童公园的空间类型设计

儿童公园一般会设计具有多种类型的空间，如入口空间、过渡空间、休息空间、游戏活动空间及科普展示空间等，不同的空间应结合其具体功能进行针对性设计。其中尤为重要的是儿童游戏活动空间设计，应结合公园的主题进行设计，可设置为一系列空间组合，布置不同的景观和娱乐设施，方便儿童开展不同类型的活动。

在布置游戏活动空间时，最主要的空间类型为半封闭型、半开敞型、开敞型三类空间。

① 半封闭型空间以较明确的边界围合，尽量形成环形游戏空间，边界连续性较好，便于设置具有一定挑战性及创造性的活动，以引发儿童的好奇心和挑战欲。

② 半开敞型空间是在一定范围内不完全封闭，仅出入口附近设置连续明确的边界，场地内部边界以软性材料进行界定，如水系、假山、植物、地形等方式，使儿童活动范围得到控制，而心理感受却能相对自由。

③ 无边界的开敞型空间没有明显的边界及出入口，视线通透、场地平整开阔，儿童可以在其中自由活动，如放风筝、追逐玩耍、捉迷藏等。这类空间应设置在儿童公园内部，并适当布置低矮灌木或地被植物等做隐形限制，在保证安全的前提下，尽可能给儿童一个自由、开放、无拘无束的活动空间。三种类型的空间应相互结合、有机联系，给儿童提供更为丰富和自由的游玩感受。

例如，巴塞罗那的Badalona社区公园，提供了一个在城市和社区中的狭小空间为儿童进行优化设计的有益思路。该公园位于当地三条道路交汇处的三角地带，面积较小，却需要服务周边的社区、小学与学龄前儿童的使用。设计团队在有限的空间内设计了一处半封闭型的儿童活动空间，内部布置沙坑、滑梯、攀爬架等游戏设施，辅以小尺度的地形起伏，激发儿童的挑战欲和体验欲。边界则设置有一定的高差，与周边广场地面形成较为明确的分隔，并利用预制混凝土的模块，在围合边界的同时提供了监护人停留休憩的城市家具（图5-10、图5-11）。公园在建成后受到了周边社区居民的欢迎。

图 5-10 巴塞罗那 Badalona 社区公园游戏区设计　　图 5-11 巴塞罗那 Badalona 社区公园预制混凝土边界

5.3.2.5　儿童公园的地形设计

竖向设计是景观设计的重要部分，通过设计使场地形成高低有序、起伏多变的地形，可为公园整体带来更为丰富的景观体验。儿童公园在景观设计时，应结合儿童的活动特点和游戏需求进行地形设计。如可以在大龄儿童活动聚集的区域布置一定的地形起伏，给孩子们提供可以打滚、攀爬、翻越、滑行等活动的场地，会大大提升儿童乐园的趣味性。设计时可以结合原有地形，如果原地形较为陡峭，即可考虑设计为滑梯；如果场地较为平整，则可设置为运动空间。如北京奥林匹克森林公园中的儿童游乐区，结合地形设计形成平、缓、陡等不同角度的地形，吸引孩子们去攀爬、翻滚、滑落等，形成有趣的活动空间。

5.3.2.6　儿童公园的水体设计

景观水体可以为公园带来生动的自然气息，并激发孩子们的活力和兴趣。在一项关于新英格兰小城镇的儿童对于自然环境的反馈的研究中发现：对于儿童而言，最重要的景观特征就是沙石、浅池或小河流……因此在儿童公园中因地制宜设计水景将会为多年龄段的儿童创造出充满趣味及惊喜的游戏空间。

其中，最受儿童欢迎的水景为涉水池，其主体为静水面，可在适当位置布置旱喷泉或跌水等，增加水体的动感及自然气息。但对于儿童使用而言，其最为重要的是安全性设计，即首先应注意水深，并优化水体边缘处理，避免儿童池边跌落。水池底部铺装材质应考虑防滑处理，不能种植苔藻类植物，减少儿童水中滑倒风险。水质要保持洁净，可设计水质过滤装置及水循环装置。

除可供玩耍的水体外，亦可根据功能需求设置多种静态及动态水景，如观赏鱼池，作为静态水景，既可增加景致，又可结合科普教育，让儿童可以近距离了解动植物知识；或设置假山喷泉，结合多种造景技术，塑造较为壮观的山水景观。通过利用多种形式的水景，可以设计连接多种形式的景观元素，为儿童游戏活动提供多种类型空间。

5.3.2.7　儿童公园的植物景观设计

根据有关规范，相比较其他类型的公园，儿童公园应在植物景观设计层面具备以下特点：一是安全性要求更高，不宜选用枝叶有硬刺或尖利的种类，不宜选用有浆果或有分泌物坠地的种类，不宜选用有毒或其花粉及挥发物易致敏的种类。二是规格选择有特殊性，宜选用大规格苗木，乔木应选择冠大荫浓的种类，场地内乔木冠下净空应大于 2.2m，活动范围内灌木宜选择萌发力强、直立生长的中高种类，冠下净空应大于 1.8m，宜选用色彩较为明朗、季相较为丰富的种类进行搭配。

在空间围合上，应注重在儿童公园四周设置绿化防护带，以避免沙尘袭击和城市噪声干扰。各个不同年龄段儿童活动区之间，尤其是不同类型活动内容空间之间，要用植物隔开，以避免儿童活动过于分散。

设计植物景观时也可以结合公园设计主题，设计成为趣味的活动空间或科普空间。如广州市儿童公园在设计中利用仙人球、仙人掌等耐旱植物组合，结合以攀援植物和鲜花覆盖的绿色小屋的设计，一同构成了沙漠中的小小鲜花屋的神秘意向。设计中考虑到安全性，将有针刺叶的植物集中布置，并用铺装材质与主要道路做显著的区分，设置适当的安全距离。既增添了儿童在游玩时的乐趣，同时可以结合丰富的植物种类，增加指示牌或说明等，让儿童在探险游玩过程中，又能获得认知和学习（图5-12）。

图5-12　广州市儿童公园中的沙漠鲜花小屋

在儿童公园中，最广泛应用的一种植物景观就是开阔草坪。可以在设计中考虑单独设置的开阔草坪，并采用耐践踏的草坪草，如地毯草、百慕大、狗牙根等品种，让不同年龄段的儿童都能在草坪上进行活动。无论是安静休息，还是奔跑追逐，或是放风筝、骑车、滑板等活动，都可以设计在开阔草坪上进行。同时草坪还可以结合一定的地形变化，为儿童活动增添乐趣及挑战性。

5.3.2.8　儿童公园的设施设计

儿童公园的服务对象主要是儿童，根据其需求可以将相关设施分为常规辅助设施及儿童游戏设施两大类。

常规辅助设施主要指常规的休憩设施如室外座椅长凳、休闲凉亭或敞廊；服务设施如小卖部、餐厅、售票厅、盥洗室、停车场、导引标志、垃圾站等。

儿童游戏设施则包括滑梯、跷跷板、弹床、树屋、攀爬悬索等类型，但是伴随现代儿童公园建设水平的不断提高，越来越多的游戏设施逐渐摆脱较为单调的形态，逐步与声光电等技术结合，创造出愈发令人惊叹的新型设施，如迪斯尼公园及环球公园中的游戏设施，以自身动漫及文化产品中最具有吸引力的形象为灵感，结合机械、视觉、音乐、水景等，塑造出一系列让人过目不忘的游戏设施。

无论是常规辅助设施还是儿童游戏设施，其服务对象均为儿童，因此其设计与选材上都应尽量自然质朴，形式上应充满童趣，力求给孩子们带来惊喜。如厕所、座椅、长凳、垃圾桶等设施，可以设计为广为人知的卡通形象或游戏角色，以此迎合儿童的喜好。其数量分布应按适宜比例，如座椅长凳等可供休憩的设施，应按照设计容量的20%～30%设计，且每公顷用地上座位个数应设计在20～150之间，并尽量均匀分布。儿童的辨识能力明显弱于成人，因此儿童公园的标识系统应更为简洁清晰，便于儿童理解，且应做到色彩鲜明、形式有趣、指向明确。

5.3.2.9 儿童公园的成人活动空间设计

儿童公园相较其他类型公园，在使用者上也有一定特殊性，即虽然其主要使用者为儿童，但因儿童的活动多由其成年家长陪同及监护，因此当儿童在使用儿童乐园时，其成年监护人也应有适宜的空间可供休憩或停留，因此在儿童公园的设计中应考虑足够的成人活动空间。

儿童公园中的成年人，其主要目的是照看儿童，与儿童进行互动游戏，同时也可能进行小范围的家长间的交流等，因此其活动空间应尽量靠近儿童游戏空间，设置在视野开阔通畅、可以通览儿童游戏区的位置。在适宜区域可设置供成人与儿童互动游戏的专门场地，供家长与孩子进行亲子互动游戏，通过成人来引导孩子进行技能和素质的提升与发展，如羽毛球、足球场地等。同时为便于成年人使用，应在公园中适当布置一定数量符合成人尺度的公共设施，如洗手池、座椅等。

除部分父母陪同儿童进行游戏外，也有许多情况是老年人陪同儿童进行户外活动，针对这一情况，儿童公园也应适当考虑。老年人相对成年人而言精力更为有限，行动更为迟缓，因此在设置成年人活动空间时，应适当考虑老年人的行动规律，如步行道坡度应小于 6%，以降低老年人行动的难度。考虑到老年人一般喜好安静的空间，可结合儿童游戏区的安静空间边缘进行设计。在公园中部分坡度较大或有阶梯的地方，应设置供老年人使用的扶手或护栏等。

5.3.2.10 儿童公园的无障碍设计

残疾儿童应与普通儿童一样，享受到户外游戏玩耍的权利，因此在儿童公园的设计中，必须考虑无障碍设计。如公园主要出入口、售票处、厕所、休息空间、餐厅等主要功能区域，均应设计盲道及无障碍坡道，其道路通行宽度不应小于 1.5m；主要儿童游戏场地入口应尽量减少高差，如必要设置台阶时，应配套设置无障碍坡道；公园中的标识系统除应以明文标注外，还应配备盲文标识，以便于残疾儿童使用。在游戏设施的设计方面，可适当设置供残疾儿童专用的游戏器具，以使这些特殊儿童也能尽情享受户外游戏的快乐。

5.4 儿童公园实例分析

伴随儿童公园在世界范围内的蓬勃发展，出现了很多优秀的实践案例，从独具创意的设计、丰富多彩的主题形象、多样化的游乐设施到优秀高效的管理与维护，全方位的优秀表现给儿童带来最佳的游戏体验。伴随着城市发展国际化的趋势越发明显，广泛学习世界范围内的优秀儿童公园建设案例，必将对我国儿童公园建设起到更好的推动作用。

5.4.1 纽约泪珠公园

纽约泪珠公园位于纽约市中央，总占地面积 $7284m^2$，场地原先为纽约哈德逊河河道的边缘部分，20 世纪 80 年代纽约市政府对哈德逊河进行改造，将部分岸线调整填河造陆，形成了这块场地。总体规划中场地周边都是高层建筑，因此形成了一块类似泪珠的空地。

泪珠公园在设计之初定位是为儿童提供攀爬、探险、发现的体验空间，因此选用了石头、沙子、水体和植物来作为主体元素，配合竖向设计，营造出起伏的地形、陡峭的断坡、俯冲的滑索、攀爬的墙壁等，以此引导孩子们进行探险和参与。

公园的布局整体是"南低北高"，最大的草坪设计在公园北部朝南的山坡上，中部设计为一个碗状的凹陷，形成围合感，吸引儿童在此停留，以此区域作为儿童与家长休憩活动的主要空间（图 5-13）。公园南部则选用叠石与沙湾和感应水池，营造出适合儿童游戏的各种小空间。利用挡土墙、山石的堆叠、趣味十足的沙湾和水池，营造出层次多样的空间，对儿童具有很强的吸引力（图 5-14）。

图 5-13　泪珠公园的斜坡草坪

图 5-14　泪珠公园的叠石与感应水池

5.4.2　旧金山湾景山顶儿童公园

旧金山湾景山顶儿童公园位于旧金山湾景山顶上，最初是 1979 年由 Michael Painter Associates 设计的一处简易的公共空间，包括一个混凝土的露天剧场及城市中的第一个滑冰场。多年来由于年久失修，公园渐渐荒废。当地湾景街区公园倡导小组主张对公园进行改造，并引入信托基金支持，举行了若干场大型的社区会议和小型专题小组讨论会，广泛征求社区意见，不断丰富改造思路。

最终，该公园被建设成为一处大型的儿童公园，并于 2016 年正式建成开放。现在场地内设有丰富多彩的设施。整个公园由四个功能主体构成，中部入口的开阔草坪区，面积广大、视野开阔，适合家庭聚会及亲子野餐，在周边设置有野餐和烧烤设施，便于游客使用。

以大草坪为界，将整个场地划分为两块大的区域。一侧设置有独立的滑板公园，这是一片基本由混凝土构成的区域，设计有高低起伏的各类斜面，可以让青少年滑板爱好者在此自由驰骋（图 5-15）。而另一侧则是适合更低年龄儿童的游乐场，设置有各类滑梯、攀爬游戏场地，以及一个可以远观城市景观的望远镜，让孩子可以在这里释放天性，自由嬉戏（图5-16）。

图 5-15　旧金山湾景山顶儿童公园中的滑板场地

图 5-16　旧金山湾景山顶儿童公园中的游乐场

课程思政教学点

教学内容	思政元素	育人成效
儿童公园生态性设计	生态理念	使学生了解,由于特色的使用群体,儿童公园在满足其他要求的同时,还要有良好的生态环境,要将生态理念贯穿设计始终
儿童公园安全性设计	工匠精神 职业道德	引导学生了解,与其他公园相比,儿童公园更要强调设计的安全性;在儿童公园的设计中要发扬工匠精神和爱岗敬业、严谨细致的职业道德,给儿童营造一个安全的环境

第6章 动物园的规划设计

6.1 动物园概述

6.1.1 动物园的概念

动物园雏形起源于新石器时代，人们开始圈养野生动物。但是今天我们看到的"动物园"（zoo）源于古希腊语的"ZIOIN"，意为"有生命的东西"。这个词被大家知晓，是因为19世纪英国的一首《Walking in the Zoo》的歌曲，把zoo（动物园）这个词带入人们的视野。

伦敦动物学会（The Zoological Society of London，ZSL）成立于1826年，是世界上最早成立的动物学会，伦敦动物园在1828年成立，是世界上第一个向公众开放的动物园。这个动物园的宗旨是：在人工饲养条件下研究这些动物，以便更好地了解它们在野外的相关物种。它是人类历史上第一个现代动物园。随着时代的发展，动物园从个人圈养与驯化野生动物，逐渐发展为向公众开放的场所。因此，动物园（zoological garden / zoo）的概念一般定义为搜集饲养各种动物，进行科学研究和迁地保护，供公众观赏并进行科学普及和宣传保护教育的场所。

6.1.2 动物园的功能

在我国《城市绿地分类标准》（CJJ/T 85—2017）中，动物园属于公园绿地中专类公园，其概念为"在人工饲养条件下，移地保护野生动物，供观赏、普及科学知识，进行科学研究和动物繁育，并具有良好设施的绿地"。

因此动物园除了用来饲养和宣传保护野生动物，同时也为游客提供休息、游览和观赏的城市公园绿地。其概念在广义上包括水族馆、专类动物园等类型；狭义上的动物园指城市动物园和野生动物园。动物园是在人工饲养和维护条件下，向人们展示野生动物及其生活的环境，具有对野生动物的保护、研究、教育和娱乐等四大功能。

6.1.2.1 动物保护

经济的发展带动城市的扩张，自然保护和生态平衡的问题日益引起人们重视，动物园在宣传和保护濒危动物的工作中起了重要作用。很多动物园不但饲养繁殖动物，还利用当地自然条件开辟天然动物繁殖基地。早在1970年，美国就发动世界上首次大规模群众参与的环境保护运动。这次运动直接催生了联合国第一次人类环境会议，让那些只追求经济效益和休闲娱乐的动物园得到巨大的压力和深刻的反思——应该更多地关注动物生长和野外栖息环境。因此美国动物园和水族馆协会把自然保护当成动物园的首要使命。很多珍稀动物已取得了成功繁殖的经验，尤其是野外濒危物种或处于弱势地位动物能够得到更好的生存和发展，支持濒危物种及其生态系统的自然保护工作已经融入全球性自然保护行动之中。

建立于1971年的裕廊飞禽公园是新加坡的第一个野生动植物园，也是亚洲最大的鸟主题公园（图6-1）。鸟类超过400个物种，其中15%为濒危物种。该公园内共有21个展区，其中有4个模拟自然栖息地的大型鸟舍，繁殖与研究中心是园中非常重要的展区，设有孵化室、保育室、断奶室和开放式厨房，我们可以观看鸟类从孵化到育成的全过程。现在该中心已成功繁殖很多濒危物种，如长冠八哥、金刚鹦鹉等重要物种。公园旨在通过自然展示、互动性的喂食等环节，向游客宣传鸟类知识，以便公众进一步了解和保护鸟类。

图 6-1　裕廊飞禽公园游览路线图

　　在我国，动物园是动物生存的重要庇护场所，使野外生存濒危物种在人工科学饲养的条件下繁衍下去，如大熊猫、华南虎和金丝猴等一级保护珍稀动物。其中北京动物园在大熊猫人工繁殖技术方面已经取得了很大的科学进步。我国是世界上最早进行大熊猫人工饲养和人工授精技术的国家，并积极开展了大熊猫国际交流合作，为促进生物多样性的保护和研究做出了技术支持，也更好地促进了全球大自然的保护工作，为人类与大自然的和谐发展做出了重要贡献。

6.1.2.2　科学研究

　　科学研究已经成为动物园的重要任务之一，包括饲养管理、疾病防治和繁殖方法等工作，在动物园展开的科研活动进一步推动了生物多样性的发展。20 世纪 90 年代以来人们对动物的饲养方式进行变革，由传统的笼式圈养变成动植物生态相结合的展示区，提倡"环境丰容"理念，模拟自然栖息地的生态环境，使动物所表现出的自然行为更有利于科学研究。引进野生环境中的动植物或其他物体对饲养动物进行环境刺激。例如在亚洲大象园中放置喷洒有特殊气味的木桩，刺激大象的嗅觉；在红鹳生活区则维持该物种结群生活的习性（图

6-2、图 6-3）。

图 6-2　新加坡动物园物种结群生活（一）　　　　图 6-3　新加坡动物园物种结群生活（二）

　　动物园和许多高校科研单位合作，通过对野生动物驯化、饲养和观察，系统地收集和记录动物数据。实践证明在人工饲养条件下，不但使珍贵濒危动物得到生存和繁殖，同时科学家们也获得了大量有关基础生物学和繁殖行为学的基础研究数据，这些数据能够进一步为动物学研究和野生动物保护提供有利的科学依据。

　　在动物园设计中，展区规划设计不但应利于游客进行游览，而且便于工作者对动物行为习性进行观察，保证研究人员开展科学研究工作。一些大型动物园设立了野生动物营救中心、繁殖和研究中心，以进行野生动物的营救、康复和繁殖工作。

6.1.2.3　宣传教育

　　动物园以动物展示的形式，向人们传播信息，从而达到宣传普及动物知识的目的。每年动物园有大量的游客来观赏和了解动物，对他们进行相关的知识宣传教育，如动物的生存要求、物种保护和生态环境等，这是任何其他地方都无法代替的。每年全世界有近亿人次参观动物园，如果人人都能受到来自动物园的科学知识的普及，无疑会对保护野生动物和生态环境起到巨大的推进作用。每个动物园都会制定开展教育活动，以便更好地开展宣传教育工作。

　　早期的动物园以动物展览和娱乐功能为首要任务，各地动物园存在竞争关系。随着时代的发展，人们认识到休闲娱乐活动只有在宣传教育和科学研究的前提下才能更好地开展，从此动物园界发生了彻底的改观，合作精神代替竞争关系。许多动物园之间加强交流合作，共同改善动物的居住条件，以便更好地进行宣传教育工作。

　　现代动物园区模拟自然栖息地，营造开放式的动物展区，侧重互动性展示设计来进行宣传教育。展区设计引入"环境丰容"的设计理念，可以增加生物多样性。动物园面对青少年的自然教育，创新性地提出"户外教育"的教育理念，举办或与学校配合进行教育活动，可以满足青少年学习生物知识，了解动物的进化、分类、利用以及动物种类，同时可以起到教育人们热爱自然、保护野生动物资源的作用。所以动物园已经成为广大青少年学习动物科学知识的第二个教室。

　　动物园的教育功能涉及多个方面，开放式的展示设计更有利于人们进行环境教育，它能够唤起游客对大自然的保护意识。随着生物多样性保护思想的深入人心，动物园在野生动物保护教育上的作用更是受人瞩目，在欧美等一些发达国家，其动物园的教育手段和教育设施多种多样，很好地发挥了动物园的教育功能。欧美的动物园一般不像日本的动物园那样有很高档次的科普馆，但他们的教育活动却搞得非常成功，一个象牙、一块兽皮、几块动物的头骨，周密的安排计划，加上热心的志愿服务者，寓教于乐，把动物园变成了真正的环境保护教育基地。

6.1.2.4　休闲娱乐

动物园是城市绿地系统重要的组成部分，模拟动物自然栖息地，以最大化的形式向游人展示。展示设计注重游客与动物的互动性体验，并以此宣传吸引大量游客游览，从而建立游客保护动物的意识。为了给游人游览和动植物生长提供一个良好的环境，动物园除了拥有优美整洁的环境，还要有完善的服务设施和良好的运营管理。只有这样才能更好地吸引顾客进行游览，人与动物和谐共处。

动物园的表演项目会根据不同的动物特性设计主题，时间安排也充分考虑游客的观览行程。通过创意性的主题设计，营造多个生境展区。让不同的年龄群体参与互动，使游客获得了丰富的游园体验。以裕廊飞禽公园为例，公园通过自然展示、互动性的喂食环节，向游客宣传鸟类知识，以便人们更好地了解和保护鸟类。走进彩鹦谷仿佛进入了一个五彩缤纷的彩虹世界，美得令人窒息。鸟儿不但热情友善，而且游客可以近距离给鹦鹉喂食（图6-4）。园内设有"空中王者秀"和"展翅高飞秀"的鸟类主题演出，让游客领略到鸟类的美丽、敏捷和智慧（图6-5）。此外该园招募志愿者进行培训，使志愿者分布在各个展区讲解动物知识、参与游客互动游戏等环节。通过精彩的娱乐项目，良好的运营管理和完善的基础设施，吸引大量游客，来提升动物园的综合品质。

图6-4　裕廊飞禽公园——鹦鹉喂食

图6-5　裕廊飞禽公园

6.2　动物园发展史

6.2.1　早期动物园发展史

早在新石器时代，在人类活动遗址中就发现了饲养动物的现象。在文明高度发达的古代中国、古埃及和两河流域等地，就有关于捕捉和圈养野生动物的记载。动物园的雏形起源于贵族统治者的嗜好，搜集和圈养珍禽异兽成为他们财富和地位的象征。在公元前2300年前的美索不达米亚平原就有收集珍稀动物的描述，这是人类最早关于动物收集的记载。

在公元前1500年，埃及女王哈兹赫普撒特（Hatshepsut）曾派远征队伍四处搜集野生动物，包括猎豹、长颈鹿和猴等，并为这些动物建立宫室。而古罗马统治者则喜欢观看狮子、熊和虎等动物之间的搏斗，这时已经出现人工饲养的猛兽，它们同样被投入到血淋淋的搏杀中。而亚历山大大帝比较善待动物，他的军队从被征服的世界各地给他带回各种各样的动物，如大象、猴子和熊等。后来亚历山大大帝把他的动物园传给了埃及国王托勒密

(Ptolemy) 一世，托勒密一世建立了历史上第一座有规划性的动物园。

一直到 18 世纪，动物还是贵族统治者的玩物，但随着贵族权势的消退，动物收藏逐渐大众化。比如 1751 年建立的布鲁动物园，这是第一个具有现代动物园性质的传统公园。该园位于维也纳市区西南舍恩布龙宫（Schonbrunn Palace），人们首次把搜集来的动物关在笼子里进行展览，这种搜集来的动物进行展览的行为被称为"Menageries"，意为关在笼子里的动物展览，这种形式比随意收集动物更具有组织性。18 世纪 90 年代欧洲社会和政治发生了变化，普通大众获得了大量财富和土地，同时也包括对动物的观赏权利。法国大革命之后，人们根据当时科学界提出的建议，在巴黎植物园修建动物园，把凡尔赛的动物安置在此。巴黎植物园坚持面向公众进行传播科学知识和科学实验，力图为经历过大革命的法国提供经济和科技支持。后来巴黎植物园逐渐发展为法国的国家自然史博物馆，该园的发展与科学研究的行为联系起来，现代动物园开始萌芽。

6.2.2　近代动物园发展史

19 世纪初，在英国伦敦成立了人类历史上第一个现代动物园——摄政动物园。当时成立该动物园的宗旨是：在人工饲养条件下研究这些动物，以便更好地了解它们在野外的相关物种。该园与以往的动物园相比，在"休闲娱乐"功能基础上，又增添了新的功能——科学研究。这个科学研究功能的诞生，成为动物园发展史上的一次质的飞跃。摄政动物园成为一个为科学研究而收集饲养和展示的动物园。此后伦敦摄政动物园成为英国其他地方、欧洲和美国建立动物园的典范，开创了动物园史上的新时代。这座动物园就是今天的伦敦动物园，它在动物园发展历史上拥有崇高的地位（图 6-6、图 6-7）。它在 1849 年建立首家爬行动物展馆；1853 年首次建成公众可参观的水族馆；1881 年建成首家昆虫馆；1938 年建成首家儿童动物园。伦敦动物园为现代动物园建立和发展的蓝本。

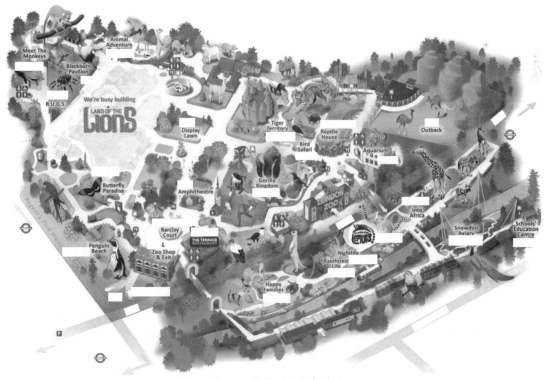

图 6-6　伦敦动物园鸟瞰图

随着时代的发展，科学家们逐渐认识到，整日待在笼子里的动物们所表现出来的自然行为，并不能充分体现它们的科学研究价值。应该让动物们生活在更自由开阔的环境。随着动物园生活环境的提高和规模扩大，越来越多的动物园面临巨大的经营压力，迫使他们把动物园建设得更符合大众的娱乐需求，来增加动物园的经济收益。一些动物园不但为游客提供了观赏、科研交流的机会，而且还修建了很多天文馆、植物温室、飞禽馆，并开展了其他表演型的娱乐项目。动物园在向人们宣传科学知识的同时，也把娱乐项目推荐给了游客。从此动物园的大众休闲娱乐功能得到了人们的重视。

进入 20 世纪以来，由于达尔文进化论的发现和确立，产生了很多新兴学科，博物学慢慢被人们淡忘。此时动物园已经在商业娱乐方面取得了成功，人们逐渐把休闲娱乐功能放在了首位。1907 年，有一个德国人叫卡尔·哈根贝克（C. Hagenbeck，1844—1913），他成立了一个自己的动物园——哈根贝克动物园。他提出让动物们自由自在地生活在视野开阔的空间里，不受牢笼和栅栏的阻碍，可以让游客的视野开阔。他对动物们的行为进行了系统的测试，首次采用壕沟的形式进行隔离，并利用地形和植物把壕沟进行遮挡，这样在视觉上起了美化环境的作用（图 6-8）。这种"全景式动物园"为野生动物创造了仿生的自然生活空间。这种动物园展示形式打破了传统的笼舍形式，为现代公园实现以生态主题和地理区系的科学展示设计奠定了基础。

图 6-7 伦敦动物园——水族馆

图 6-8 哈根贝克动物园——大象区壕沟分隔

20 世纪 70 年代，乔恩·柯和格兰特·琼斯等设计师对西雅图的林地公园动物园（Woodland Park Zoo）的大猩猩馆提出了"沉浸式景观"设计方案，这个新概念远远超越了哈根贝克的理念，这种展览把动物放到一个到处是植物、山石，有时还有其他动物的完全自然化的环境中。更重要的是，它把参观者带进了实地环境，在沉浸式景观中设计技巧的运用使观众感觉到自己也是野生动物生境中的一部分。这种自然生态的展览方式不但增加了参观者的兴趣，使人们对动物生长地及其生态习性有了直观的了解，促进和丰富了动物的科普教育，同时动物生活于其中很容易适应这种人工营造的生态环境，为野生动物的饲养、驯化和繁殖提供了良好的环境条件，动物的成活率和繁殖率都得到提高，很好地发挥了动物园应具备的功能。

20 世纪，西方国家经济发展迅速，美国成为动物园发展水平最高的国家。美国的华盛顿国家动物园（Smithsonian National Zoological Park）成为现代动物园发展的典范，这是一个以"科学的进步和为人们提供教育和休闲"为目的的建立的动物园（图 6-9）。该动物园模仿亚马孙热带雨林的亚马孙丛林区，风景如画，引人入胜。这个动物园分成了几个不同的展区，如非洲热带区、亚马孙区、北美区和亚洲区，另外还有鸟类区、爬行区和两栖区等区域，根据不同的生态环境安置相适应的动物进行生活（图6-10）。在远郊建立动物保护、研究基地，两者之间资源整合，互动发展，充分发挥了动物园的资源保护和科学研究的作用。

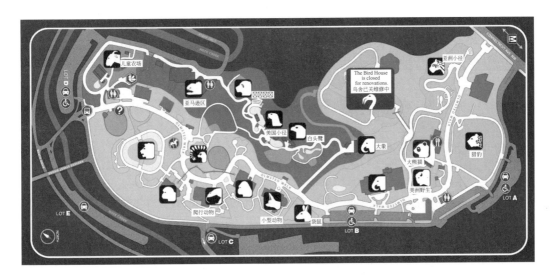

图 6-9　华盛顿国家动物园

图 6-10　华盛顿国家动物园两栖动物区的动物

在 20 世纪 90 年代，由于世界经济的发展、城市和工业化进程加快，生态环境破坏等问题日益加剧。人们开始认识到经济、社会和生态环境协调发展的重要性。世界各国积极进行野生动物保护工作，减缓濒危物种的灭绝速度。世界动物园园长联盟（IUDZG）和圈养繁殖专家小组（CBSG）共同制定了面向 21 世纪的"动物园发展战略"。在该发展战略的指导下，动物保护工作将不再局限于一个国家或地区，而是在全球生态环境范围内去保护动物和植物。动物园将以保护生态系统和物种多样性为目的，为野生动物创造可以繁衍的生存环境。从这个意义上讲，野生动物自然保护中心也属于动物园的范畴，与前两种类型不同的是，动物及其生态系统的保护功能被置于绝对的主导地位。横跨南非、莫桑比克和津巴布韦三国的大林波波河跨国公园（Great Limpopo Transfrontier Park）南北长 510km，总面积达 $386×10^4km^2$，大于举世闻名的美国黄石国家公园，是迄今世界上面积最大的动物王国。总之，动物园的发展不仅仅是数量上的增加，也是质量上的提升。

6.2.3　中国动物园发展史

　　早在 4000 年前，我国就有关于人工饲养野生动物的记载。最早记载可追溯到公元前 1600 年的夏桀时代，《太平御览》引用《管子》中的记载："桀之时，女乐三万人，放虎于市，观其惊骇。"而根据史书《诗经·大雅·灵台》记载周文王有"灵囿"，并修建灵沼和灵台（位于今西安鄠邑区）。灵沼自由放养鸟禽和鱼虫等动物，而灵台用来观察天象和奏乐，因此灵囿也是礼仪场所。灵囿选址多数是建在山林茂盛和水草丛生的拥有美丽自然风光的地方，一个供帝王统治者狩猎和玩赏游乐的皇家苑囿。这是我国历史上关于最早兴建人工饲养动物的场所。到了汉武帝时期，刘彻喜欢郊游打猎，在前朝旧苑基础上扩建上林苑，上林苑不但修建有华美的宫室，而且拥有优美的自然景物，包罗万象，除此之外上林苑还豢养了很多珍奇异兽，如狮子、熊、大象、鸳鸯等，并派专人饲养这些动物。与此同时在上林苑还建造了专门的兽舍，如观象观、白鹿观等。这些场所只供王公贵族休闲娱乐。

　　中国最早对大众开放的是万牲园，位于京郊乐善园遗址上兴建的农事试验场内，后来发展为北京动物园（图 6-11、图 6-12）。创建于 1906 年，慈禧太后派使臣到欧美考察政俗，端方等使臣学习了当时西方动物园理念的精髓。据 1907 年《大公报》记载，端方在出访的过程中选购了不少珍禽异兽，包括狮子、老虎、斑马等动物共计 59 笼运送回京。除此之外，清廷亦敕令各省上供特产的动物，慈禧及一些高官也向动物园赠送了自己的收藏。此次大规模地收集动物，为万牲园的建立奠定了基础。最初供慈禧、光绪等王宫贵族游乐赏玩的万牲园，于 1908 年向公众开放，万牲园的建造沿袭了欧洲动物园发展途径。尤其是以巴黎植物园动物园为代表，动物园的受众由贵族统治阶层渐趋向大众化，为百姓提供了一个休闲娱乐的地方。

图 6-11　清末市民动物园观景

图 6-12　北京动物园内的畅观楼

1929 年清农事试验场被更名为国立北平天然博物院，1935 年，转由北平市政府管辖。农事试验场对中外大量农产品开展化验、对比研究，宣传推广优良品种，对我国早期的农业科学发展作出了巨大贡献。后经战事频繁、时局动荡、江河日下，到中华人民共和国成立初期已经破败不堪。中华人民共和国成立后，北京动物园得到中央人民政府的支持，以"西郊公园"名义开放。1955 年正式更名为北京动物园，开始进行珍稀动物饲养繁殖的科研工作。

除北京动物园以外，中央政府为了满足广大人民群众的精神文化需求，相继在各地建设了动物园，甚至有些大型公园内还特别辟出动物角。1983 年底，全国具有动物展区的综合性公园共计 135 处。20 世纪 90 年代起，国内兴建了大批具一定规模的动物园，有 300 多家。随着经济的发展，世界人口与环境资源之间矛盾日益加剧，人们认识到人类与自然环境平衡发展的重要性。因此，当今我国动物园需要找到自身的位置，通过生动的野生动物展示，将人们的视线从观看野生动物延伸到保护大自然行动中来。

6.3　动物园的分类

6.3.1　按不同展出形式分类

按照动物的不同展出形式可以把目前世界各地的动物园分成以下三类。

6.3.1.1　笼养式动物园

笼养式动物园是传统型的动物园，主要根据动物的不同分类进行牢笼饲养动物。在动物园的早期发展时期，动物以笼舍的饲养形式出现在人们的视野中。这类动物园规模较小，主要分布在中小城市，笼舍饲养条件简陋。随着社会经济的发展，人们逐渐认识到生态环境的重要性，对动物生长环境越来越关注。动物园展示形式由笼舍饲养逐渐向场景式和生境的形式发展。

6.3.1.2　场景式动物园

场景式的动物园打破了传统笼养式的栏网限制。根据动物的种类和地理学特点进行区域分布，并以壕沟形式分割，用植物和置石对壕沟进行巧妙的隐藏，这样动物就可以生活在草地、水滩和山体之上，一派天然的野生动物场景呈现在游人眼前，这就是场景式动物园。

以德国哈根贝克动物园（Tierpark Hagenbecks）为例，该园的非洲假山造景是最经典之处，营造了独特的非洲自然风光画面，只见天空湛蓝，河水清澈见底，树木郁郁葱葱。近景是火烈鸟等水禽，中景是斑马和鸵鸟，远景是狮子，各种动物悠然自得地觅食，繁衍生息。各层景观展区之间用我们看不见的壕沟隔开，这是动物园发展史上的里程碑。

纽约布朗克斯动物园（Bronx Zoo）的"飞禽世界"（World of Birds）展馆，观众在光线较暗的走廊中欣赏光线充裕、布置得非常漂亮的鸟儿展馆，没有玻璃或网线相隔。因为设计师知道鸟类的习性：鸟儿喜欢待在既明亮又有食物的地方，而不会往不熟悉的黑暗地方飞。

在场景式动物园中，"沉浸式"展示方式具有代表性特点。广州长隆野生动物园的"马达加斯加岛"，是比较接近国际先进水平的沉浸式生态展区之一。

6.3.1.3　放养式动物园

随着时代的发展，世界各地的动物园开始积极参与野生动物及其生境的保护工作。动物保护工作将不再局限于某个国家或地区，而是在广阔的生态环境中去保护动物和植物的物种多样性。对动物的保护体现在大面积自然保护区的形式上，这些保护区以保护生态系统和拯救物种为主题，为野生动物创造可持续繁衍的生存环境。从这个意义上讲，野生动物自然保护中心也属于动物园的范畴，与前两种类型不同的是，动物及其生态系统的保护功能处于绝对的主导地位。例如,克鲁格国家公园(Kruger National Park)是南非最大的野生动物保护区,保尔·克鲁格(Paul Kruger)为了阻止偷猎现象,宣布将该地区划为动物保护区。保护区范围不断扩大,完美地保持了这一地区的自然生态平衡,该区目前是世界上自然环境保持最好、动物品种保持最多的野生动物保护区。

美国圣迭戈(又翻译为圣地亚哥)动物园(San Diego Zoo)被视为全球最佳动物园之一,大大小小的展区和自然植被在园区内难分彼此,而不是一座座独立的馆舍各自为战。圣迭戈郊区还有一座面积达 728hm^2 的野生动物园,主要承担珍稀动物人工保护区的职能,与市区的动物园形成互补(图6-13、图6-14)。

图 6-13 美国圣迭戈动物园(一)　　　　图 6-14 美国圣迭戈动物园(二)

6.3.2 按所处的位置、规模和展示内容分类

根据动物园所处的位置、规模和展示内容的不同,可将动物园划分城市动物园、野生动物园和专类动物园。

6.3.2.1 城市动物园

城市动物园一般位于大城市近郊区,是城市绿地的重要组成部分,承担了居民休闲娱乐的功能。动物园的面积在 20hm^2 以上,展出动物品种非常多,能达到几百种甚至上千种,展出形式是场景和笼舍建筑相结合。主要采取沉浸式景观设计,这种设计模拟野生动物的生活环境,让游客身临其境地体验神秘的动物世界。根据用地面积和服务范围不同,可以分成全国性和地方性两种动物园形式。例如,在我国用地面积大于 60hm^2 以上为全国性动物园,如上海动物园面积 72hm^2,饲养动物 600 余种,共 10000 余头;而地区性动物园的用地面积为 20~60hm^2,动物品种将逐步达到 400 种,如天津、武汉、成都等城市的动物园。

6.3.2.2 野生动物园

野生动物园多数位于城市的远郊区,自然环境优美、野生动物资源丰富的林地。该类型的动物园用地面积较大,一般在上百公顷,动物以群养或散养的形式生活在大自然环境中,富于自然情趣和真实感。游人参观路线可以分为步行系统和车行动物园规划设计系统。此类动物园呈逐渐增多的发展趋势,全世界已经有多个,我国著名的有深圳野生动物园、大连森林动物园、上海野生动物园等。

广州长隆野生动物园被视为国内当前最优秀的野生动物园,该园以"保护野生动物,普及环境教育"为宗旨,以大规模野生动物种群放养和自驾车观赏为特色。步行游览区以世界各地的珍稀野生动物为主要特色，动物园各大区域均位于步行游览区之中。

6.3.2.3 专类动物园

随着时代的进步，动物园向更专业化的方向发展，在很多城市出现了更专业化的动物园，如青岛极地海洋世界、新加坡裕廊飞禽公园和泰国鳄鱼公园等均属于此类。这种专业性的动物园划分有益于动物的异地保护、饲养管理和科学研究。

6.4 动物园规划设计要点

6.4.1 动物园规划设计原则

动物园规划是在遵从城市总体规划和绿地系统规划的前提下进行的，体现动物保护、休闲娱乐、宣传教育和科学研究等功能性作用。把动物繁衍和生态环境相结合进行设计，为人们创造生动有趣、富有生机的优美环境，具体设计要求如下。

① 功能性原则　动物园设计应满足动物繁衍、科普教育、休闲观赏、安全卫生和生态保护等功能性要求，从而创造一个野趣丛生的优美环境。

② 安全性原则　动物园设计应保证游人、工作人员和动物的安全性原则。动物园是人工饲养野生动物最主要的保护场所，要以保护动物安全为前提，做良好的隔离措施，避免游人在观赏游览的过程中给动物造成伤害，例如游人随意喂食、故意用利器伤害动物等现象。

同时要保证游人的安全性，加强设施和园务管理制度等方面的工作。尤其是动物与周围环境的隔离措施，可以采用隔离沟、护栏或者玻璃幕墙等方式，防止动物逃窜等事件发生。

③ 科学性原则　在动物园规划设计中饲养圈舍、养殖设备、安全设施应满足动物生活习性和生长设计要求。根据动物的种类和生长地理环境，合理分布动物展区，确保动物繁衍生息符合科学性原则，有利于生物多样性的发展。

④ 生态性原则　动物园设计应体现生态性原则，在符合城市总体规划的基础上，利用地形、水体、植被等环境条件创造近自然生态环境。植物茂盛和起伏多变的地形更宜于创造空间小气候，利于生态平衡发展。营造动物园要防止环境污染和破坏，并制定雨水综合利用目标与技术措施。

为了适应来自不同生态环境的野生动物的需要，动物园需要营建在繁茂林（草）地、湿地和地形丰富的地方。动物园是一个展示各类野生动物和多种生态景观的城市绿地公园。如湿地景观在动物园中不但起到生态平衡的作用，而且充足的水系也为展示隔离、绿化灌溉和特殊水体展示设计等提供了保障，充分发挥了自然地表水系的功能和作用。

当现状地形多样性较低时，为丰富园区景观体验，在设计时可基于现状地形，在最大限度保护原有生态环境的原则下进行园区山水骨架的构建。

⑤ 人本位原则　动物园设计应体现以人为本的原则，满足游人和工作人员的安全和使用要求，保证游人参观游览的舒适性，并对儿童使用设施做出相应设计。动物园从属于公园绿地，承担着居民休闲娱乐的功能，如果只注重规划设计的理论形式，没有考虑受众的精神感受和物质需求，这样的规划设计作品旅游价值下降，游览使用率降低，不能给使用者提供便利，让人置身其中无法舒适地体会到优美环境带来的景观感受。

因此，动物园规划设计要考虑景观、科普和游憩的需求，如园路系统、标识系统和餐饮娱乐设施的设计应科学合理。同时也要加强游人对动物园游览的趣味性和互动性体验，从而满足不同年龄阶段人群的使用需求。

6.4.2　动物园规划设计方法

6.4.2.1　选址

一般来说，动物园选址应以批准的城市总体规划和绿地系统规划为依据，适应动物园建设规模的需要，预留发展空间。从自然地理条件来说，动物园宜选择自然山水资源丰富、植被茂盛、地形复杂的基址，以有利于营造丰富的展示空间景观。从环境安全性来说，动物园选址应与易燃易爆物品生产存储场所和屠宰场等保持安全距离。

动物园选址要考虑市政设施建设情况，应与周边道路、水、电、通信、供暖等外部条件连接方便，满足动物园安全运营的要求。动物园选择地区内不宜有高压输配电架空线、大型市政管线和市政设施通过。当无法避免时，应采取避让与安全保护措施。

从自然灾害发生角度来看，动物园选址应避开下列地区：洪涝、滑坡、熔岩发育的不良地质地区；地震断裂带以及地震时易发生滑坡、山崩和地陷等地质灾害地段；有开采价值的矿藏区域。

6.4.2.2　占地规模

动物园在该城市总体规划设计下，可根据当地实际情况和甲方需求来达成协议。根据《动物园设计规范》（CJJ 267—2017）中按照陆地面积 A（hm^2）和展示动物 B（种/只）的差异将动物园划分为小型动物园（$5hm^2 \leqslant A < 20hm^2$，$B < 50$ 种/只）、中型动物园（$20hm^2 \leqslant A < 50hm^2$，$50 \leqslant B$ 种/只 < 120）和大型动物园（$A \geqslant 50hm^2$，$B \geqslant 120$ 种/只）三类。而《公园设计规范》（GB 51192—2016）认为动物园应有适合动物生活的环境，供游人参观、休息、科普的设施，安全、卫生隔离的设施和绿带，后勤保障设施；面积宜大于 $20hm^2$，其中专类动物园面积宜大于 $5hm^2$。

动物园内部用地可分为三大项，分别为建筑用地、园路和铺装场地、绿化用地，各类用地所占比例因动物园建设规模的不同而有不同比例要求。

动物园规模的大小与城市的性质与规模、展出动物的数量及品种、动物展出的方式、自然环境现状条件、经济条件及动物园经营管理的程度等因素有关。动物园用地规模的具体依据见表 6-1。

表 6-1　动物园主要用地比例　　　　　　　　　　　　　单位：%

用地名称		动物园建设规模		
		大型	中型	小型
建筑用地	动物展区建筑	≤6.5	6.5～9.4	≤9.4
	科普教育建筑	≤0.7	0.5～0.7	≤0.5
	动物保障设施建筑	≤1.5	1.5～1.8	≤1.8
	管理建筑	≤1.4	1.4～1.7	≤1.7
	服务建筑、游憩建筑	≤2.9	2.9～3.6	≤3.6
园路、铺装场地	园路、铺装场地	≤17	17～18	≤18
绿化用地	外舍场地、散养活动场地、其他绿化用地	≥70	65～70	≥65

注：1. 用地比例以动物园适宜陆地面积为基数计算。

2. 动物展区建筑指各个动物展馆组合而成的建筑物。

3. 引自《动物园设计规范》（CJJ 267—2017）。

6.4.2.3　分区规划

功能分区应根据动物园性质、规模与实际需求，划定成六个分区——门区、动物展示区、综合休闲区、科普教育区、动物保障设施区和园务管理区（表 6-2）。功能区划分应以动物展示区为中心，合理布置其他各类功能分区；其次各个功能分区应满足动物生活、游人观赏、园务管理、安全防火、卫生防疫等要求。

表 6-2 功能分区的设置

功能分区		建设规模		
		大型	中型	小型
门区		●	●	●
动物展示区		●	●	●
综合休闲区		●	○	○
科普教育区		○	○	○
动物保障设施区	隔离区	●	○	○
	动物医院、医疗室	●	●	●
	饲料加工、储存区	●	●	●
	科研繁育区	●	○	—
园务管理区	办公区	●	●	●
	环园园务隔离带	○	○	○

注：1. 表中"●"表示应设，"○"表示可设，"—"表示不设。

2. 表中设为"○"或"—"时，其内容可在相关功能区合并设置。

3. 小型动物园设动物医疗室。

4. 引自《动物园设计规范》(CJJ 267—2017)。

（1）门区

根据国家公园设计规范要求，园区的主出入口、次出入口和专用出入口由城市道路、园区规模与布局来确定。各个入口应分散布置在不同园区方位上，应与城市各个道路连接。动物园的主门区应设置游人内、外集散广场。该广场规模应按区位条件、园区建设规模、交通条件和游人容量进行合理确定；主门区内外两个游人集散广场功能各异，外广场主要担负大量游人集散的功能，而内广场不但具备集散功能还应该具有展示和导向功能。该广场能引导游客迅速进入各个功能服务区。

专用管理门应与游览主门分开设计，这样既能避免双向干扰，又能进行动物防疫工作。动物园的日常管理工作会有大量的物资和垃圾废弃物，需要专门的出入口来完成运输工作。该门应设置在相对僻静的城市地段，避免居民区和商业繁华地段。

（2）动物展示区

动物园内占地面积最大的就是动物展示区，应依据动物的进化、地理区域、生态习性等方面进行展区布局。动物园展区的规划设计要结合动物的生活习性和活动环境，选择适当的展出方式，并进行合理的植物配植，从而创造出适合动物生活的空间环境。

① 按动物进化顺序布局。根据动物进化的顺序，展现从低等生物到高等生物的进化过程，按照昆虫类、鱼类、两栖类、爬行类、鸟类、哺乳类顺序进行展区布局。通过这种布局形式使人们学到动物进化知识，了解不同动物的结构特征，便于人们识别和认知动物，了解动物生活习性。当然这种布局形式也有缺点，那就是同一类动物里，生活习性往往差异很大，给饲养管理造成不便，上海动物园就采取这种展示模式。

② 按动物原生活地理大洲系区域的布局。动物园的展区可按欧洲、亚洲、美洲、澳洲等地域性的形式划分。

③ 如按动物生态习性和生活环境进行布局。按动物生态习性和生活环境可以分成水生湿地、高山山地、沙漠戈壁、极地苔原等不同生态系统的展区形式，北京动物园即采用此类方法。这种布局有利于动物的繁衍、物种的多样性维持和生态景观保护。

④ 按原产地的自然风景和人文建筑来布局。这种陈列方式的优点是便于创造不同的景区特色，给游人以明确的动物分布概念；缺点是难以使游人宏观感受动物进化系统的概念，

成本较高，难以管理。

除上述四种主要的布局方式以外，还可以按照动物种类、习性布局，或是按游人喜好、动物珍稀程度等方法布局安排。无论采用什么样的布局方式，都应根据动物园的用地特征、规模、经营管理和经济水平的实际情况进行。例如德国柏林动物园就是以地理学、生态学、科普三方面考虑动物展览布局的形式与路线，设置不同路线引导游人参观动物及鸟类。

（3）综合休闲区

综合休闲区宜设置在主游览路线上的动物展区之间，结合原有地形地貌，利用较为平坦的地区创造适宜人休闲娱乐的场地。主要用地分布在基地以及各个功能区中部地区。这些场地既能用于举行集体大型活动，又能满足个人嬉戏玩耍，从而形成开阔的视野。

（4）动物保障设施区

动物保障设施区包括医疗室、饲料站、检疫站、隔离区、饲料加工区、储存区和科研繁育区等，其位置一般设在园内隐蔽偏僻处，并要有绿化隔离，但要与动物展示区、动物科普馆等有方便的联系。此区应设计专用出入口，以方便运输与对外联系，有的动物园将医疗室和检疫站设在园外。

（5）园务管理区

园务管理区宜布置在动物园的下风向，交通便利、相对独立的区域，并设置隔离带与专门出入口，既隐蔽又方便管理使用。园务隔离带以宜设隔离林带，以消除或减小噪声、过滤不良气味。有些动物园位于郊区，园务管理区除了办公室、仓库等管理设施，还应解决工作人员的日常生活问题，主要包括宿舍、食堂、商店、急救室、车库等设施。总之园务管理区应该根据园区规模和管理人员的配置进行合理布局。

（6）科普教育区

科普教育区应该结合动物展示布置，也可集中布置在游人集散场地的周边，或游人较为集中的区域。该区是全园科普科研活动的中心，主要由动物科普馆、科学研究所等组成，一般布置于交通方便的地段，有足够的游人活动场地。馆内可设标本室、解剖室、化验室、宣传室、阅览室、录像放映厅等。如南京红山森林动物园两栖爬行馆以普及科普知识为主，展厅内既有仿实景展示的动物，又有大型的解说式展板。

6.4.2.4 展览建筑设计

（1）动物展馆设计

动物园的展馆设计要与所展出动物特点、基地地形相结合，尽可能模拟动物自然生境的氛围。这样更有利于动物的繁衍，让更多的游人了解动物的原生态生境，增加动物保护的相关知识。同时展馆建筑的设计要紧扣动物园的设计主题，并考虑所展出动物种类的特点。

除此之外，动物展馆设计还应该根据动物的生活习性预留场地，设计相关的动物娱乐设施。如规划设计豹、鳄鱼、昆虫等动物，馆舍内被分为多个展区，各展区根据不同动物的生态环境，用玻璃纤维钢等材料塑造出细腻逼真的岩石和参天大树，构成一个逼真的植物繁茂的热带雨林生态环境，馆中参观的道路曲折蜿蜒，时而开阔，时而进入岩洞，走进馆中仿佛走入迷宫式的热带雨林。

（2）动物笼舍设计

① 建筑式笼舍。动物园建筑式笼舍是以建筑的形式限定动物的活动范围。这样的设计形式适用于展出不能适应当地生活环境、饲养时需要特殊设备的动物。这种形式下动物活动和游人参观活动基本都在建筑里面完成。建筑室内设计应根据动物的生态习性营造动物生活空间，同时将动物的活动纳入游人的视线之中，增加游人对动物生活习性和生活环境的了解。

② 网笼式笼舍。将动物活动范围用铁丝网或栅栏等形式来围合隔离。这种形式适于禽

鸟类动物，也可作为临时过渡性的笼舍。笼内也可仿照动物的生态环境，布置一些装饰性的树枝、鸟笼、水池、山石等，来增加动物的各种生活活动形式，如上海动物园的猛禽笼、重庆动物园的鸟类展笼等。由于铁丝网或铁栅栏等材料在一定程度上会影响观赏效果，因此网笼的材料也在不断改进。国外的一些动物园已采用隐蔽性强的黑丝网和钢琴弦等材料替代了铁丝网或铁栅栏，取得了很好的观赏效果。

③ 自然式笼舍。自然式笼舍是一种露天开场式的展出形式，就是按动物的生长环境，结合该地形地貌，人工创造出适合动物生活的自然环境。自然式笼舍由于真实地反映动物的生活状态，所以深受游客欢迎。这种自然式的展出形式，既让动物能够自由活动又便于游人观赏。同时动物们在开阔而舒适的场地中生活，其日常行为活动也非常丰富，提高了人们的游览兴趣，增加了动物园的游客量。

④ 混合式笼舍。混合式笼舍是指用以上几种形式进行不同的组合。如广州动物园的海狮池、重庆动物园的河马馆等。除此之外，现在还有一些新的展出形式出现，即将游人以安全的方式置身于动物的生活环境之中。如在野生动物园中，游人在车上进入动物展示区；在海洋公园中，游人在水下的玻璃廊中观赏动物。另外还有的动物园在动物展出中采用先让游人进入地下，然后将头露出地面并透过玻璃罩近距离观赏动物的方式。这些游览方式改变了人们的观赏角度，增加了观赏动物的兴趣，受到人们的欢迎。

6.4.2.5 道路系统设计

动物园的主要出入口一般设置在城市或郊区的主干道附近，主次出入口应有内外广场，以便游人集散。同时应该方便游人停靠车辆，附近设有行车处和停车场。同时需要设置数量足够多的安全通道门，以防出现危险时能快速地疏散游客，如火灾或猛兽逃出等情况。因此动物园的道路一般有以下四种形式：主要导游路、次要导游路、便道、专用道路。主要道路或专用道路要能通行消防车和物资运输。大型动物园要根据动物参观内容，设置车行区与步行区，有条件的动物园还可以设置空中轨道车。

动物园的道路规划布局形式一般采用规则式和自然式相结合，出入口道路用规则形式设置。而里面的主次游览路线，可以根据场地地形的起伏变化设置自然式道路。动物园的游览道路有四种布局形式（图6-15），可根据不同的分区和笼舍布局采用适合的道路设计形式。

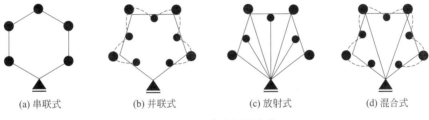

(a) 串联式　　(b) 并联式　　(c) 放射式　　(d) 混合式

图 6-15　道路布局形式

① 串联式　道路与展区的建筑一一串联在一起，只能按照设计者规定的单一路线进行游览，这种形式一般适于小型动物园，人们游览时没有灵活的选择性。

② 并联式　建筑设置在道路的两侧，需主、次级道路相联系，可供游人车行和步行分开使用。这种道路布局形式比串联式更加便利，可以防止游客量大时，造成道路拥堵。这种道路布局形式，适于大中型动物园。

③ 放射式　从入口或接待室起可直接到达园内各区主要笼舍，适于目的性强、时间短暂的对象，如贵宾、管理和科研人员等参观。

④ 混合式　是根据动物园规模、类型等实际情况，采用以上多种形式相结合。这种道

路方式是现代动物园通用的布局形式。它既便于快速到达主要笼舍建筑，又可以有选择性地游览相关展区，这样人们可以拥有多种道路选择方案。

6.4.2.6　动物园植物选择

动物园植物造景除了具有综合公园的绿化功能外，还要创造适合动物生活的绿色环境和优美景观。同时还应具有保持水土流失、调节园区小气候等功能。植物造景可为动物生活和建筑展馆创造优美的环境。

① 植物造景应创造出风景如画的自然风光。茂密林地、秀丽置石和湍急的溪水共同构成一幅美丽的画卷，有利于游人的休闲娱乐和动物的繁衍生息。

② 植物与动物生活习性相结合，尽量种植动物原生地的地理景观中相同或相似的植物。通过植物、山石和其他景观元素模拟动物的原生态地理环境，这样有利于动物亲近大自然，无拘无束地生活在展区里。动物展区的绿化应多样化，配合动物的生态习性和生活环境来进行布置。例如大象要布置成热带森林的气象；大熊猫展区的周围可以种植竹林；飞禽馆可以种植该动物喜好的花木，创造出鸟语花香的世界。

③ 在动物园周围及园展区之间设置防护林和绿色隔离带。不但可防止动物逃窜，而且有利于卫生防护，隔离噪声污染和异味，避免不同展区之间动物相互干扰和影响。

④ 植物造景可以有衬托和遮阳的效果。动物园园路的绿化要达到遮阳效果，可布置成林荫道的形式。园内建筑服务设施可以用蔓性植物绿化起来，这样游人在参观陈列动物之后，进入建筑服务场所进行休息，可为人们提供一个舒适的休闲娱乐环境。例如杭州动物园在展区和园路的旁边，种植冠大荫浓的大乔木梧桐、无患子、枫香等，以满足人和动物遮阳的要求。

⑤ 植物绿化进行遮挡降低游人对动物的视线压力。

⑥ 植物树种应选择枝、叶、花和果无毒无刺的树种。这样可以防止动物受伤，北京动物园就发生过熊猫误食国槐种子而引起腹泻的事故。因此在配置植物时应认真选择，如茄科的曼陀罗、天南星科的海芋、夹竹桃科的夹竹桃均含对动物具有毒害作用的物质。一般情况下，野生动物本能地具有识别有毒植物的能力，但如混入饲草内被吞食，就有中毒的危险。

易对树木破坏厉害的动物，就不能在其运动场地种树，只能在展区周围种植大乔木，以解决遮阳问题，要适当控制郁闭度。在笼舍旁及路边隙地可补植女贞、水蜡、四季竹、红叶李，为熊猫、部分猴类和小动物提供饲料，此外榆、柳、桑、荷叶、聚合草等都可作饲料用。

为了更好地营造整个园区的景观，提高植物树种的成活率和利用率，一般会选择当地树种，这样既经济又实惠。另外为了快速解决遮阳效果，尽快达到绿化目的，最好以选择当地速生树种为主。根据动物园远近期的植物造景计划，可以将速生树种与慢长树种相结合种植。

6.5　动物园实例分析

6.5.1　巴黎动物园

6.5.1.1　背景

巴黎动物园（图6-16）又名文森动物园（Parc Zoologique de Parc），隶属于法国国家自然历史博物馆，建于1934年，饲养展出1200多只动物。当时巴黎公园以模仿动物自然生活场景而闻名。园中没有笼子，大多数动物养在用围墙和壕沟隔开的大面积场地中。在园中筑建混凝土假山，动物们在这些假山中生活嬉戏。随着时间流逝，一度闻名遐迩的假山已经开始倒塌。为了保证动物的安全，防止无数乱窜的老鼠传播疾病，自然历史博物馆宣布计划大规模投资巴黎动物园，动物园于 1982 年关闭，进行园区修建，于 2014 年正式开放。重修后的巴黎动物园给大家展示了一个全新面貌，供游人们欣赏游览。

图 6-16　巴黎动物园平面图

6.5.1.2　区位

　　巴黎动物园位于法国巴黎圣莫里斯街道 53 号，坐落于文森森林之中，占地 14.5hm²。巴黎动物园经过设计改造之后，设计师保留了动物园原有的造园要素——大岩石，又突出了这一特点，增加了新鲜血液，就成了我们今天看到的"大岩城"（图 6-17），除此之外还有一个热带植物温室。远山丛林，繁花流水，再加上各种动物穿行于深林旷野的风光之中，到处充满了趣味和惊喜。

图 6-17　巴黎动物园——大岩城

6.5.1.3　设计

　　巴黎动物园经过整修之后的，在原始动物园基础上增加了 40% 的园景空间。目前该园由五部分生物带组成，分别是巴塔哥尼亚、萨赫勒——苏丹地区、欧洲、圭亚那和马达加斯加，第六个生物带非洲赤道将会在以后的时间完成。巴黎动物园不仅增加了观赏的空间，还颠覆人们对动物园的原有印象。巴黎动物园为动物提供了自由舒适的活动空间，不但创造了动物们的原生环境，而且还运用多种造景手法满足游客的视觉需求。

① 场景设计　巴黎动物园的展览场景创作，不仅要展示动物原生环境，还要不断调整游客和场景之间的关系。将电影的"场面调度"这一手法运用于该园的景观设计中，从而增加了影剧院效果。设计师创造了连续的视觉结构来扩大规模，用来打破人类和动物之间的距离。随着四维在 2D 和 3D 上的运用，人们在季节不断变化的场景下感知动物世界，五维作为想象力补充并完善这些场景，使游客可从多角度游览观赏动物园。

② 带状道路　随着巴黎动物园种植面积的增加，浓密的绿色景观围绕着 4km 的带状道路，为游客提供了多重的视觉感受。带状道路可以使游客在全视角中穿过所有生物带，游览时充满了无限想象和惊喜。游客沉浸在密林之中进行游览，时而俯瞰开阔平原，时而眺望重叠山石。这种通过观赏位置角度的变化，强调空间的对比性和差异性，就像一部全景的电影展现在游客面前。

③ 观景之窗　设计师让游客走进用巨大窗户设计的框景之中，使他们能够以最佳的视野观看动物（图 6-18、图 6-19）。由建筑设计师莱昂纳尔·奥西尔设计的金属结构，如艺术品般被放置在特定的位置，建筑设计师想让动物园具有电影场景般的视觉效果，动物们在里面自由嬉戏。这些凸窗设计是游览路线中不可缺少的一部分，它为游客提供了更深层的视野。

图 6-18　巴黎动物园——凸窗设计（一）　　　图 6-19　巴黎动物园——凸窗设计（二）

④ 评价　巴黎动物园运用了动物园与可持续的生态保育相结合的设计理念。动物园不再单纯是珍奇动物嬉戏游乐的地方，而是一个拯救和保护动物的地方。巴黎动物园用多个生物带来展现各具地理特色的原生境风貌。通过多种造景设计手法进行动物场景设计，例如巴塔哥尼亚空旷的平原和萨赫勒——苏丹的开阔空间，设计师在特定的位置采用折叠地面设计，而在马达加斯加的森林，每种植物配置的密度和高度都要经过设计师的周密思考而设计。通过色彩变化、尺度大小和层级变化来营造视觉氛围，创造出多样的景观空间。因此游客游览的同时会产生一种不在"此处"亦不在"彼处"的神奇之感。同时该公园的部分设施将采用太阳能发电，会展示一些绿色建筑与可持续景观设计，进一步体现了动物园与可持续的生态保育相结合的设计理念。

6.5.2　淮安动物园

6.5.2.1　背景

淮安动物园（图 6-20）是在 1958 年的王姓"福兴动物园"基础上发展起来的。1977 年在南园（今淮安市楚秀园）西南部，选址征地筹建动物园。到 1997 年底，该园绿化覆盖率达 90%。但随着社会的发展，老动物园已经无法满足市民的需求。于 2009 年 5 月，新的动物园开工建设。2012 年 9 月 16 日，淮安老动物园关闭，园内动物迁往新址。从此淮安生态动物园为动物们创造了更加开阔的、自由的生活空间环境。

6.5.2.2 区位

淮安动物园为古黄河风光带的重要组成部分，位于淮安市西北部，紧邻柳树湾风景区。新址主入口位于健康西路198号（柳树湾广场西侧），次入口位于淮海西路与韩侯大道交界处东侧；新园占地约25hm²，比原来扩大了近8倍，动物种类扩大3倍。于2012年，新的淮安动物园正式对外开放，吸引了大批游客观光旅游。

6.5.2.3 设计

淮安生态动物展区设计在充分利用地形地貌的基础上，根据不同动物原生环境特点进行合理布局。强调园区的景观化和生态化建设，最大限度地为动物提供繁衍嬉戏的环境，同时方便游人多角度无障碍地观看动物活动。设计师充分利用原有场地资源，展现了景观生态化、道路人性化、笼舍隐蔽化和展示立体化，为游客打造了一个全面开放式的城市公园。

图6-20　淮安动物园

淮安动物园的设计旨在保护和完善生态自然环境，模拟各种动物的原生态生存环境，为动物提供健康科学的活动场所。同时采用了全新的观赏理念，为人们提供与动物亲密接触的观赏方式，并加强动物科普的教育和传播。充分发挥动物园的作用，满足城市物质和文明发展的需要，提升城市的人文价值。

在设计上充分利用地形地貌，来规划不同的动物展区。

（1）展区设计

淮安动物园按动物进化过程进行展区布局，把自然环境和动物习性结合起来进行动物园展区规划设计，并陆续设计建成鸟禽馆、水禽湖、大型猴山、猛禽馆（图6-21）等动物展览区。很多展区设计充分利用现有资源，并与现代景观相结合，打造一个全面开放的休憩绿地。其中梨花林区和虎园都在充分保留原有资源的基础上进行规划设计。

① 梨花林区　该园充分利用原有场地内的梨树林，由于梨树林分枝点低，密度大，不但动物活动受到限制，而且不方便游人游览。为了解决这些问题，设计师采用了空中架道和挖低地面的设计方法。游客在空中的木栈道上向下俯瞰动物，既保护梨树，又不干扰动物生活。同时将梨树林的部分地面调整挖低，从而扩大了动物的活动空间。

图6-21　淮安动物园——猛禽笼舍

② 虎园　该园为了提升游客参观体验，设计了玻璃长廊深入虎园内部，使游客拥有了与老虎亲密接触的神奇之旅。此外，在高低起伏地面上巧妙地点缀山石，高处建亭廊，可以使老虎休憩乘凉和登高望远。还设计了戏水池和淋水设施，供动物戏水、冲凉之需，这是动物们嬉戏生活的理想生态环境。

（2）植物设计

在猛禽笼舍的内外进行了种植设计，绿树成荫，灌木丛生。这样既美化了环境，又弱化了笼子对空间的生硬分隔，从而来营造生态自然的动物栖息地。除此之外大象馆的主体建筑也种植大量的竹子和法青作为高篱来遮挡，植物种植起到了遮阳和美化环境的作用。

6.5.2.4 评价

淮安动物园设计借鉴了国外先进的建园理念，在原有环境资源的基础上结合新的景观设计，创作出多种旅客游览的体验方式，能够从多角度欣赏动物。除此之外，还巧妙地运用植物设计，不仅对隔离区起到遮挡作用，还创造了优美的空间环境，动物们仿佛生活在大自然的怀抱中，悠然自得，快乐嬉戏。

6.5.3 新加坡夜间野生动物园

6.5.3.1 背景

新加坡夜间野生动物园（图6-22）是世界上第一个为夜间动物而设立的野生动物园。在20世纪80年代，新加坡打破了游人只能在白天游览动物园的传统形式，准备建立一座夜间开放的动物园，这样更符合夜行动物的生活规律。1994年，新加坡夜间野生动物园对外开放，该园有130多个物种的2500多只动物，其中35％是濒危物种。新加坡夜间野生动物园自开放以来，受到广大游客的欢迎，人们可以在夜间丛林中观赏野生动物。

图6-22 新加坡夜间野生动物园

6.5.3.2 区位

新加坡夜间野生动物园占地面积$38hm^2$，该园与新加坡动物园相邻，围绕实里达水库而建。新加坡夜间动物园坐落于茂密次生林之中，为游客提供独特的热带野生探险体验。在犹如月光的特殊照明下，游客可以在宽阔的自然栖息地里观赏这些野生动物。

6.5.3.3 设计

新加坡夜间野生动物园以"开放式"的原则，为动物们创造了天然舒适的生活环境。夜间野生动物园到处充满了神秘的色彩，在月光般的灯光下，隐去了动物园里的壕沟和栅栏，让人感觉就像在丛林中探险。

新加坡夜间野生动物园规划设计了七个不同的地理区域，根据该园不同地形地貌特征，结合现代景观设计，为动物们提供了适合繁衍的自然环境。

（1）展区设计

① 喜马拉雅山麓 走进夜间野生动物园，首先迎接游客而来的是潺潺的流水声。山势崎岖，温和的岩羊在夜色下牧草，塔尔羊在岩层上攀爬。同时还能看到世界上最大的野生山羊——捻角山羊，顶着巨大螺旋状羊角，宛如童话中的神兽一般，出现在陡峭的山坡上。

② 印度次大陆 在这里有很多温顺的印度泽鹿。火烈鸟悠然地在草地上觅食。为了开阔游览视野，保证游人安全，犀牛、野牛和大象等动物用看不见的壕沟与游人隔开。再往前走，就会看到亚洲狮漫步在丛林中，还有几只小狮子在追逐打闹。

③ 非洲赤道 该展区有很多食草动物，南非长颈鹿、斑马和羚羊在开阔的草地上食草。

一群非洲水牛静静地屹立在柔和的月色灯光下，头上巨大的双角格外引人注目。有几只鬣犬在对面的山坡上来回走动，从远处传来一阵阵鬣犬叫声。

④ 印尼·马来西亚森林　游人们来到这里可以听野猪的叫声，观看动物们的群居生活状态，学习有关动物科学知识，在一定程度上加强了人们对珍稀动物的保护意识。

⑤ 亚洲河流森林　游客在这里可以看到马来貘和红豺自由漫步，了解红豺的群居生活。而亚洲象展区的地面较低，游客可以很好地俯视该区，视野开阔。

⑥ 尼泊尔河谷　赤颈鹤在游客身边来回走动，水鹿和梅花鹿在森林中自由觅食。游客可以听到印度狼的嚎叫，也可以看到印度犀在湿地中生活。

⑦ 缅甸山坡　可以观看到在山坡上活动的爪哇野牛和白肢野牛、用玻璃隔离的马来虎，还有长着优美鹿角的坡鹿，以及趴在栖木上的亚洲黑熊。

（2）路线设计

园内有一条游览电车和四条步行路径。游客乘坐游览电车可以参观大型动物，穿越全区域需要 40min，游客在车上可以看到自由放养的动物，听到森林里的水流声，昆虫的鸣叫声；而四条步行路径相互连接，可以参观小型动物，它们分别是渔猫小径（Fishing Cat Trail）、花豹小径（Leopard Trail）、东站小径（East Lodge Trail）和沙袋鼠小径（Wallaby Trail）。无论是乘坐电车还是步行路径，都能深深体会到神秘探险之旅带来的快乐体验（图 6-23）。

（3）照明设计

新加坡夜间野生动物园的照明由英国戏剧照明设计师西蒙·科德（Simon Corder）设计。由于游客是在夜间游览动物园，展区的照明设计成为重中之重，既不能影响动物正常的活动，又需要满足游客游览的需求。由于白天和夜晚的光照条件不同，看到的景象也不同，在设计时需根据观看需求调整灯光位置与明暗。整个夜间动物园照明设计都在模拟柔和的月光，"月光"透过树木、湖泊和溪流，呈现出澈暗不匀的景色。动物们沉浸在月色里，隐藏在丛林中，展现了热带雨林的美好夜色。

6.5.3.4　评价

新加坡夜间野生动物园的规划设计理念体现在开放互动性展示、野生动物保护和青少年教育相结合。夜间栖息环境为游客提供了独特的游园体验，游客可以在月光下观赏动物嬉戏。为了保障游客的观看效果，各个动物展区的面积并不大，并根据各种动物的特点，利用原来地形地貌，结合植被等造园要素，创造出 7 个地理区域，从而适合不同动物种群生活。同时设计师为了不影响夜间动物繁衍，渲染野外探险的气氛，设计了仿月光的景观照明，成为夜间野生动物园的特色。朦胧月色笼罩着茂密的森林，动物们穿梭在热带丛林之中若隐若现，不时地听到丛林里发出一阵阵野兽的叫声，到处充满了神秘之感。

新加坡夜间野生动物园以"开放""野生""探险"为立足点，让游客真正体验到夜间近距离观看野生动物的乐趣，从而更好地宣传野生动物保护知识，增强青少年的自然保护意识。

6.5.4　美国圣迭戈动物园

6.5.4.1　背景

美国圣迭戈动物园始创于 1916 年，因举办巴拿马太平洋国际博览会，在会址巴尔波公园内建成了五个动物展示区和大型鸟舍。博览会结束后，展区内的动物面临去与留的问题。维格弗斯博士提出根据现有资源建立动物园，并成立圣迭戈动物学会对其进行管理。

圣迭戈动物园拥有百年发展历程，先后经历了笼舍陈列、场景展示和生境营造三个不同

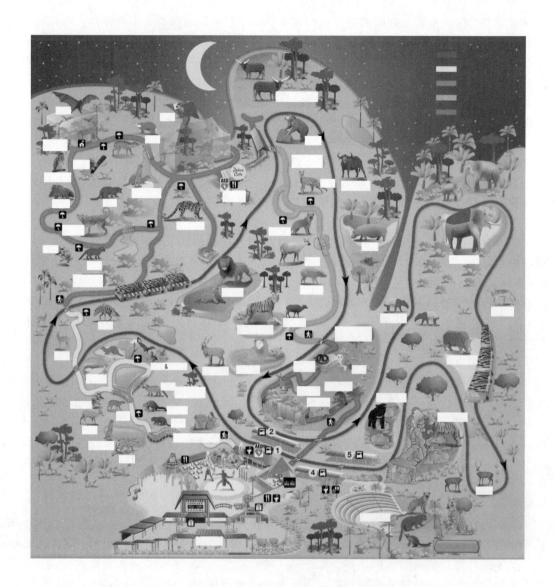

图 6-23　新加坡夜间野生动物园游览路径分布图

的时期。20世纪70年代，人们逐渐认识到生态环境的重要性，圣迭戈动物园为动物们营造原生态环境，促进濒危物种生长繁衍，以保护动物和宣传教育科学知识为使命，积极支持生物多样性和自然栖息地的保护工作。

6.5.4.2　区位

　　圣迭戈动物园位于美国圣迭戈市的巴尔波公园（Balboa Park）内，占地 40hm^2。圣迭戈市是一个山海和沙漠挈带相依、气候温和、拥有自然魅力的城市。该动物园就建在这个地形波澜起伏、绿林环绕的广袤地带。目前园内生活着 3500 多只动物，达 650 余种及亚种。该园同时也是品种繁多的植物园，多达 70 万株植物，这些植物可以用来营造动物的栖息环境，是该园重要的造园要素。

6.5.4.3　设计

　　圣迭戈动物园的规划设计体现了"营造生境"的理念，在有限的空间里，尽可能完整地展现野生动物的原生态环境，给游客全新的体验形式。在圣迭戈动物园里野生动物是主体，人们走进这里仿佛闯进动物的大自然之中，处处充满了野趣。

（1）展区设计

圣迭戈动物园根据野生动物的地理生活环境，模拟了沙漠、岛屿、草原等多种生态环境，将动物园划分为 9 个区域（图6-24），即"非洲岩石（Africa Rocks）""亚洲走廊（Asian Passage）""澳洲内陆（Outback）""探索前哨（Discovery Outpost）""大象奇遇（Elephant Odyssey）""迷失森林（Lost Forest）""北部边境（Northern Frontier）""熊猫峡谷（Panda Canyon）"和"都市丛林（Urban Jungle）"。

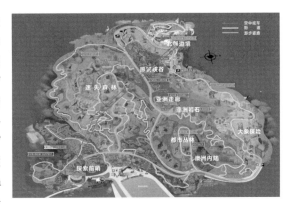

图 6-24　圣迭戈动物园分区和道路组织

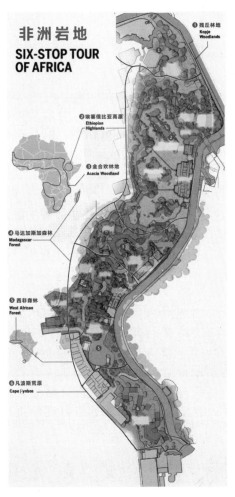

图 6-25　非洲岩地区域
——六个生态主题

其中"非洲岩地"（图 6-25）获得了 2018 年美国动物园与水族馆协会（AZA）的展区突出成就奖，先进的理念和创新的思路展示了真实有趣的大自然景观。它通过六个不同的主题来展现非洲草原生态环境，分别是"残丘林地""埃塞俄比亚高原""金合欢林地""马达加斯加森林""西非森林"和"凡波斯荒原"。

走进"残丘林地"仿佛置身于非洲草原上的残丘之中，这些由古老花岗岩堆隆而起的残丘，经风吹日晒的风化，出现大小不同的洞穴和裂痕，成为岩蹄兔、倭獴等小动物们的居所。

"埃塞俄比亚高原"是非洲具有代表性的高原区域，地势最高，拥有非洲"屋脊"之称。广阔的高原上耸立着一座座火山峰，十分壮观。该园区由抬升的岩石为主体构成，用来展出阿拉伯狒狒、狮尾狒等动物，吸引了大量游客观看游览。

"金合欢林地"的欧文斯鸟舍（Owens Aviary）拥有 28 种非洲鸟类。为了方便游客近距离观察鸟类，鸟舍设有上下两条观览路径（图 6-26）。瀑布从山崖顶飞泻而下，树木繁盛，翠色成林，飞禽环绕其中。放眼望去，到处充满了生机勃勃，别有一番景致，游客来到欧文斯鸟舍仿佛进入了鸟的天堂。

"马达加斯加森林"模拟马达加斯加岛独特的动植物生态环境，在这里用捕鼠树（Madagascar mousetrap tree）、普罗梯亚木（pincushion protea）和猴面包树（baobab tree）等植物营造马达加斯加

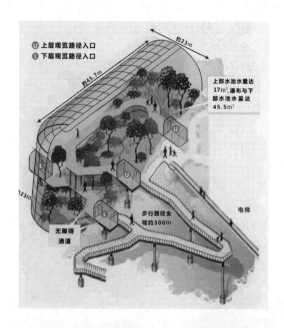

图 6-26　圣迭戈动物园——鸟舍路线示意图

岛景色。马岛獴、蓝眼黑狐猴、红领狐猴和红领美狐猴等动物生活在这里。

"西非森林"是"非洲岩石"中最小的一个主题区，仅由一个瀑布和一个极具特色水池构成，西非侏儒鳄、龟和鱼养在水池之中。"西非森林"虽然面积较小，但是在视觉和听觉上给游客以身临其境的感觉。瀑布从山崖石壁上直泻池中，激起一层层水花向四面飞溅。游人穿过瀑布后的岩洞，轰鸣的水声震耳欲聋，使人们仿佛进入了热带雨林之中。

"凡波斯荒原"是非洲企鹅的发源地，地处非洲最南端，在这一展区企鹅和豹鲨生活在一起。圣迭戈动物园为了方便饲养，用加州本土的豹鲨代替南非鲨鱼。圣迭戈动物园能根据区域的实际情况进行合理规划，设计出南非开普敦卵石海岸，游客通过水下观察窗观看，深水景象如梦幻般令人陶醉。

（2）路线设计

圣迭戈动物园的参观路线设计主要包括三条：一是空中缆车，该缆车自西向东穿越整个园区，让游客能够从高空中俯瞰全部园景；二是车行道，包括前街（Front Street）、公园路（Park Way）、中心大街（Center Street）和树梢路（Treetops Way），园区导览的双层巴士，途径75％的园区，车上配有专业讲解，方便游客快速游览和了解整个园区；三是步行道路，该园根据漫步游览动物园的设计理念，步行道路分布在各个展示区之中，游客在步行时既可充分体验多样的生态环境，又可近距离观看来自世界各地的动物。

6.5.4.4　评价

圣迭戈动物园以保护动物为使命，模拟动物原生栖息环境，营造了九个不同生态区域，充分展示了动植物的多样性。这些动物来自世界各地，如非洲、亚洲、澳大利亚等地。它们拥有不同的生态环境，运用所在地的原生植物进行营造景观。在这里游客不仅能够领略到不同的地域风情，而且能够感悟到保护野生动物的重要性。圣迭戈动物园激发了人们对大自然的热爱，并去拯救世界各地的濒危物种。

6.5.5 墨尔本动物园

6.5.5.1 背景

澳大利亚墨尔本动物园始建于1857年，它是澳大利亚历史最长的动物园，同时也是世界三大古老的动物园之一。墨尔本动物园现在隶属于"维多利亚保育动物园"的管理机构。该机构由三个动物园组成，除墨尔本动物园以外，还包括华勒比野生动物园（Werribee Open Range Zoo）和希尔斯维尔野生动物保护区（Healesville Sanctuary）。墨尔本动物园以伦敦动物园为原型，在墨尔本皇家公园占地22hm²的土地上进行开发。现在墨尔本动物园以动物保护和教育为宗旨，随着时代的发展，墨尔本动物园不断进行改革和创新，把动物、环境和文化教育相结合，使人们认识到自然环境健康发展的重要性，使人们更加关爱动物和自然环境。

6.5.5.2 区位

墨尔本动物园位于墨尔本市区，距离墨尔本市中心以北3km处。目前动物园内的动物占澳大利亚动物的15%，动物的种类有350种。除了澳洲本土动物考拉和袋鼠外，还有世界各地的珍禽异兽。此外，动物园内还种植了超过2万种以上的植物，争奇斗艳，生机勃勃。在园内怡人的自然环境中，游客可以观赏老虎在林中漫步，猴子在树林中攀越穿行，也可以观看世界稀有的蝴蝶屋，或是去大象园区观看亚洲象。这里的人、动物和自然环境的关系被处理得和谐自然。

6.5.5.3 设计

墨尔本动物园规划设计以沉浸式互动体验为特色，动物环境设计别具匠心。墨尔本动物园里的植物花卉品种繁多，数以千计，可以称它是"植物园中的动物园"。来自世界各地的植物营造了不同的生态环境，使动物们尽可能地生活在原始生态环境之中。墨尔本动物园分为七大板块，分别为澳大利亚丛林区（Australia Bush）、动物成长区（Growing Wild）、大象小径（Trail of the Elephants）、猩猩丛林（Gorilla Rainforest）、海洋动物区（Wind Sea）、狮子峡谷（Lion Gorge）、爬行动物区（Frogs & Reptiles）。

① 狐猴园隧道设计　随着社会经济的发展，墨尔本动物园设计也在不断发展和更新，其中狐猴园是UI（Urban Initiatives）、OLA和动画设计公司合作建成（图6-27）。设计师们在墨尔本动物园完成了雨林入境体验区，创造了一个引人入胜的"穿行"体验空间。入口是竹藤编织而成的隧道（图6-28～图6-30），对游览者产生了心理暗示，让游览者对狐猴园充满了期待与神往。游览者穿过隧道，来到狐猴生活的热带雨林栖息地，这里的种植和景观材料的设计，引用了马达加斯加的多刺林和茂密的热带雨林。这些纯天然的建筑形式丰富了景观，为人们提供了一个充满趣味性的游览环境。

② 狐猴园"果子连廊"设计　狐猴展览园内建筑"果子连廊"富有表现力和感染力，采用马达加斯加风景的自然形式，为动物们和游客提供优美的环境。"果子连廊"由7个"荚"树屋组成，建立在钢平台基地上（图6-31～图6-33）。这些树屋由钢结构来承重，外部是由天然材质的藤编制而成的围墙。通常游客站在展览区外游览观赏，而在这里可身临其境地体验到热带雨林的风光。通过架起的桥梁和木板路走进树屋。"果子连廊"树屋是绝佳的赏景位置，游客可以观赏狐猴嬉戏的场景。

③ 路线设计　墨尔本动物园根据生态种类进行展区规划设计，游览参观路线以展区分布形成串联式道路，整个道路系统简单易行（图6-34）。每个展区只有一条参观路线，虽然游览道路蜿蜒曲折，但是沿着这条路线可以游遍全园。在参观路线上，设计了独立的展览空

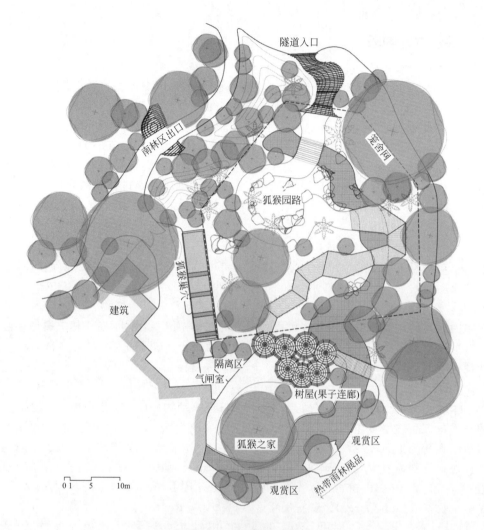

隧道入口

南林区出口

笼舍圈

狐猴园路

狐猴巢穴

建筑

隔离区

气闸室

树屋(果子连廊)

狐猴之家

观赏区

热带雨林展品

观赏区

0 1   5   10m

图 6-27　狐猴园平面图

图 6-28　入口隧道效果图

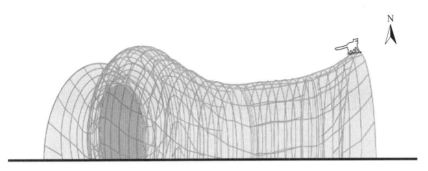

图 6-29　入口隧道西立面图

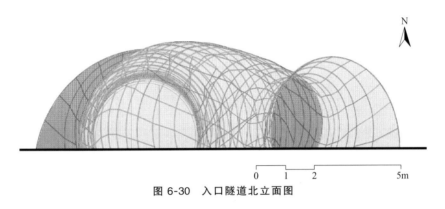

图 6-30　入口隧道北立面图

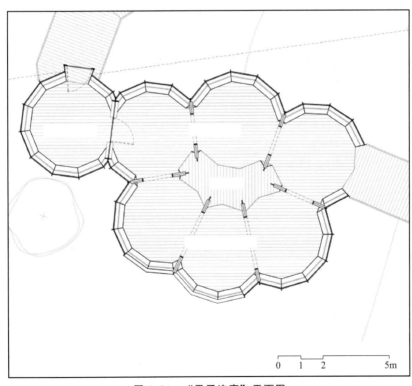

图 6-31　"果子连廊"平面图

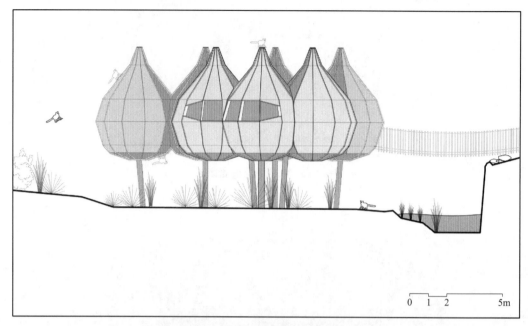

图 6-32 "果子连廊"南立面图

图 6-33 墨尔本动物园——"果子连廊"设计

间，其功能用于人群集散，来展示当地的民族文化。墨尔本动物园内的道路与展览区融合在一起，在设计形式上没有明显的划分，游客可以身临其境地体验这个有趣的动物世界。通过引导和限制游客的视线，使游客在有限的空间内产生开阔的视觉感受。

6.5.5.4 评价

墨尔本动物园结合原有地貌和植被等自然条件，根据动物的生态类型进行规划设计。该园为动物们营造了不同的生态区域，充分展示了生物的多样性。当游客走进墨尔本动物园，会被美丽的动物和茂盛的植物所吸引，色彩缤纷的蝴蝶屋、妙趣横生的儿童乐园，既迷人又具有教育意义。

墨尔本动物园以动物保护为使命，把保护工作和社会教育结合在一起，该园在宣传教育方面独具特色，用"故事"形式来宣传展览，让游客产生浓厚的兴趣，使游客获得多方面的体验。

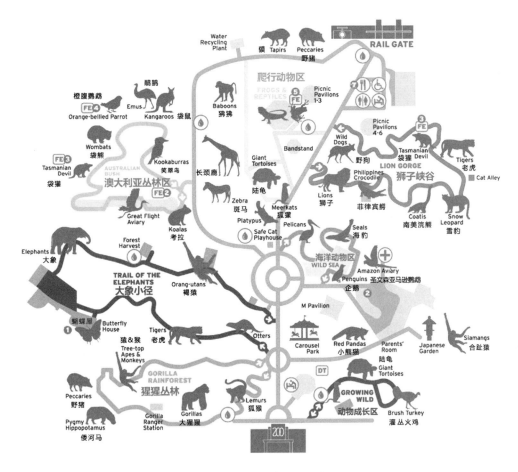

图 6-34　墨尔本动物园路线图

课程思政教学点

教学内容	思政元素	育人成效
新加坡夜间动物园	生态理念	引导学生了解动物园不再单纯是珍奇动物嬉戏游乐的地方,而是一个拯救和保护动物的地方。动物园设计中要贯彻生态理念,有可持续的生态保育设计思维
巴黎动物园的展览场景创作	创新理念	引导学生了解设计师如何利用新技术来进行展览场景创作,使人们更好地感知动物世界,从多角度游览观赏动物园,展示出设计中的创新理念

第 7 章　植物园的规划设计

7.1　植物园概述

7.1.1　植物园的概念与功能

植物园（botanical/botanic garden），顾名思义是种植植物的园地，但与一般的公园不同，植物园更注重研究和植物科学的普及，因此，植物园又是植物学研究基地，具有植物学研究成果展出的功能，使人们在参观、游览中学习，进而获得植物学相关的知识。

陈植先生在《造园学概论》第四章中把植物园定义为"胪列各种植物聚植一处，以供学术上之研究及考证者也"。

国际植物园协会（International Association of Botanical Garden，IABG）是世界性的国际组织，旨在促进植物保护、可持续发展及环保教育，其最早对植物园的定义是"向公众开放的、其内的植物标有铭牌的园地"。

成立于 1987 年的植物园国际保护组织（Botanic Gardens Conservation International，BGCI）是世界上最大的植物多样性保护机构，BGCI 将植物园定义为"拥有活植物收集区，并对植物区内的植物进行记录管理，使之可用于科学研究、保护、展示和教育的机构"。

在我国《城市绿地分类标准》（CJJ/T 85—2017）中，植物园是公园绿地的一个部分，其分类号为 G132，是"具有特定内容或形式，有相应的游憩和服务设施"的专类公园，其概念为"进行植物科学研究、引种驯化、植物保护，并供观赏、游憩及科普等活动，具有良好设施和解说标识系统的绿地"。

《风景园林基本术语标准》（CJJ/T 91—2017）对植物园的定义为"进行植物科学研究和引种驯化，并供观赏、游憩及开展科普活动的绿地"。

由以上定义可看出，植物园的概念和内涵是逐渐扩展丰富的，通过对现代植物园的系统认知可将植物园的功能特征概括为品种展示与科普、科学研究、品种收集、科研交流、休闲娱乐等五个方面。

① 品种展示与科普　科普是植物园工作重心之一，通过适当的植物铭牌进行活体植物展示，其作用是使游人认识植物并了解相关植物学知识。一些植物园会按照社会需要和年龄层次而自发不定期组织各项科普工作，达到环境教育的目的。为确保植物园展示与科普工作的顺利进行，植物园在运营时要有一系列编号、登记、鉴定、观察、记载、栽培试验等过程，每株植物都有自己的身份信息，并按所属分类位置定植在园地，挂上铭牌。例如美国费城长木植物园（Longwood Gardens）就设立了专门的植物登记部门专司此职。

② 科学研究　植物园经常作为许多引种驯化单位的原材料供应基地。植物园在获得大量野生植物之后，首先鉴定其品种，确定其名称，然后分次繁殖以防止失败，在繁殖过程中定期观察和记载其生长情况，化验其可用成分，接着进行一系列引种的程序，并发表大量的科学论文报道其引种成果。国内外许多附设在大学里的植物园，招收研究生进行许多科研目的研究工作并授予学位，如纽约植物园、牛津大学植物园、浙江大学植物园等。植物研究所附设在植物园内的也有，如英国邱园、北京植物园。相反，植物园设在植物研究所内也很多，如中国科学院植物研究所北京植物园（图 7-1）、南京中山植物园等。

以南京中山植物园（图7-2）为例，其前身是建立于1929年的中山先生纪念植物园及1934年的动植物研究所。1954年，中国科学院植物分类研究所华东工作站接管并重建了南京中山植物园，将其定名为中国科学院南京中山植物园。1960年成立中国科学院南京植物研究所，开始了植物园与植物研究所"园、所一体"的体制。其研究系统包括江苏省植物资源研究与利用重点实验室、植物多样性与系统演化研究中心、药用植物研究中心、经济植物研究中心、观赏植物研究中心、植物生态研究中心、天然产物化学研究中心等多个机构。

图7-1　中国科学院植物研究所北京植物园　　　图7-2　南京中山植物园欧洲花卉展

总之，植物园以大量的活体植物为优势，配备了研究机构、图书馆、标本馆等功能，形成多位一体的植物学研究的重要基地。

③ 品种收集　由于科学研究、科普和展示需要，植物园需要进行一定的品种收集工作。收集的对象包括野生品种及栽培品种，需按一定的科学依据在收集区分类种植。丰富的野生植物为满足不同行业和领域所需的育种、栽培提供了充足的素材，而经人工选种、引种、培育而成的栽培品种因表现出较佳的性状而成为植物园景观营造的重要组成。

④ 科研交流　植物园会与其他植物园、研究机构、组织和公众定期进行信息交流，在地区、国家或国际层面上形成了一些战略合作的公益联盟，如中国植物园联盟、国际植物园协会、植物园国际保护组织等机构。

中国的植物园联盟（以下简称联盟）是在中国科学院、国家林业和草原局、住房和城乡建设部及环境保护部的支持下，由中科院植物园工作委员会联合中国植物学会植物园分会、中国公园协会植物园工作委员会、中国野生植物保护协会迁地保护委员会、中国环境科学学会植物环境与多样性专业委员会、中国生物多样性保护与绿色发展基金会植物园工作委员会以及东亚植物园网络共同倡议，按照自愿参加的原则而成立的在国内植物园（树木园、药用植物园）间开展战略合作的公益性组织。联盟旨在联合成员单位，通过推进全国植物园的规范化建设和有序发展，逐步完善我国植物园布局，推进植物园间物种资源、信息的共享与人员技术交流，促进中国植物园体系建立和创新能力的提升，服务于生态文明发展和创新型国家建设。

⑤ 休闲娱乐　除了科研教育功能外，植物园作为城市公园的一部分还承担了公共游览和休闲娱乐的功能，丰富美好的植物景观辅以科学内涵的科普起到了寓教于游的作用，也是居民放松身心、消遣休憩的目的地之一。

7.1.2　植物园发展史

7.1.2.1　国外植物园发展史

西方植物园的雏形是中世纪修道院中僧侣们建起的药草园，修道士在花园里的体力劳动被认为是一种奉献，潜心研究药材能使他们获得满足感，这时的药草园有两个主要的用途，一方面是作为医疗花园（infirmary garden）用来种植药用植物，另一方面是用作栽植经济作物的厨房花园（kitchen garden）。到了文艺复兴时期，药用植物园逐渐发展成型，公元13世纪的意大利天主教圣加拉诺（San Galano）修道院修建了专门的药用植物园，其他修道院都纷纷效仿。

植物园这个词源于欧洲，是欧洲文明的一部分，随着欧洲植物学的发展而形成。从其最早产生之时，植物园就是植物学和园艺学的结合。最古老的科学意义上的植物园最早出现在16世纪的意大利，分别是1543年建立的比萨植物园（Orto botanico di Pisa）和1545年建立的帕多瓦植物园（Botanical Garden Padua），后者是帕多瓦大学为满足教学所需而建。比萨植物园在1591年从原址迁至当前的位置，所以学界普遍认为帕多瓦植物园是在原址保留至今最古老的植物园。帕多瓦植物园的平面图具有强烈几何造型的特征，4个规则式正方形种植池围合在十字交叉道路系统中，与中世纪内庭花园格局一致并保存至今。

此后，一批科学意义上的植物园如雨后春笋般在欧洲大地涌现：

德国在1580年建立的莱比锡植物园（Leipzig Botanical Garden）是德国最古老的植物园，由莱比锡大学管理。

荷兰王国的第一座植物园是莱顿大学植物园，由植物学家科罗卢斯·克鲁斯（Carolus Clusius）在1592年亲自为学校建立，这座花园还是培植荷兰引进的第一株郁金香的地方，并且这里仍保留有最纯种的没有任何基因改造过的，与1593年引进时完全一样的郁金香品种。

法国巴黎植物园（Jardin des Plantes Garden of Plantes），建于1635年，是路易十三王朝时代开辟的"皇家草药园"，直到路易十四时代扩大范围，收集、种植世界各地的奇花异草，成为一座皇家植物园，前后历时50余年。

1621年，英国建立了第一个植物园——牛津大学植物园（Oxford Botanic Garden），它是由亨利·丹佛斯（Henry Danvers）和其后的厄尔利·丹拜（Earl Danby）创建的"药圃"发展而成，当时只是作为药学院生产药草用的。1670年建立爱丁堡皇家植物园（Royal Botanic Garden Edinburgh），1673年建立切尔西药用植物园（Chelsea Physic Garden），1759年在伦敦建立邱园（The Royal Botanic Gardens, Kew），1762年建立剑桥植物园（Cambridge University Botanic Garden）。英国在全世界范围内开展了大规模植物标本收集、植物资源引种的工作。

俄国在1713年建立彼得堡药物园（现圣彼得堡植物园，Saint Petersburg Botanical Garden），植物园隶属于俄罗斯科学院科马洛夫植物研究所（Komarov Botanical Institute of the Russian Academy of Sciences）。以后又相继建立了克里米亚尼基塔植物园（Nikita Botanic Garden）、黑海苏呼米植物园、高加索巴图米植物园等。

美洲最早由美国于1891年成立纽约植物园（New York Botanical Garden）。

大洋洲由澳大利亚于1949年建立堪培拉国家植物园（图7-3），以后又相继成立悉尼皇家植物园（Royal Botanic Garden Sydney）、墨尔本皇家植物园（Royal Botanic Gardens Melbourne）、塔斯马尼亚皇家植物园（Royal Tasmanian Botanical Gardens）、阿特立德植物园和帕司植物园。

亚洲较早的植物园是日本小石川植物园，植物园可追随到贞享元年（1684年），它是日本最古老的植物园，原为德川幕府在小石川的别邸及御用药草园，1877年东京帝国大学城里，药草园成为大学附属设施，作为植物园对外开放。

印度加尔各答国家植物园（Kolkata Botanic Garden）成立于1787年，由当时英国殖民政府陆军上校罗伯特·凯迪建立，当时是东印度公司为收集亚洲植物而建立的。1890年由英国人乔治·金男爵规划并在此成立印度植物研究院。

1859 年，新加坡建立第一个新加坡"植物学实验园"——新加坡植物园（Singapore Botanic Gardens，图 7-4），它也是新加坡首个联合国教科文组织世界文化遗产。

图 7-3　堪培拉国家植物园　　　　　　　图 7-4　新加坡植物园胡姬花园

据不完全统计，目前全球的植物园总数已经超过了 3000 个。

7.1.2.2　中国植物园发展史

公元前 138 年，汉武帝刘彻扩建长安城上林苑，栽植 2000 多种各地所献珍贵果树、奇花异草，可以说是世界上最早的植物园雏形。宋代司马光所著《独乐园记》中提到的"采药圃"，已类似现代的药用植物园。

植物园作为现代科学的产物，是在 20 世纪 20～30 年代随着现代科学技术由西方传播到中国。我国现代植物园的建设始于 20 世纪初。

1949 年中国科学院成立后，中国植物园建设开始蓬勃发展。1965 年以前，我国恢复并新建植物园 36 处，其中一部分隶属科学院，是为满足科研需求而建；一部分为满足城市绿化的需要而建；一部分是各大专院校为教学所建；还有不少为满足专业研究的需要而设立的药用、沙生、竹类、耐盐类等专类植物园。1976 年后，出于对植物资源利用的需要和对保护生物多样性的重要性和迫切性认识的提高，植物园如雨后春笋般在各地蓬勃发展起来，大多数都对外开放。截至 2017 年，我国的 190 多个植物园现有本土植物 288 科、2911 属，约 2 万种，分别占我国本土高等植物科的 91%、属的 86%、物种数的 60%。植物园成为科普教育、知识传播、教育培训的重要基地，对于提高全民的科学素养、培养科学精神、学习科学方法、唤起环境与生物保护意识发挥着重大作用。

7.2　植物园的分类

7.2.1　按照从属关系分类

按照植物园从属关系，植物园可分为以下四种类型。

① 科学研究单位的植物园　这类植物园多侧重于科学研究工作，如各科学院、研究所、试验站等单位建立的植物园。

② 高等院校的植物园　这类植物园的建设多为满足教学的需求或提供研究用材，如农林院校、医药学院附属的植物园。

③ 公立植物园　即国家、省、市政府部门直属的植物园，如英国、丹麦、挪威等国皇家建立的植物园，美国州立植物园，中国的北京植物园、上海植物园等。这类植物园服务对象比较广泛，经费由国家或当地直接负担，规模一般较大，功能较完善。

④ 私人经办或公私合营的植物园　如美国杜邦财团掌门人皮耶杜邦（Pierre du Pont）的长木植物园（Longwood Gardens）。

7.2.2　按照主要展示内容分类

按照植物园内容和特色的不同，植物园可分为以下四种类型。

① 按照植物分类理论规划的植物园　一些较古老的植物园用植物分类学理论为指导，如英国邱园，瑞典乌普萨拉为纪念瑞典生物学家卡尔·林奈乌斯（Carl Linnaeus）并展出其所创分类体系而建的林奈植物园也属于这一类型。一些植物园按科、属或分类栽植大量引种植物，如专门搜集松属植物的美国加州埃迪树木园（Eddy Arboretum）、收集裸子植物的美国俄勒冈州霍伊特树木园（Hoyt Arboretum）、专门引种槭树属品种的韩国美林植物园等。

② 收集某种特殊生态习性植物展示特定生境的植物园　如重在收集亚热带山地植物的瑞士日内瓦的高山植物园、中国庐山植物园，专门搜集抗旱、耐盐植物的澳大利亚阿德莱德植物园（Adelaide Botanic Garden，图 7-5），以水生植物为特色的中国武汉植物园，以沙生植物为主的甘肃民勤站的沙生植物园。

图 7-5　澳大利亚阿德莱德植物园

③ 以展示植物地理为特色的植物园　为表示植物地理分布情况，植物园内按世界地理区划分别种植各地区代表性植物，如德国柏林大莱植物园（Berlin-Dahlem Botanic Garden）、中国上海辰山植物园等。也有一些植物园只收集某一地区植物作为研究对象，如专门收集喜马拉雅山植物的苏格兰圣安德鲁斯大学植物园（St Andrews Botanic Garden）、重点收集澳大利亚植物的美国阿卡迪亚植物园（Arcadia Botanic Garden）等。

④ 以特定类型植物为特色的植物园　一些植物园主要引种或收集一类或几类特殊类型的植物，如我国广西、北京、贵阳的药用植物园，搜集野生草本花卉为主的美国印第安纳植物园（Indiana Botanic Gardens），德国和匈牙利还有以栽培谷类和豆类为主的植物园。

7.3　植物园规划设计要点

7.3.1　植物园规划原则与要求

植物园规划是在遵从城市总体规划和绿地系统规划的大框架指导下，体现科研、科普教育、生产、娱乐等功能，因地制宜地安排服务设施和植物分区，使全园具有科学的内涵和园林艺术的外貌，具体规划要求如下。

（1）自然性原则

植物园的规划设计在服从城市总体规划的基础上，应综合考虑当地土壤、地形、地貌、水源、气候等自然条件。

植物园建设用地面积较大，一般会选址在市郊地形地貌较为丰富的地方。丰富的地形便于形成多样的小气候环境，作为不同植物生长的生境，便于合理安排植物分区，如郑州植物园就巧妙利用了基址原有的三条多年人工取土和雨水冲击自然形成的干沟作为分区规划的依据，融合河南作为中华农耕文明发祥地的历史文脉，将三条沟打造为三条农耕文明发祥地的历史渊源，分别为"植物进化之路""人类引种驯化之路"和"园艺栽培之路"，以此形成植物园主题"自然之树，文明之花"。

当现状地形多样性较低时，为丰富园区景观体验，在设计时可基于现状地形，在最大限度保护原有生态环境的原则下进行园区山水骨架的构建。

自然界中的植物群落是稳定而平衡的，植物园规划设计过程中要模拟自然植物群落的自然生境及生态系统特征，使受保护物种在有效的人为干预下能够完成植物个体和群落生活史，形成维系群落演替的相对稳定的近自然系统。

（2）地域性原则

世界上植物园的数量与日俱增，因此在规划设计时要秉承地域性原则以创造出独具地域特色的植物园，可从当地的乡土植物、文化特色、景观特征等因素进行考虑。

我国幅员辽阔，不同区域都有其特有的乡土树种，各地乡土植物在不同地域展现出各自的优势、特色和功能，共同构成了国土范围植物景观的多样性特征。例如我国西安植物园就很大程度上利用了秦岭植物作为景观主体，中科院昆明植物园主要展示西南地区植物，中科院华南植物园主要展示热带植物等。因此，新建植物园应结合我国的植物园分布和网络体系找寻适合地方特征的定位，如重点收集本植物区系内代表性种，以展示区系植物特色，特别要重视当地珍贵、稀有、濒危植物的搜集、保存、展示和繁育，并宣传其保护的重要性。

此外，每个地方都有自己的文化特征与文化元素，在设计植物园时也要适当融入地域文化进行分区布置、人文景观资源配置、景观建设和馆室设立作为景观亮点，来增加植物园的个性与可识别性。

（3）可持续原则

植物园的可持续发展主要表现在保护和加强环境系统的生产和更新能力方面，不超越环境、系统更新的承受能力，同时要进行经济、节约、可持续的发展。具体体现在以下四个方面。

① 规划设计师要根据植物的生态习性，结合不同地形环境中的小气候进行植物种植规划。

② 建筑及温室设计除了要考虑基本功能和建筑外形以外，还要考虑日常运营和后期维护的成本，通过节能环保材料的使用保证其低碳高效运行。

③ 要以水资源的循环利用为出发点进行雨水收集系统、中水处理与再利用系统的构建，将景观用水、灌溉用水、生活用水分类管理，做到截留减排。

④ 植物园建设全面考虑近远期结合，留有足够发展余地。

（4）人本位原则

植物园从本质上是服务于游客的，如果只注重空洞的植物学理论和形式而脱离了人的感受和需求，这样的规划设计作品只是徒有躯壳，不能给使用者提供便利，让人置身其中无法体会到自然科学的秩序和植物景观的美感。

因此不论是景观、科普、游憩都要满足人们的需求，如园路系统、标识系统、科普系统、建筑小品及餐饮娱乐设施的科学性、便利性、合理性都要加以重视，也要注意植物园景观感官体验的差异化打造，从趣味性、亲水性、互动性等方面满足不同使用者和各年龄阶段人群的使用需求。

（5）规范性原则

植物园在我国的公园绿地中属专类公园，因此其规划设计必须符合国家现行相关规定，如《公园设计规范》（GB 51192—2016）。

此外，按照我国住房和城乡建设部标准定额司要求，由杭州园林设计院股份有限公司和上海市园林设计院有限公司牵头起草的行业标准《植物园设计规范（征求意见稿）》意见正处于制订、修订环节，规范将适用于新建、改建、扩建的植物园设计。

（6）科学性原则

植物园应根据性质与分类的不同，合理安排功能布局，确定科研及科普设施的规模，明确植物搜集的范围和名录，并且要满足植物物种多样性的要求。

7.3.2 植物园规划设计环节

植物园规划设计首先要确定建园的目的、性质、任务及大概的用地量，然后从以下五个方面进行考虑。

7.3.2.1 选址

一般来说，植物园选址应以已批准的城市总体规划和绿地系统规划为依据。

从市政设施建设情况来看，植物园应具有便利的交通，与周边公共交通体系有较好的衔接关系，给排水、电力、通信、燃气等基础设施的供应都应有充分保障。

从自然条件来看，影响选址的因素包括地形、水源、土壤等。植物园宜选择地形地貌丰富多样的基址，起伏多变的地形空间适宜创造多种小气候，其中的平坦区域是实验区、管理区、展览区、核心活动区的主要建设范围，宜占拟建设用地总面积的30%以上。植物园的灌溉和水生植物种植的需求使得选址要有水质良好的充足水源。土壤条件影响了园中植物未来的生长情况，因此土质也是选址考虑的重要因素，理想的要求是土质应肥沃疏松，排水良好，有机质丰富，无病虫害。

从气候条件来看，园址所在地的气候要能代表附近较广泛的地区，不应处于特异的或艰难的气候条件下，降雨量、湿度、日照、风向、无霜期等气象资料在选址时也要参考。

从自然灾害发生情况来看，植物园选址应避开洪涝、滑坡、崩塌、岩堆等地质条件不良以及环境受到污染的区域。

7.3.2.2 确定规模

植物园的规模可根据各地经济实力和实际需求等情况来确定。《植物园设计规范（征求意见稿）》中按照陆地面积大小的差异将综合性植物园划分为小型综合植物园（20hm² 以下）、中型综合植物园（20~50hm²）和大型综合植物园（50hm² 以上）三类，专类植物园面积未做具体规定。《公园设计规范》（GB 51192—2016）认为植物园面积宜大于40hm²，专类植物园面积宜大于 2hm²。

植物园内部用地可分为四大项，分别为园路及铺装场地、管理建筑、游憩建筑和服务建筑、绿化用地，各类用地所占比例因园区陆地面积的不同而有不同要求（表7-1）。

表 7-1 植物园内部主要用地比例

陆地面积 /hm²	园路及铺装场地	用地比例/%						绿化用地比例
		管理建筑			游憩建筑和服务建筑			
		配备温室	科研建筑	其他管理建筑	展览温室	科普教育建筑	其他游憩建筑和服务建筑	
2~<5	10~20	—	—	<1.0	—	<3.0	<4.0	>70
5~<10	10~20	—	—	<1.0	—	<2.0	<3.5	>70

陆地面积/hm²	用地比例/%							
	园路及铺装场地	管理建筑			游憩建筑和服务建筑			绿化用地比例
		配备温室	科研建筑	其他管理建筑	展览温室	科普教育建筑	其他游憩建筑和服务建筑	
10~<20	10~20	—		<1.0	—	<1.5	<3.0	>75
20~<50	10~20	—		<0.5	—	<1.5	<2.0	>75
50~<300	5~15	<2.5	<0.25	<0.25	<2.0	<1.0	<1.5	>75
≥300	5~15	<2.0	<0.25	<0.25	<1.5	<1.0	<1.0	>78

注：1. 试验生产苗圃、检疫苗圃等用地计入绿化用地。

2. 表中"—"表示不做规定。

3. 引自《植物园设计规范（征求意见稿）》。

7.3.2.3 分区规划

植物园内分区按照功能和受众的不同可分为入口区、植物展示区，自然保育区，科研试验、引种、生产区，园务管理区四个部分（表7-2）。

表 7-2　植物园功能分区

功能区		大型综合性植物园	中型综合性植物园	小型综合性植物园	专类植物园
入口区		●	●	●	●
植物展示区	系统分类区	●	○	○	○
	露地专类园	●	●	●	○
	展览温室	○	○	○	○
自然保育区		●	○	○	○
科研试验、引种、生产区	科研区	●	●	○	○
	配备温室	●	○	○	○
	试验生产苗圃	●	○	○	○
	检疫苗圃	●	○	○	○
园务管理区		●	●	●	●

注：1. "●"表示应设；"○"表示可设。

2. 配备温室包括生产繁殖温室、科研试验温室、检疫温室等。

3. 引自《植物园设计规范（征求意见稿）》。

（1）入口区

根据城市道路、植物园规模与布局确定主次出入口，应以不同方向连接城市道路；主要出入口应与城市交通和游人走向、流量相协调。游览出入口宜与科研、管理、生产出入口分开设置，游览出入口集散场地面积下限指标应以植物园游人容量为依据，不宜小于 $0.05m^2$/人。出入口根据游人量合理安排机动车、非机动车林荫停车场，不得占用植物园出入口内外广场。

（2）植物展示区

在植物展示区内会根据植物的植物学特性、分类学特性、进化培育特性或者观赏特性、功能特性来确定不同的布置方式，并根据相应主题进行景观策划，分为系统分类区、露地专类园和展览温室。分类园、专类园或温室展厅内植物景观布局的依据有以下六类。

① 根据植物进化系统或分类系统布局分区　依据植物进化和分类系统进行布局的方式可应用于植物园中的一个专类园，也可以作为整个植物园景观策划和布局的线索，或称系统园、树木园，反映了植物界由低级到高级发展进化的过程。它可以以纲、目、科、属、种等任何等级上的一个分类单位为构建依据，目前运用较多的分类系统有恩格勒系统、哈钦松系统、克朗奎斯特系统、塔赫他间系统等，我国植物学家郑万钧构建的分类系统在国内植物园设计中也常有应用。

植物进化系统展示区对于了解植物分类和进化科学，认识不同目、科、属的植物提供了良好的场所，因此构建此区时可采用室内室外相结合的展览方式来宣传植物进化知识，展馆内可以模型、图片、影像资料来展示植物的进化发展过程。

② 按照植物地理分布布局分区　这类布局方式是以植物地理学为基础，以植物原产地的地理分布和植物区系分布原则进行布置，收集某一地区或某些地区的植物。这类展示区的目的往往是要增进人们对某一批地域性植物种类、植被类型以及它们赖以生存的自然地理条件的认知，来加深对各国各地植物资源的了解和重视。

德国柏林大莱植物园（Berlin-Dahlem Botanic Garden）就是按照植物地理区系规划，分别栽培了代表欧洲、亚洲、大洋洲、美洲和非洲的植物，堪称是世界植物区系的缩影。俄罗斯科学院莫斯科总植物园（Moscow's sprawling Botanical Garden）中的植物区系展览区按照地理分布分为 5 个区，分为苏联欧洲部分植物区系、高加索植物区系、中亚植物区系、西伯利亚植物区系以及远东植物区系。

③ 按照植物生态习性和植物类型布局分区　此类布局是按植物的生态习性、植物与外界环境的关系和植物间相互作用布置而成。

一些植物园的展览区把植物按照其生活类型的不同进行分区布局，如分为乔木区、灌木区、藤本植物区、多年生草本区、球根植物区、一年生草本植物区等，采用这类分类布局方法的植物园有美国哈佛大学阿诺德植物园（Arnold Arboretum）、俄罗斯圣彼得堡植物园。

自然界中存在一系列在不同地理环境和气候环境下形成的各种各样的植物群落，这些植物群落被称为植被类型。大多数植被类型专类区是为了保护展示乡土植被而建立的，对指导自然生境的重建和恢复有一定的科学意义。

④ 按照植物生长所处生境类型布局分区　土壤、光照、水分、温度等环境因子影响植物的生长，在植物园设计中常会通过运用适合在同一生境下生长的植物造景来体现某一生境独特的植物景观，来突出不同的生境主题。

根据植物对水分的适应性不同，可以将其分为水生植物区、湿生植物区、中生植物区、旱生植物区；根据植物对土壤的不同要求，可分为岩生植被区、沙生植被区、盐生植被区等；根据光照和温度条件的不同，可分为阴生植物区、高山植物区。

⑤ 按照亲缘相近原则布局分区　将同属或同种的亲缘相近的植物放在一起进行展示而形成特定的植物专类区，为延长观赏期丰富景观效果，有时也会引入其他同科、同亚科中观赏特征相似、亲缘关系相近的种。

这类专类区的主题植物往往会突出特定季节的季相景观，如梅园、牡丹芍药园、月季园、海棠园、槭树园等。

⑥ 按照其他特征布局分区　植物园中一些专类园以植物的观赏特征或经济价值为主体进行策划布局，常见的有芳香园、彩叶园、草药园、油用植物专类园、香料植物专类园等。

（3）自然保育区

在一些植物园范围内，有当地代表性自然生态系统、野生植物物种天然集中分布、有特殊意义的自然遗迹等保护对象所在的地域划出一定面积予以保护和复育的区域，被称为自然保育区。这一反映当地植物区系的原有自然植被典型群落的面积不宜大于总用地面积的 30%。自然保育区不宜对外开放，可以设满足科研需求的游步道系统，不应建设与保育无关的建筑和设施。

（4）科研试验、引种、生产区

科研试验、引种、生产区一般不对游客开放，其内容由科研区、配备温室、实验生产苗圃、检疫苗圃等内容构成。

科研区、配备温室和试验生产苗圃宜集中设置。其中苗圃用地应地势平坦、土层深厚、水源充足、排灌方便；检疫苗圃应与周围进行有效隔离；国外引种的植物必须经过检疫苗圃、检疫温室进行隔离检疫，在检疫合格后方可移入植物展示区。科研实验与生产区应选址在远离主要植物展示区的独立区域，但需保证交通畅通。

（5）园务管理区

一般情况下，植物园与城市之间常有一定距离，为给工作人员提供便利，园区内应规划解决生活和服务问题，主要内容包括宿舍、食堂、商店、急救室、仓库、车库、托儿所等设施。园务管理区应依据园区规模和管理人员配置合理布局，宜集中布置。一般宜设置在交通便利、相对独立的区域，可与入口区结合设置。

7.3.2.4 道路规划

各展示区块的空间布局应保证游览的系统性、灵活性和可选择性，游览路线应合理便捷。植物园园路设计应以植物园的性质和规模为依据确定园路面积比例和园路宽度，满足园区游人量和景点容量需求（表7-3）。园路分级应根据植物园实际情况确定，宜分为主路、次路、支路和小路，可设自行车专用道，主、次路应满足无障碍通行。园路应避开生态敏感区域，合理使用架空栈道、汀步、拱桥等，构建生物廊道。

表7-3 园路宽度

园路级别	植物园规模		
	$<20hm^2$	$20\sim50hm^2$	$>50hm^2$
主路/m	3.0～5.0	4.0～7.0	5.0～7.0
次路/m	—	2.5～4.0	3.0～5.0
支路/m	1.2～2.0	1.5～2.5	1.8～3.0
小路/m	0.9～1.5	0.9～1.5	0.9～1.8
自行车专用道/m	2.5	2.5	2.5

注：引自《植物园设计规范（征求意见稿）》。

7.3.2.5 建筑规划

植物园建筑设计应符合适用、经济、绿色、美观的设计原则，建筑形式和风貌应与植物园总体环境协调。园内建筑类型可分为游憩服务建筑和管理建筑两大类，前者包括展览温室、科普教育建筑、其他游憩建筑和服务建筑等，后者包括配备温室、科研建筑、其他管理建筑，具体建筑类型见表7-4。

表7-4 植物园主要建筑类型

建筑分类		主要建筑类型
游憩建筑和服务建筑	展览温室	展览温室
	科普教育建筑	科普展览馆等
	其他游憩建筑和服务建筑	游客服务中心等
管理建筑	配备温室	生产温室、科研试验温室、检疫温室、荫棚等
	科研建筑	科研实验楼、植物信息管理中心、标本馆、种子库等
	其他管理建筑	行政管理中心、生产管理用房、仓库等

注：引自《植物园设计规范（征求意见稿）》。

展览温室是由人工控制各种环境因子、展示生长在不同地域和气候条件的植物及其生存环境的室内游赏空间，应创造植物适宜的生存空间和游人舒适的游览环境。按照展览温室的面积规模可将其分为三类，分别是面积在$8000m^2$以上的大型展览温室、面积在$3000\sim8000m^2$之间的中型展览温室以及面积在$3000m^2$以下的小型展览温室。展览温室根据地形、规模不同可采用集中或分散式布局，分散布局的各单体温室之间距离不宜过长，应有便捷的交通联系。

配备温室与展览温室面积配比宜为1∶1，并预留发展用地。

7.4 植物园实例分析

7.4.1 英国邱园

7.4.1.1 邱园景观发展史

英国皇家植物园邱园位于伦敦三区的西南角，是世界上最著名的植物园之一，也是第 2 个被列为世界文化遗产的植物园。

1759 年，奥古斯塔（Augusta）王妃在艾顿（W. Aiton）的建议下，于伦敦泰晤士河南岸建立了一个面积为 $3.5hm^2$ 的花园，其中的 $2.5hm^2$ 设为树木园，其余均设为药草园，植物的收集工作从此拉开帷幕，形成了邱园的最早雏形。当时为了丰富植物种类，建造了专门收集外来植物的大温室和柑橘温室，至 1768 年总共收集植物品种 3400 余种。在此期间，曾游历中国的建筑师钱伯斯（W. Chambers）于 1762 年设计了邱园的一大亮点建筑——高 50m 的砖塔，这座砖塔是模仿中国传统塔的形式而建的，在当时成为标志性建筑之一，也是 18 世纪英中式园林的典型特征。

1775 年，奥古斯塔去世后，其子乔治三世（George Ⅲ）继承了邱园，将其在瑞奇曼的房地产整合到一起，继续引进各种植物，尤其是咖啡、烟草、茶叶、药草、调料植物等具有经济价值的作物。25 年后，随着乔治三世去世，邱园也开始走向了衰落。

最终，邱园于 1840 年被移交给英国政府，并正式命名为皇家植物园邱园（Royal Botanic Garden，Kew），同时向公众开放，威廉·胡克（William Hooker）爵士被任命为邱园第一任园长。威廉·胡克在职期间，建成了标本馆、图书馆和博物馆，并请奈斯菲尔德（W. Nesfield）对全园进行了规划，包括其设计的三条宽阔深长的透景线，即中国塔透景线、塞恩透景线和雪松透景线（图 7-6），这些透景线在平面布局上构成了首尾相连的三角形，并形成参观游览的骨架系统，方便人们通过这些透景线到达参观景点。透景线是宽阔的草坪大道，大道两侧以各种高大的乔木围合而成框景（图 7-7）。邱园除了透景线外还有几条著名的景观道路，如布罗德路、冬青路等，它们共同形成邱园的基本框架和疏林草地式的园林景观。

图 7-6 邱园的三条透景线
李凤仪 绘制

邱园现在树木园扩大到 $72hm^2$，栽植树木将近 3000 种（品种）。威廉·胡克的儿子约瑟夫·胡克（Joseph Hooker）担任第二任园长期间，先后建成棕榈温室（1848 年）、乔杰

图 7-7　邱园塞恩透景线
李凤仪　摄

实验室（1876 年）和温带温室（1899 年）（图 7-8）。1898 年，维多利亚女王将夏洛特别墅的房地产捐献给了邱园，使得邱园的面积增加到现有的 120hm^2。

图 7-8　邱园棕榈温室与温带温室
李凤仪　摄

1987 年，威尔士王妃温室（图 7-9）建成并开放，1990 年，约瑟夫·班克斯经济植物中心建成，2006 年，戴维斯高山植物馆建成，还有柑橘温室等古建筑和历史景观的修复重现等，使邱园在景观建设、历史风貌恢复、植物收集、研究和保护等方面又向前迈进了一大步，目前邱园已收集 3 万余种活植物，成为世界上保护和研究生物多样性的重要机构。

图 7-9　威尔士王妃温室
李凤仪　摄

7.4.1.2　专类园设计

经过了 250 年的发展，邱园已经建成了 10 余个风格独特的花园，包括规则式的女王花园、自然式的公爵花园等，这些花园体现了不同时代的园林风格和特色。它们风格迥异，因此相对独立，自成一体，并形成各具特色的植物专类园。邱园北面主要为规则式花园，以展示草本花卉为主，而其南面为以树木为主的自然式种植树木区和自然保护区，形成由入口北侧的规则式逐步向南侧的自然式过渡的园林风格。下面将对草本专类园、木本专类园、保护区进行介绍。

（1）草本专类园

草本专类园包括女王花园、公爵花园、草园及岩石园（图 7-10）等，其特色植物为多年生草本花卉、观赏草、高山草本植物。

图 7-10　邱园草园与岩石园

李凤仪　摄

女王花园有凉亭、拱廊、喷泉、雕塑等，是邱宫的后花园，按照 17 世纪欧洲规则式庭院布置。通过花园的最高处凉亭可以欣赏到园外泰晤士河水的旖旎风景。园内有绿篱、绿雕，高大的鹅耳枥修剪成拱形廊道，黄杨篱组成规则式图案，沉床园内栽种着如薰衣草、迷迭香、鼠尾草、薄荷、蜜蜂花等秀丽芳香的植物，是女王赏花度假的绝佳去处。

公爵花园以剑桥别墅为主体建筑，铁线莲等植物攀附着四周的墙壁，墙边为配置精细的自然式花境，中间空有大面积的草坪可为举行活动提供足够的场地。由于园内的气候比较优越，所以引进了各个国家的很多植物，例如，中国的大黄花牡丹等。系统分类园是由邱园主任西斯顿·戴尔（W. Thiselton-Dyer）按照本瑟姆-胡克分类系统于 19 世纪 60 年代设计完成的，他将 51 科 3000 多种草本植物栽植在整齐网格式的 126 个花坛中，成为当时和后来人们学习认识植物的最佳场所。

草园建于 1982 年，展示了包括一年生草、多年生草和少量竹子、荻、蒲苇等 500 余种草本植物，各种混合播种的草坪块，也展示不同草种的颜色、质地、生长势等特性。岩石园建于 1882 年，是仿比利牛斯山高山溪谷建成的，园内水源充足，空气湿润，阳光充足，土壤肥沃，排水性好。岩石园内栽培有各种充满不同地域性特征的植物，如飞燕草、象牙参、毛蕊花等，且其分区明确，有亚洲、欧洲、地中海、非洲、南美、北美、澳大利亚、英国等区。

（2）木本专类园

木本专类园主要栽培展示温带地区观赏价值高、种类丰富的专属植物，如月季、丁香、杜鹃、小檗等。

位于棕榈温室后面的月季园，种类繁多，如丰花月季、杂交茶香月季等。月季园采用几何图案式花床，与周边半圆形、修剪整齐的冬青树共同构成维多利亚时代的整齐图案式花园。

丁香园的众多不同形状的花坛分别栽有不同品种和种类的丁香。丁香园坐落在宽阔的草坪上，因此可以根据需要进一步扩大种植床的数量和面积。

杜鹃谷原来叫山谷步道，山谷原为卵状马蹄形，后来又重新调整成杜鹃谷。杜鹃谷的工程量仅次于湖区开挖，由布朗于 1773 年在泰晤士河冲积平原上开挖而成。杜鹃谷因靠近泰晤士河，阳光充足，空气湿润，四周高大的乔木形成庇荫，为杜鹃的生长提供了良好的条件。在坡顶既可俯瞰栽培展示的 700 余株各种杜鹃，又可远眺泰晤士河的美好风光，创造出平地无法达到的景观效果。

小檗谷建于 1869—1875 年间，是邱园土方开挖量第三大的工程，地形起伏舒缓，以展示小檗科植物为主，如小檗、十大功劳及二者的杂交种。小檗科植物适应性强，既能观花，也可观果，冬季常绿，能与上层乔木形成非常自然的植物群落。

（3）保护区

邱园南部保存了一片有林地、草地、湿地、沙坑等各种生境的自然保护区，为各种野生蝴蝶、蜻蜓、青蛙及其他昆虫提供了繁衍生息的场所，包括很多大型哺乳动物如狐狸、獾也能生存。保护区内有很多野生花卉，如野风信子、野蒜、雪莲花等在早春时节争相怒放，形成一片花海，引人流连。区内还有很多树种，主要如橡树、山毛榉、冬青、欧洲红豆杉等。

7.4.2 澳大利亚悉尼皇家植物园

7.4.2.1 悉尼皇家植物园发展背景

悉尼皇家植物园建于 1816 年，由当时总督麦考利（Macquarie）主持，植物园位于悉尼歌剧院和中心商务区的旁边，原是澳洲的第一个农场。园内收集展示了热带和亚热带植物，由于当地适宜的气候条件非常适合植物的生长，因此植物种类繁多，有 7000 多种，其中不少是殖民地时期从国外引进的，如柑橘，有些是在国内和太平洋地区考察引进的，有的甚至是植物园前身第一农场时期通过种子交换而来。

7.4.2.2 专类园设计

植物园面积约 $30hm^2$，主要分为四个大区域，分别为低地花园区（Lower Gardens）、中部花园区（Middle Gardens）、宫殿花园区（Palace Gardens）、贝尼朗管理区（Bennelong Precinct），四个区域的交汇处是棕榈中心（图 7-11）。

低地花园区由于为 19 世纪农场海湾填拓地的区域，因此成为园内地区最低的一个园区，其中一系列的跌水和湖面是通过在园区内小溪流拦坝形成的。除主湖以外还包括汇丰银行东方花园（HSBC Oriental Garden）、班德草坪（the Band Lawn）等。

中部花园区坐落于植物园的最南部，主要包括展览温室、瓦勒迈杉林（Wollemi Pine）、多浆植物园（Succulent Garden）、秋海棠园（Begonia Garden）等。

宫殿花园区是曾经的宫廷花园展览馆所在地的区域，主要包括悉尼热带中心（Sydney Tropical Centre）（由于更新修缮，2013 年关闭）、先驱花园（Pioneer Garden）、宫殿月季园（Palace Rose Garden）、草本植物园（Herb Garden）等。

贝尼朗管理区位于园区的北部，为靠近悉尼歌剧院的一个园区，主要包括总督府（Government House）、练兵场（the Parade Ground）、

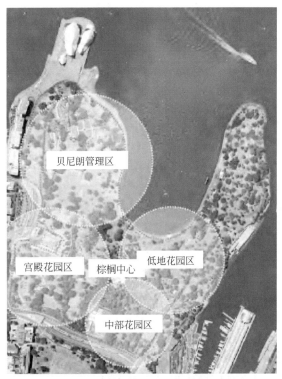

图 7-11 皇家植物园规划分区平面图
魏晓玉 绘

澳大利亚本土岩石园（the Australian Native Rockery）、贝尼朗草坪（Bennelong Lawn）等。

棕榈中心位于四个区域的交汇处，处于全园中心位置，交通通达性高，方便服务游客。其主要包括咖啡厅、园艺店、植物园餐厅、书店以及游客中心，是一个综合性的服务设施。

悉尼皇家植物园总占地面积不大，然而共有多达 18 个植物专类园，其中，宫殿花园区以及中部花园区占有大部分的植物专类园。植物专类园最能体现植物景观的特色，虽然每个植物专类园占地面积都不大，但在设计以及种植等方面很精致，充分体现了各具特色的不同类型的植物景观。

位于宫殿花园区的草本植物园（图 7-12）沿着南北向道路呈线性布局，以中间东西方向日晷所在的主轴线以及北侧和南侧两条东西方向的次轴线对称。全园以轴线上的日晷及感应喷泉为控制点，根据地形由西向东逐渐降低而分为两个台层，利用挡墙花台消化高差。其中包括各种具有药用价值以及观赏价值的草本植物，各类不同的种植空间是由各种不同的种植床、绿篱或挡墙来划分的。

先驱花园（图 7-13）所在的位置曾经是宫殿花园展馆中央圆顶所在地，于 1983 年欧洲殖民登陆澳大利亚 150 周年时，为纪念登陆这片土地的先驱者而建立。

图 7-12　草本植物园

图 7-13　先驱花园

澳大利亚本土岩石园，以台层式的种植方式消化园内因种植的澳大利亚本土春花植物而产生的高度差，形成了面向悉尼湾游步道的观赏园。

月季园（图 7-14）的规模虽然不大，但却包括多达 1800 多个月季品种，大多为早期从中国和法国等地引种的古老月季。其中的独干月季、垂枝月季和灌木月季由绿篱和多年生植物等传统的设计元素相连接。

经过了 200 多年的发展，悉尼皇家植物园逐渐演变成集公众休闲、娱乐，城市历史、文化、艺术展示为一体的绿色开放空间，吸引着来自世界各地的游客。

图 7-14　月季园

7.4.3　深圳仙湖植物园

7.4.3.1　仙湖植物园建园背景

仙湖植物园由孟兆祯院士主持总体设计。经过 5 年多的紧张筹建和施工，建成了包含棕榈园、竹区、百果园、水生植物区等植物专类区，玉带桥、十一孔桥、山塘野航、芦汀乡渡、竹苇深处、仙渡等园林景点的仙湖植物园。1988 年 5 月 1 日，植物园正式对外开放。

7.4.3.2　规划设计理念

仙湖植物园东倚深圳第一高峰梧桐山（944m），西临深圳水库，其中心建有一水体，因有"凤凰栖于梧桐，仙女嬉于天池"之说，故定名为"仙湖"。整体地势为中间低，四周高，由山地、丘陵、台阶地等组成，具有良好的自然山水骨架。因此，规划设计手法上采用了东方古典写意山水园的造园手法。同时，又吸纳了西方大地景观的艺术思想，巧妙地利用了生态造园技术和新材料，从而将植物园打造成仙山禅境般的诗意园林。

首先，依据《园冶》相地篇中所说之"相地合宜，构园得体"的设计手法，从选址和构园这两方面入手，认真勘察、计算，通过筑坝拦水、积山之溪，于山之隐处将原本的"仙湖"却无湖的场地现状，改造成为如今群山怀抱的"仙湖"。

其次，以"因地制宜，随势生机，巧于因借，精在体宜"为设计指导思想，通过对周边景观环境、景观视线进行分析后，将山环水抱的湖区作为全园主景区，在景观视线良好的近水区、山腰和一些小山头处设置亭、台、楼、阁，建立景观控制点。再因山构室，就水安桥，将各植物专类园融入湖区周围的山谷之中，并通过各级道路系统把各景点、景区、植物专类园有机地联系成一个整体，组成一座以内聚型为主、兼顾外向型空间类型的写意自然山水园。

7.4.3.3　专类园设计

全园分为湖区、天上人间景区、化石森林景区、松柏杜鹃景区、大门区和庙区六大景区，建有苏铁种质资源保护中心、阴生植物区、沙漠植物区、药用植物区、裸子植物区等 21 个植物专类园；建有别有洞天、两宜亭、玉带桥、龙尊塔、揽胜亭等十几处园林景点，以及深圳古生物博物馆。下面将对园区中个别植物专类园进行介绍。

① 木兰园　木兰园于 1991 年开始建园，坐落在天上人间景区内，东至天上人间天池登山道左侧，西至两宜亭沿公路以上的山体，防火线以下的山体，占地 200 余亩❶，引进木兰科 11 属 130 多种，定植 25000 余株。木兰园区域大概分为四大片区，分为木兰属区、木莲属区、含笑属区、杂交苗木属区等。

② 化石森林　化石森林从 1997 年开始筹建，占地 2 万平方米，收集引进了来自辽宁、新疆和内蒙古等地的硅化木 500 多株。经专家鉴定，这些硅化木属松杉类植物，形成于一亿五千万年至七千万年前的中生代时期。迄今，这是世界上唯一一座大型迁地保存的化石森林。化石森林景区由四部分组成：化石森林、深圳古生物博物馆、香港回归纪念林、桃花园。

③ 阴生植物区　阴生植物区面积 4 万平方米，集中栽培了蕨类、景天科、秋海棠科、爵床科、大戟科、天南星科、百合科、竹芋科、凤梨科和兰科 1000 多种喜阴植物。这里的兰花有 100 多钟，如跳舞兰、蝴蝶兰、万代兰、卡特兰、石斛兰、大花蕙兰、墨兰等。

④ 棕榈园　棕榈园始建于 1986 年，位于仙湖的东岸，占地约 3 万平方米，园区濒临仙湖，以 1 万多平方米的草坪为中心区，也是整个植物园中心。自建园以来，先后多次从华南植物园、厦门植物园、西双版纳植物园、广西桂林植物园，以及广州芳村区、花都区、中山市、海南、昆明等地进行引种，并通过种子交换方式从美国、德国以及中国台湾等地获取不少种子。自开始引种至今，仙湖植物园共收集原产于热带亚洲、美洲、大洋洲、非洲、太平洋岛屿及中国的棕榈科植物约 60 属 150 种，基本建成了具有一定规

---

❶　1 亩＝667m^2。

模和特色的棕榈专类园。

⑤ 沙漠植物区 沙漠植物区占地1万多平方米，以仙人掌及多肉植物为主，该类植物主要产于美洲和非洲。为了收集和培育这类植物，此园从1992年起建立了3个大型展览温室和3个生产温室，引进了1000多个种或品种。

7.4.4 上海辰山植物园

7.4.4.1 辰山植物园设计背景

上海辰山植物园位于上海市松江区佘山山系，距上海市中心区约35km，由上海市政府与中国科学院及国家林业和草原局、中国林业科学研究院合作共建而成，它是一座集科研、科普和观赏游览于一体的AAAA级综合性植物园（图7-15）。

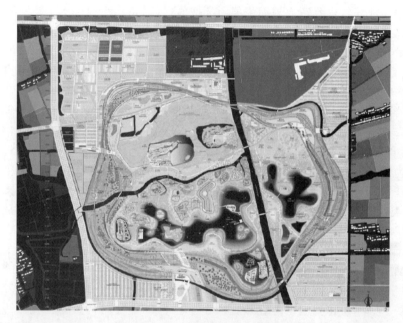

图7-15 辰山植物园平面图

设计者在全面而系统分析研究场地特性的基础上，找出了以下制约因素。

① 地形 植物园所属地块多为平地，仅有辰山一处独立山体，整体缺乏地形变化，难免使生境过于单调。

② 水质 由于项目所在区域地下水位较高，水质低劣，土壤偏碱，给植物的引种驯化造成了一定的困难。

③ 交通 东西走向的佘天昆路和南北走向的辰山塘运河将整个园区分割成3部分，增加了各景区间相互联系的难度，园区内外的交通分工和组织的问题尤为突出。

7.4.4.2 设计理念与分区

本着遵循本地文化脉络，营造自然与人文空间理想结合的思路，根据植物园的功能要求，并结合中国传统文化对"园"字的各部首中的"山、水、植物"和围护界限等要素的解析，勾画出能反映辰山植物园场所精神的3个主要空间构成要素——绿环、山体以及具有江南水乡特质的中心植物专类园区。植物园附属区如林荫停车场、河水净化场、科研苗圃、果园和宿营地等则在绿环外围的4个角上随机分布，形成简洁明了的总体结构及合理的功能分区。

（1）绿环

绿环占地面积约 45hm²，将被城市道路、运河所分割的 3 个地块连成一个有机的整体，成为辰山植物园主次空间的分界，并且作为主要的外来植物引种区，植物园的主入口将综合建筑、科研中心和展览温室等主要建筑巧妙地镶嵌在绿环上，竖向变化较为丰富形成具有雕塑感的大地艺术景观。南面主入口的综合建筑巧妙地将主入口、科普中心、接待服务中心以及行政管理等多项功能构筑在一个屋檐下，用地空间得到了节约。将科研中心与地形完美地结合在一起，使屋顶绿化与绿环在视觉感受上浑然一体。造型独特的展览温室（图 7-16），与佘山主峰交相呼应，其采用单层铝合金玻璃网架结构材质，设 3 个展馆，用来展示 8 个不同气候区的植物。

图 7-16　辰山植物园温室国际兰花展

由于绿环地形塑造方面上下起伏，形成了平均高度约 6m、宽度为 40～200m 不等的环形带状地形，改变了多为平地，仅有一处独立山体——辰山原场地的地貌特征，构筑成具有延绵大尺度的山水格局，为植物生长创造了丰富多样的生境，形成乔木林、林荫道、疏林草地、孤赏树、林下灌丛以及花境等多层次的植物生长空间，生态效益得到了很好的体现，并为植物园的引种驯化奠定了良好的立地基础，园区地形缺乏变化、生境过于单调的矛盾得到了基本解决。按照与上海相似的气候和地理环境，将绿环上的各段分别配置上欧洲、美洲及亚洲等不同地理分区具有代表性的引种植物。

（2）专类园

中心植物专类园区面积约 63.5hm²，绿环围抱着该园区，该园区由位于西区的植物专类园区、水生植物展示区以及位于东区的华东植物收集展示区等构成。这种塑造与绿环大尺度的地形塑造不同，该区基本上保持了原有农田、水网的尺度和肌理，仅通过对微地形的处理、专类园相对高程的控制（在 0.8～1.2m），来改善地下水位偏高的立地条件。由块石垒砌而成的西区专类园边缘，构成具有浓郁的地域风貌且能反映江南水乡景观特质的岛屿状植物专类园。同时专类园内外空间的植物景观形成精致与粗放、多样与简单的强烈对比。

辰山植物园共设置了约 35 个植物专类园，分为 4 种类型：

第一类是按照植物季节特性和观赏类别集中布置展示区，如月季园、春花园、秋色园、观赏草园等，这是世界各地植物园普遍设置的类型；

第二类是为增加植物园的游玩趣味性，吸引某类特殊人群或为游客科普活动而设置的园区，如儿童植物园、能源植物专类园以及染料植物专类园等；

第三类是以专类植物收集和引进植物新品种展示区为主，并结合植物园的研究方向和生物多样性保护，如配合我国桂花品种国际登录，建设桂花种植资源展示区，收集华东区系植物，建设华东植物收集展示区等；

第四类是根据辰山植物园场地特征营建的特色专类园区，如水生植物专类园、沉床花园、矿坑花园和岩石草药专类园等。

矿坑花园（图7-17、图7-18）位于辰山植物园西北角，由清华大学朱育帆教授设计，邻近西北入口。该矿坑是百年人工采矿遗迹，设计者根据矿坑围护避险、生态修复的要求，结合中国古代"桃花源"的隐逸思想，利用现有地形地质条件，设计了瀑布、天堑、栈道、水帘洞等与自然地形密切结合的景观，形成了具有中国山水画的形态和意境的修复式主题花园。

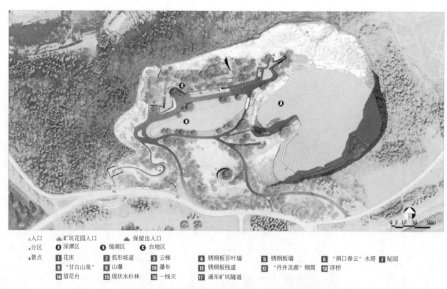

图7-17　辰山植物园矿坑花园平面图

图 7-18　辰山植物园矿坑花园

课程思政教学点

教学内容	思政元素	育人成效
英国邱园中国塔	文化互鉴	英国最著名的植物园——邱园中的亮点建筑,高 50m 的砖塔,是模仿中国传统塔的形式而建——18 世纪英中式园林的典型特征,引导学生了解设计中要懂得欣赏他国的文化,积极进行文化的交流互鉴
深圳仙湖植物园设计理念与手法	文化互鉴 生态理念	重点让学生了解仙湖植物园规划设计手法上采用了东方古典写意山水园与西方大地景观相结合的手法,并巧妙地利用了生态造园技术和新材料,是文化互鉴和生态理念的典范
深圳仙湖植物园中化石森林	文化自信 民族自豪	化石森林硅化木属松杉类植物,形成于一亿五千万年至七千万年前的中生代时期,是世界上唯一一座大型迁地保存的化石森林。激发学生的民族自豪感和文化自信
辰山植物园矿坑花园	文化自信 生态理念	引导学生了解矿坑花园如何通过矿坑围护避险、生态修复的要求,并结合中国古代"桃花源"的隐逸思想,形成了具有中国山水画的形态和意境的修复式主题花园,是文化自信和生态理念的经典案例

第8章 游乐公园的规划设计

8.1 游乐公园概述

中世纪时期就有记载用于娱乐活动的公园，18世纪中期有些公园尝试将所有景点聚集在一起，并且在周围打造建筑以及雕塑作品；随后，这些公园重点打造娱乐场所。例如1661年在伦敦开放的沃克斯豪尔（Vauxhall）公园，在其中举行音乐会，燃放烟花，重现滑铁卢战役、埃特纳火山喷发等经典事件，这个公园逐渐成了游乐园的雏形，从1728年开始提供季票。随着时间的流逝，有些公园逐渐形成自己的主题，演变成了主题游乐园，例如蒂沃利公园（1843年，图8-1）和迪雷哈夫斯巴肯公园（1583年）。

图8-1 蒂沃利公园

随着工业革命到来，游乐公园的游乐设备开始发展，当时各个国家举行世博会，用于展示新技术以及机械工艺。1873年维也纳世博会，机械游戏第一次出现。1893年，哥伦比亚世博会在高地公园中展示了各种娱乐设备，并将娱乐厅与展览厅分开，从而成为游乐公园行业的标志。在1939年纽约举办的世博会也有独立的游乐区。

工业革命发展带来人口的大量聚集，在机械维修期以及休工期，出现大量休假的工人。铁路公司在此时成立，为了让工人们乘坐列车，铁路公司在电车的终点打造了娱乐区，至此一种新的娱乐景点产生了，这些娱乐区通常在海边或温泉镇。工业技术的日益成熟使娱乐区首次呈现了机动游乐设施。第一个用蒸汽动力驱动的转盘类游乐设备是托马斯·布拉德肖（Thomas Bradshaw）转盘，该设备在1861年的英国诺福克博览会上展出。此期间比较知名的三个游乐公园是越野障碍赛马公园（Steeplechase Park，1897年）、悉尼月神公园（Luna Park，1903年）和梦想世界（Dreamland，1904年）。

随后的30年内，出现了专为儿童及青少年设计的游乐公园，这类公园占地面积通常较小，主要用于体现童话故事中的场景，供给游客进行探索类的游玩。美国得克萨斯州圣安东尼奥的基德公园（Kiddie Park，1925年），在1946年成功地引入了圣诞老人及圣诞节的主题，后更名为假日公园。

20 世纪 30~40 年代美国大萧条及第二次世界大战之后，因为经济、犯罪和社会原因，游乐园数量开始下降，同时电视的出现也替代了大部分人们对于休闲娱乐的需求。在 1955 年迪士尼乐园的出现改变了这一点，并且由它引领了 20 世纪 60 年代主题游乐园的复兴。

主题公园在我国起步较晚，首先是在城市公园中出现了儿童游乐场，建造了一些娱乐设施，像广州文化公园"空中飞翔的松鼠""旋转飞机"，太原迎泽公园的"单轨高架车"等。到了 20 世纪 80 年代中期，随着国民经济的快速发展，对游乐休闲活动的市场需求不断增强，全国各地相当一部分公园都加入了游乐性活动，后成为专门以游乐为主的公园。例如上海的锦江乐园、广州的东方游乐园、北京石景山游乐园等。在海外主题公园的娱乐概念影响下，我国的主题公园建设也开始兴起了。

8.1.1 游乐公园的定义

8.1.1.1 国内游乐公园的定义

《城市绿地分类标准》（CJJ/T 85—2017）将游乐公园归属于公园绿地，其定义为：单独设置，具有大型游乐设施，生态环境较好的绿地，绿化占地比例应大于或等于 65%。

从定义中可以看出，游乐园具备以下特点：

① 具有大型游乐设施，突出游乐的功能，强调游客的参与和体验。

② 是严格意义上的公园，绿化占地比例有明确的要求。

③ 属于城市建设用地范围以内，记入城市绿地率指标统计。

8.1.1.2 主题公园的定义

在欧美国家，主题公园的定义大概包括：为旅游者的消遣、娱乐而设计和经营的场所；具有多种吸引物；围绕一个或多个主题，包括餐饮购物等服务设施，开展多种主题活动；实行商业经营等。

美国国家娱乐公园历史协会（NAPHA）认为主题公园是指"乘骑设施、吸引物、表演和建筑围绕一个或一组而建的娱乐公园"。美国马里奥特（Marriott）公司给出的定义是"以特定的主题或历史区域为导向，将具有连续性的服装和建筑结合起来，利用娱乐和商品提升幻想氛围的家庭娱乐综合体"。

国际游乐与主题公园协会（International Association of Amusement Parks & Attractions，IAAPA）的成员归纳"Theme Park"即主题公园的定义为：具有鲜明主题的游乐场所。

主题游乐园是具有特设的主题，其中所有内容（包括实质环境的规划与软体的策划）均在概念化的规格中统摄于该主题之下，由人创造而成了舞台化的娱乐活动空间。

主题游乐园是以盈利为目的，围绕一个或多个特定的主题，由模拟景观和园林环境为载体的人造休闲娱乐活动空间，是一种多属性的旅游产业；在类别上是现代公园的一种，它是向大众提供有偿产品与服务的盈利性产业项目，以独立的法人或法人集合为开发经营主体、自负盈亏的企业，是集旅游、商业、服务和娱乐为一体的旅游产品组合。

从以上对主题游乐园的定义可以看出，游乐公园是主题游乐园重要的组成部分。主题游乐园历史演变时间较长，规划、设计、运营管理等方法对于游乐公园具有重要的参考意义。

8.1.2 游乐公园的分类

8.1.2.1 按区域影响力分类

（1）世界级

① 迪士尼主题乐园。迪士尼乐园于 1955 年 7 月开园，立刻成为世界上最具知名度和人

气的主题公园。由华特·迪士尼（Walt Disney）创办，至 2016 年底共在全世界开设 6 个度假区。迪士尼大家庭已拥有 6 个世界顶级的家庭度假目的地，分别是美国加州迪士尼乐园度假区、美国奥兰多华特迪士尼世界度假区、东京迪士尼乐园度假区、巴黎迪士尼乐园度假区、香港迪士尼乐园度假区和上海迪士尼度假区。

② 环球影城主题公园。与迪士尼乐园相比，环球影城主题公园的特点在于，更多使用高科技成分以及借用著名电影的场景和特技，并更重视开发度假功能。在环球影城主题公园，游客可以参观电影的制作，解开特技镜头之谜，更可以回顾经典影片中的精彩片段。环球影城系列的第一个主题公园是美国好莱坞环球影城，建于 1963 年。在好莱坞之后，奥兰多环球影城以及授权经营的位于日本大阪和新加坡的环球影城主题公园也相继迎客。

（2）集团连锁级　中国改革开放以来，一个新的行业——游乐园业已经形成，并形成一个游乐园品牌系列，如央企深圳华侨城集团、深圳华强集团、广东长隆集团、万达集团、大连海昌集团、横店集团、杭州宋城集团、宝龙集团等。经典作品有美国六旗乐园、华侨城欢乐谷系列、华强方特系列、广州长隆系列、横店影视基地系列、宋城系列、大连海昌极地海洋馆系列、万达影城乐园系列等。

（3）城标级　这种级别的游乐园最多，我国至少有 200 余家，是我国大中型游乐园的主体，典型的有北京石景山游乐园、上海锦江乐园、哈尔滨游乐园、顺德长鹿农庄、常州中华恐龙园等。国外的有德国鲁斯特欧洲公园等。

（4）区域级　成都国色天乡是我国区域性游乐园成功的代表。另外，还有北京朝阳公园勇敢者游乐园、北京蟹岛水上乐园等。

8.1.2.2　其他分类方法

游乐公园其他分类方法详见表 8-1。

表 8-1　游乐公园其他分类方法

类别	世界级	集团连锁级	城标级	区域级	微小级
按投资规模分类	投资大于 100 亿元	后续投资总额在 5 亿～15 亿元	初次及后续投资不超过 1 亿元,总额不超过 5 亿元	通常投资在 1000 万～5000 万元以下	投资在 100 万元左右
按占地面积分类	1000 亩以上	500～1000 亩	300～800 亩	100～500 亩	100 亩以下

8.2　游乐公园规划设计理念

8.2.1　以人为本理念

游乐公园注重多样化发展和地域性发展，加强景观设计多样性和地区文化保留，充分体现地方传统文化，以丰富的文化景观资源使游人得到景观视觉享受。所以，游乐公园的规划设计在旅游景观的传统设计基础上，要引入先进的娱乐设施以及文化内涵，符合人们的审美价值观念和消费心理。

游乐公园的建设要注意：以保持高质量的内容为基础的前提下，以人为本，尽量满足大众消费能力；注重娱乐，体现创新和个性化的特征，将大众消费、主题特色与高品位特点紧密结合，满足不同层次的游客需求；注重高质量娱乐项目，结合人群的文化意识，加强游乐公园建设的合理性。

主要通过以下几个方面来实现：

① 在尊重大众消费的前提下，努力达到雅俗共存。规划和设计过程中应注重创新、个

性化的特征。满足不同层次的游客的需求，形成一个适度的消费意识来引导消费者。

② 地域特色文化融入设计当中。能够做到巧夺天工，将现实中的文化在景观中得到真实再现的效果。

③ 通过主题塑造给游乐公园注入活力。鼓励游客积极参与到游园活动中，身临其境地感受主题故事线。例如，结合环球影城，让游客参与特效电影制作的过程，体会到电影制作的魅力。

8.2.2　可持续景观理念

可持续景观设计是在一定区域内，具有存在互相影响行为的各景观主体之间相互促进、相互联系的景观模式。因此，此类景观效应也有"动态化景观"之称。这个概念不仅包括设计师的动态景观设计，而且它还巧妙地把各景观节点设计和景观元素相关联，在同一时间内，合理利用与整合当地的特有文化。

很多游乐公园建设的主要是静态的景观，游客粗略、简单地观光，容易产生视觉疲劳，导致游客对景观产生无趣感。游乐公园要不断地吸引游客，就要注重观光旅游者的参与互动性，因此应对静态景观多添加动态元素，增加游客和静态景观间的互动，使游客能够积极投入到游乐公园具体活动的场景中。

8.2.3　生态景观理念

游乐公园是城市景观的重要组成部分，也是城市中的生态景观。它既有自然的因素又有人为干扰的因素，既有引进拼块又有残留拼块，具有镶嵌度高、景观元素类型多种多样、异质性大的特点。游乐公园把自然伸入到城市之中，为改善生态环境服务，是一种开放空间，应以近自然的特色与魅力吸引人们去享受，并提供开放游憩的功能。生态景观理念在游乐公园中的应用如下。

① 因循自然，显露自然。游乐公园的规划应因循自然，显露自然，组景应注重意境的创造，以自然美为主，辅以人工美，充分利用山石、水体、植物、动物、天象之美，塑造自然景观，并把人工设施和雕琢痕迹融于自然景色之中，从而实现生态价值的最大化。

② 因地制宜，就地取材。游乐公园生态景观规划中，应因地制宜，充分发挥原有地形和植被优势，结合自然、塑造自然。在植物物种的选择上多采用本土树种，铺装及景观小品等装饰材料选用当地材料。

③ 充分发挥植物造景功能。在游乐公园的设计中应充分应用植物的姿、形、色、味等生态特性，使之不仅在一日之内有不同时相的明暗、光影变化，更有四季景色的季相变化，使人们最直接地感触到自然的气息。植物造景，尤其是人工植物群落景观的营造，无论从生态角度、经济价值、艺术效果和功能含义等方面，都应列入构景要素的首位，成为游乐公园生态景观建设的核心。

④ 处理好文化与生态的关系。景观是自然与文化系统的载体，科学地规划与建设游乐公园的生态景观是生态与文化有效结合的过程，生态建设和文化建设始终贯穿于景区规划建设的整个过程。规划建设好游乐生态公园要巧于利用自然和善于结合古迹。

8.2.4　多元化景观互利共存理念

要根据群众的消费标准和需求，以市场为导向，设计出具有潜在能力，景观具有持久生命力的作品。景观要有实用价值，不能简单地追求表面的审美效果与价值，更要注重其内在价值和功能。

游乐公园景观设计要根据游客需要随时更新过时的景观。根据游客所需朝着多元化景观方向发展，将市场、自然、科学技术以及文化的发展相结合。

游乐公园景观设计要与自然资源的保护结合，以生态的可持续发展为前提，尊重自然规律，做到人与自然和谐发展。

8.2.5　文化融入理念

游乐公园靠人类的智慧已经成为一种较为新鲜的旅游产品，其建设规模不断扩大。这也导致出现了一系列弊端，并不断暴露出来，从而使游乐公园的经济效益普遍降低。从成功的游乐公园可以发现，不管融入的是地方文化还是自然景观本身，都是旅游文化产品的精神标志。在城市背景下，游乐公园应成为城市文化发展的标志，展示城市文化。它具有较强的文化辐射能力，其影响力可辐射全国。如美国迪斯尼乐园主要致力自然与建筑、现实与科幻、童话与人性的完美结合，是精神文化，也是感染和吸引群众的核心动力。

8.3　游乐公园的园林要素设计要点

8.3.1　人造景观设计要点

人造景观包括机械游乐设施、游乐服务设施、仿名胜建筑及仿建风景。

① 机械游乐设施　即供游客娱乐的机械设施，如过山车、空中飞轮等骑乘设备；大型的机械游乐设施首先要满足《大型游乐设施安全规范》。游乐设施应在需要的地方和部位设置醒目的安全标志。安全标志分为禁止标志（红色）、警告标志（黄色）、指令标志（蓝色）和提示标志（绿色）四种类型。游乐设施还应具有趣味性，例如低年龄段的游乐设施注重外形可爱，色彩鲜艳；成年段的游乐设施应注重科技感及整体的震撼效果。

② 游乐服务设施　即各种园内的配套设施，如餐饮、表演、住宿、购物，具体包括零售商店、餐饮店、售票处、停车场、卫生间和医疗急救站、问询处、ATM取款机、婴儿车及轮椅租赁站、失物认领处等。服务设施要与周围建筑和景观环境协调一致，在不影响主要游览视线的前提下，可通过标识系统快速找到相应的服务设施。

③ 仿名胜建筑（庙宇、地方特色建筑等）　这种仿世界著名名胜古迹有的是以原比例建造的，但大部分还是以微缩尺寸比例为主。仿名胜建筑应注重建筑细节的还原，部分建筑提取相应特征点或适当放大以加深游玩趣味性，如深圳世界之窗、深圳锦绣中华等。

④ 仿建风景（山、水、草、木等）　这种世界著名风景形态的仿建注重整体气氛的营造，如深圳世界之窗的尼亚加拉大瀑布（图8-2）、夏威夷火山等。

图 8-2　深圳世界之窗的尼亚加拉大瀑布

8.3.2　地形设计要点

平地造园常常需要挖湖堆山，其地形改造的土方工程量往往很大，需要投入的人力、物力、财力甚多。在履行好上述三项基本原则的前提下，地形改造应注意尽量减少挖填的土方量。"就低挖湖、高处堆山"便是减少挖填土方量的一个有效方法；另外，还应当注意减少土方的外运量，尽量做到挖、填土方量在园内自相平衡。这样，不仅可以节省大量的人力、物力、财力，而且还能缩短园林建造的工期，使园林的投资早日发挥出应有的经济效益、生态效益和社会效益。

地形设计在整体原则指导下，必须与周边环境有机相融，遵循所处区域位置空间点（建筑）、线（街道）、面（区域景观）关系；另一方面，从生态角度而言，又是连接斑块间的重要节点和走廊，地形处理成功与否，直接关系到公园与外部空间的连贯性和内部功能空间的连通性。

在公园地形设计中，会遇到低洼贮水地、土质恶劣地、有特殊线路通过场所等特殊地形，我们应采用生态适应性设计理念，在原有的地形条件上，灵活地采用设计手法，处理各种难点，达到合适的公园地形建设模式。

城市公园地形多样，满足了不同功能区需要。在人流集散地，公园地形应较为平坦，满足人的行为需求。为达到良好观赏要求，地形设计中应考虑人们对公园建筑物等有良好视线、视距；在私密的围合空间，地形则要考虑有起伏变化，加强围合性，满足人的心理需要。同时在地形设计中，应留有相应公用设施等场地。

8.3.3　园区道路设计要点

园路和等高线斜交，来回曲折，增加观赏点和观赏面。适当的曲线能使人们从紧张的气氛中解放出来，而获得安适的美感，并增加趣味性。弯道的处理应衔接通顺，符合游人的行为规律。园路遇到建筑、山、水、树、陡坡等障碍，必然会产生弯道。弯道有组织景观的作用，弯曲弧度要大，外侧高，内侧低，外侧应设栏杆，以防发生事故。避免多路交叉，这样路况复杂，导向不明。

园路通往大建筑时，为了避免路上游人干扰建筑内部活动，可在建筑面前设集散广场，使园路由广场过渡再和建筑物联系；园路通往一般建筑时，可在建筑面前适当加宽路面，或形成分支，以利游人分流。公园园路一般不穿建筑物，而从四周绕过。

公园园路应在设计时使用平坦、坚固、不滑、不积水、无缝隙及大孔洞的路面做法。通行空间要满足挂双杖者所需宽度，园路行动的空间以轮椅通行为准。在园路设计时，考虑到老年人的使用需求，在园路上设可休息的休息地坪等节点，满足老年人边走边观景，途中需要休息的行动轨迹。

8.3.4　水体设计要点

游乐公园水体景观设计也延续着古典园林设计理念，并且在动静结合上融入了更多现代化的手法。例如使用灯光喷泉的设计方式，通过对喷泉的造型设计和灯光处理来体现园林景观、周围环境以及人文三者之间的联系。在对喷泉的造型进行设计的过程中，切忌出现单调重复的设计形式，这样很容易使观景者产生视觉疲劳和厌倦感，应该综合利用不同的水型，让各具特色的喷泉以组合的形式展现在人们面前，用不断变换的造型给观景者带来更加奇幻、美妙的感觉。

水体景观不仅在视觉上能够给人带来美的感受，在听觉上也有很多方式能够营造出不同的意境。从我国古典园林水体景观的设计形式上来分析，无论是涓涓细流还是气势如虹的瀑布，人们在看到水景的同时还会不自觉地被水声所吸引，或是陶醉于清脆的细流声，或是被轰鸣的瀑布所震撼，这些正是水声的魅力所在。特别是如今喧嚣的城市生活，水体景观的设计更加需要借助水声来弱化周围的各种噪声。用视觉和听觉的立体感缓解人们的思想压力，真正提供一个轻松愉悦的环境。

总之，在游乐公园水体景观的设计思路上要充分挖掘自然美，因为水体景观不同于其他景观设计，它需要设计者通过自己的主观能动性寻找到一种能将水体、环境以及人文三者相互统一的设计理念，而且在水体景观的设计中要赋予更深刻的创意和内涵，如北京欢乐谷中的失落玛雅（图8-3）。虽然公园水体景观的形式美很重要，但是景观设计的内涵更重要，因为唯有具有内涵的水体景观，才能在历史的长河中长盛不衰地存在着，这也是传统美学对我国公园水体景观设计艺术的影响所在。

图 8-3　北京欢乐谷失落玛雅

8.3.5　植物设计要点

游乐公园的环境景观分为软、硬质景观。软质景观是指花草树木和其他自然植物景观。在公园的景观环境中，软质景观非常重要。一方面，从面积来看，一般占超过整个园区70％的面积；另一方面，他们不仅具有很好的观赏性，而且有助于调节人体健康的作用。绿色植物可以减少噪声、净化空气，也可调节温度，改善城市环境局部的小气候。游乐公园的植物造景设计的好坏，直接影响到游乐公园的观赏性以及其生态环境的质量。

园中的植物应该与其他造景要素相协调，在设计中必须考虑到植物营造空间的美感，运用空间的合理安排，创造一个丰富多彩的景观艺术效果空间（图8-4）。

8.3.6　建筑与构筑物设计要点

在游乐公园中表现主题的手段，往往是通过建筑形式来体现的。不同类型的游乐公园，其建筑风格也有各自的优点。建筑的形式、材料和颜色应与游乐公园的整体氛围相一致。

游乐公园中建筑有其独特的风格。设计中要遵循以下原则：

① 具有新颖、创新的造型；
② 具有强烈的主题氛围；
③ 有地域特色和民族风格；
④ 材料要具有独特的颜色和纹理；
⑤ 适当的比例和尺度。

图 8-4　洛阳郁金香花海主题游乐园

图片来源：棕榈设计北京

　　游乐公园的建筑尺度是将每一部分建筑空间与自然尺度的对象做对比得出的。建筑尺度决定了建筑的功能、审美特点以及环境的特点等。正确的尺度符合功能要求、审美要求，与环境和谐一致。

8.3.7　文化打造的要点

　　文化是游乐公园的灵魂所在。游乐公园设计中的绿地景观不仅要融入一定的地方文化，同样，其生态环境系统也要结合地域文化来设计。这就要求不仅要满足一般公园的基本要求，而且还要融入一个特定的区域文化，从而创造一个休憩娱乐和特殊的景观环境氛围的休闲娱乐空间。

　　文化表达在游览线索中应遵循一定的规则，或时间，或空间，或情节，或符号，在游园的过程中起到一定的引导作用。引导游客自发去体验空间，在观赏和游憩的同时，去感受地域文化的存在。例如，将一个特定的对象作为一个区域的文化纪念特征，经常会使用这种符号应用于所延伸出的建筑设计造型或者风格，成为园中独特景观线索。一方面，提高了游客的热情程度；另一方面，调动游客兴趣，伴随着相应的心理节奏与情感，使其自然地融入地域特色文化中。地域文化有显而易见的，也有需要挖掘和理解的深度文化。由于社会文化是一种开放的状态，微型的景观环境一般都包含了较大的信息量。

8.3.8　空间主题设计要点

　　游乐公园空间分布必须有全局观，可以预期环境实质的形式和环境中的空间功能形式。考虑到经济、艺术和其他因素的影响，在各个因素的互相配合下，形成一个有机的统一体，使所有公园空间环境都服务主题。

　　有些游乐公园注重将主题的氛围融入整个园区中，例如深圳的欢乐谷，利用地形和植物以及建筑物、道路来创造环境和划分空间：飓风湾是灾难的象征；金矿区表现的是疯狂的淘金者（图 8-5）；阳光海岸区是一个热带滨海休闲区（图 8-6）；格里拉森林表现的是原始的、野性的视觉，带给人神秘感。每个景区都是一个小的游乐园，它们有自己独特的特点，但也相互关联。新鲜有趣的主题使游客积极地参与到园中，达到了观赏、娱乐的目的。

图 8-5　深圳欢乐谷金矿区

图 8-6　深圳欢乐谷阳光海岸区

8.4　空间布局

8.4.1　空间布局的原则

① 功能集中的原则　对功能区采取相对集中分布原则，主要功能区应设置在游客观光密度最大的中心和交通枢纽位置，并与其他辅助功能区之间有衔接路径，确保各功能区在空间中形成聚集的效果。这种集中分布模式，使得项目类型多样化，可以吸引游客游览，增加他们的逗留时间，对游乐公园的经济效益有很大的影响，并且功能集中原则可以有效地保护环境，控制污染物。对污染物集中处理有利于保护环境、美化环境。

② 平衡功能分区原则　在规划设计过程中，部分的功能区具有生态价值，应将其列为生态保护区，需减少人为干扰，使动植物进行自然演替以保持生物多样性。相对而言，娱乐区可以接受外界的干扰，通过平衡调整功能分区进行规划设计，使相关的旅游活动互补相依。有效地对功能区域内的项目进行适当的位置安排。例如园内湿地，应设置固定区域为游线，大部分区域不准游人进入，减少人类活动对动植物的影响；休闲区，可以容纳各种人类活动，区域要有良好的排水条件、浓密的树荫和方便的停车场等。

③ 旅游环境保护原则　环境保护的目的是为了保证游乐公园的可持续发展。其目的是在环境的承受能力范围内，使游乐公园游客得到控制，以保持生态环境的协调发展，确保园区规划合理利用土地。环境保护的实施，也充分体现了以人为本的原则。

8.4.2 典型的空间分布模式

游乐公园的空间布局规划应充分考虑相关设施项目功能和内部的关系，通过有机地组合各功能之间的结构关系，从而发挥整体作用。游乐公园典型的空间布局主要有以下几种方式。

① 社区周边分散模式 这种布局是以社区为中心，周围分散形成主要功能区及各种辅助功能区，并在各区域之间用道路进行连接。在这种模式下，社区服务中心也发挥了旅游枢纽的作用，它是用于商业主题强烈的游乐公园，方便促进贸易展销会或在中心区举办经济贸易活动，有补充不同服务类型的优势。

② 服务网络模式 该模式重心不明显，是基于整体功能区之间合理划分的恰当形式，考虑到功能分区间存在的不足和各功能区之间的协调与互补，将服务区配合各功能区分散布局。适用于项目相对分散的游乐公园，不适用于纯商业化的、环境容量不大的游乐公园。

③ 同心圆扩展模式 此模式是一种同心圆布置，一般分为三层。最里面的一层是核心层，对应有相应的主体功能区；中层是服务区，它是物流服务的核心层，也是保障旅游者在最外层的需要；外层是辐射层，对应有相应的辅助功能区，对分流客流起到了适当的作用。

④ 中轴对称模式 这是一种精确的空间布局模式。各功能区在轴线上或两侧均衡分布，呈现出对称的形式。该形式的主要空间将游客的行为轨迹固定在游乐公园中轴上，使游览路线简洁明了，设计内容清晰有条理，并方便旅游经营者合理地控制客流量。

8.5 游乐公园的功能分区设计

8.5.1 出口及入口区设计

大门广场是一个游乐公园总体布局中很关键的部分。从功能上分析，大门广场是客流量最集中的地方，也是各种交通路线的开端，更是一个形象标志。

例如，深圳世界之窗入口处和出口处都在世界广场同一处，进出口合为一体，形成一个完整的长方形广场，可容纳大量游客，充分展示世界之窗规模之大，使整个世界广窗看起来气势磅礴。广场前的十尊雕像——大卫、非洲母子和维纳斯等，矗立在世界之窗的广场中轴线上及两侧，体现了世界之窗主题的内涵，深深地印入游客脑海（图 8-7）。游客进入公园后，他们可以被分为多个分支通往各景点，游览"世界"。

8.5.2 主题区设计

一个游乐公园可以有多个不同的主题区域。每个区域因项目内容和参与活动的游客数量以及游乐项目占地面积而不同。因此，应根据公园的特点组织布局。最重要的布置原则是要以人为本，考虑客流量，便于管理。还应充分考虑旅游者的年龄段及其心理需求，并注意动态和静态相互结合。

从另一方面来说，在主题景区项目类型及建筑风格建立前必须考虑主要景区各自的规划设计和相互之间的一种过渡关系，创造一个优美的自然环境，以达到合理的布局。

美国洛杉矶迪斯尼乐园由七个主题景区构成，分别为美国主街区、欢乐园、万物家园、荒野地带、未来世界、米奇童话城和新奥尔良广场。游客可以根据自己的兴趣在各个景区游玩。从美国的迪斯尼乐园在整体布局上的特征，我们可以得到以下总结：第一，每个景区内都有大小适宜的广场，用于容纳和疏散游客；第二，两个或者两个以上景区组成一个团，各

图 8-7　深圳世界之窗入口

组团内道路非常顺畅；第三，公共厕所等公共服务设施多而均匀地分布于各个区域；第四，充分考虑残障人士的需求，园内布置合理的专用通道，设置有醒目的标志。总之，迪斯尼乐园的空间布局是非常合理有序的。

　　我国的苏州公园是以北"动"南"静"的原则组织分割各景区（图 8-8）。相对安静的区域位于公园南部；而具有强烈参与性的"动"区位于北部，其目的是为了减少动静之间的相互影响。儿童游玩区被安排在公园的北面，分为三个组团，有不同类别的游乐设施，以适合不同年龄段的游客。儿童游玩区和附近的狮泉花园的题材风格迥异，所以在它们中间堆砌了假山。这样，形成了两个可分开的空间，从一个空间经过一个山洞就可以进入另一个空间。从而避免视觉的不协调，并给游客以新鲜感。

图 8-8　苏州公园

　　游客游览一段时间后体力往往会下降，精神也会疲劳。因此，一个成功的游乐公园在组织功能分区和景区分割上，要有一定的规律，须强调一种节奏的空间序列模式，即从序幕到景观的精彩部分，继而游客到情绪疲劳期时再转到富有精彩景观的景区，能够让游客在不经意间从不同的空间中感受到愉悦的心情。

8.5.3　科普及文化娱乐区设计

科普及文化娱乐区的功能是向广大人民群众开展科学文化教育，使广大游人在游乐中受到文化科学、生产技能等教育，具有活动场所多、活动形式多、较热闹、有喧哗声响、人流集中等特点，可以说是全园的中心。此区主要设施有俱乐部、游戏场、电影院、音乐厅、展览馆、画廊、文艺馆、阅览室、剧场、舞场、青少年活动室、动物角等，并且应设在靠近主要出入口处，地形较为平坦，有一定的分隔，平均每人有 $30m^2$ 的活动面积。该区的建筑物要适当集中，工程设备与生活服务设施齐全，布局应有利于游人活动和内部管理，同时要注意避免区内各项活动的相互干扰，故要使有干扰的活动项目相互之间保持一定的距离，并利用树木、建筑物、山石等加以隔离。

8.5.4　体育活动区设计

体育活动区的主要功能是供广大青少年开展各项体育活动，具有游人多、集散时间短、对其他各项活动干扰大等特点。在该区可增设各种球类、溜冰、游泳、划船等场地。布局上要尽量靠近城市主要干道，或专门设置出入口，因地制宜地设立各种活动场地。在凹地水面设立游泳池，在高处设立看台、更衣室等辅助设施；开阔水面上可开展划船活动，但码头要设在集散方便处，并便于停船。游泳的水面要和划船的水面严格分开，以免互相干扰。天然或人工溜冰场要按年龄或溜冰技术进行分类设置。另外，结合林间空地，开展简易活动场地，以便进行武术、太极拳、羽毛球等活动。

8.5.5　观赏游览区设计

观赏游览区主要以参观为主，往往选择山水景观优美地域，结合历史文物、名胜古迹，建造盆景园、展览温室，或布置观赏树木、花卉的专类园，或略成小筑，配置假山、石品，点以摩崖石刻、匾额、对联，创造出情趣浓郁、典雅清幽的景区。在区域内主要进行相对安静的活动，是游人喜欢的区域，为了达到观赏游览的效果，要适当布置一些可观的景点如花园、亭子、水景、山石景等。用地应选择地形变化复杂、景色最优美的地方。

8.5.6　老人活动区设计

随着城市人口老龄化速度的加快，老年人在城市人口中所占的比例日益增大，公园中老年人的活动区是公园绿地中使用率比较高的。可布置在安静休息区附近，这样的环境相对优雅、风景宜人。在活动区内还可布置一些适合老年人活动的设施，如棋牌桌等。

8.5.7　儿童活动区设计

儿童活动区是为促进儿童身心健康而设立的专门活动区。具有占地面积小（约 5%）、各种设施复杂的特色。其中，设施要符合儿童心理，造型设计应简洁明快、尺度小。如儿童游戏场有秋千、滑梯、滚筒、浪船、跷跷板和电动设施等。儿童体育场有涉水、汀步、攀梯、吊绳、圆筒、障碍跑、爬山等。科学园地有农田、蔬菜园、果园、花卉等。少年之家有阅览室、游戏室、展览厅等。以城市人口的 3%、每人活动面积为 $50m^2$ 来规划该区。该区多布置在公园出入口附近或景色开朗处。在出入口常设有塑像，布置规则和分区道路易于识别。按不同年龄划分活动区，可用绿篱、栏杆与假山、水溪隔离，防止互相干扰。

8.5.8　安静休息区设计

安静休息区的主要功能是供人们游览、休息、赏景、陈列，或开展轻微体育活动，具有游人密度小（100m²/人）的特点。应广布全园，特别是在距出入口较远之处，设在地形起伏、临水观景、视野开阔及树多、绿化、美化之处。应与体育活动区、儿童活动区、闹市区分隔，但与老人活动区可以靠近，必要时老人活动区可以建在安静休息区内。安静休息区一般选择具有一定起伏地形（山地、谷地）或溪旁、河边、湖泊、河流、深潭、瀑布等的环境最为理想，并且要求原有树木茂盛、绿草如茵的地方。安静休息区主要开展垂钓、散步、气功、太极拳、下棋、品茶、阅读、划船、书法绘画等活动。该区的建筑设置宜散不宜聚，宜素雅不宜华丽。结合自然风景，设立亭、榭、花架、曲廊，或茶室、阅览室等园林建筑。

8.5.9 公园管理区设计

公园管理区的主要功能是管理公园各项活动，是为公园经营管理的需要而设置的内部专用地区，具有内务活动多的特点。多布设在专用出入口内部，内外交通联系方便处，周围用绿色树木与各区分隔。其主要设施有办公室、工作室，要方便内外各项活动。工具房、杂务院，要有利于园林工程建设。职工宿舍、食堂，要方便内务活动。温室、花园、苗圃要求面积大，设在水源方便的边缘地。服务中心要方便对游人的服务。建筑小品、路牌、园椅、废物箱、厕所、小吃店、休息亭廊、问询处、摄影室、寄存处、借游具处、购物店等设施要齐全。

8.6 游乐公园实例分析

8.6.1 迪士尼乐园

美国洛杉矶迪士尼乐园于 1955 年 7 月开园，是世界上最具知名度和人气的主题公园。由华特·迪士尼创办，至 2016 年底共在全世界开设 6 个度假区。

"迪士尼乐园"其实是"迪士尼度假区"中的一个部分。除了乐园外，通常情况下，"迪士尼度假区"一般还包括主题酒店、迪士尼小镇和一系列休闲娱乐设施。而我们常说的"迪士尼乐园"里则包含许多主题园区，不同主题园区内则有不同游乐设施。截至目前，迪士尼大家庭已拥有 6 个世界顶级的家庭度假目的地，分别是美国加州迪士尼乐园度假区、美国奥兰多华特迪士尼世界度假区、日本东京迪士尼乐园度假区、法国巴黎迪士尼乐园度假区、中国香港迪士尼乐园度假区和中国上海迪士尼度假区。

8.6.1.1 分区

美国洛杉矶迪士尼乐园将整个园区进行分区，一般来讲每个公园分为 6～8 个区域。每个区域被称为"世界"或者"王国"（Land）。不同的迪士尼乐园，区域的划分有所区别。将迪士尼乐园的区域名称进行汇总，它们为美国大道、奇幻世界、冒险世界、明日世界（图8-9）、边境世界、新奥尔良广场、米奇的卡通城、蟋蟀王国、发现世界、玩具总动员、迷离庄园（图 8-10）和野矿山谷。每一个迪士尼乐园分区的数量及分区名称各不相同。

8.6.1.2 区域位置

不同的迪士尼乐园每个区域位置的设置也是不同的。美国大道的位置为乐园的入口处，建筑分布在通向中心广场的大街上。奇幻世界的位置位于中部，邻近美国大道，位于美国大道、中心广场的北侧。米奇的卡通城堡位于远离中心的位置，与中心广场并无直接联系的道路。冒险世界位于中轴线的西侧，明日世界位于中轴线的东侧。边境世界在中轴线的西侧，且与冒险世界相连。美国大道（图 8-11）、冒险世界、明日世界、奇幻世界均与中心广场之间有直接相连的道路。

图 8-9　明日世界

图 8-10　迷离庄园

图 8-11　美国大道

8.6.1.3　区域氛围

迪士尼乐园的每一个区域都具有不同的氛围特质。1955 年，华特·迪士尼第一次通过电视节目，向观众介绍了迪士尼乐园，在介绍中，华特透露出很多设计的细节与初衷。例如，冒险世界是在 1948 年迪士尼动画公司制作发行了一系列自然探险纪录片（例如 1948 年的《海豹岛》）之后，以此为灵感设计建设的。边境世界是为回应当时正在拍摄制作的电影《美国英雄》，而营造出西域荒野的氛围。明日世界是华特为了描述他心目中的新世界、新技术而设计的。奇幻世界，则收集了迪士尼的电影动画、卡通形象，汇聚成一处童话乐园。

8.6.1.4　道路

迪士尼乐园中的道路将各个区域、各个景点串联起来。迪士尼乐园中所有道路系统均为步行道路，园区内的机械交通运输系统主要为单轨列车与环形列车。道路系统主要为环形放射形式。环行线 1：以城堡与中心广场为圆心的环形道路，将各个区域串联起来。环行线 2：各个区域内部的环形道路，将各个区域内部的道路串联起来。

8.6.1.5　节点

迪士尼乐园的整个园区中，节点作用必不可少。景观节点在此是景观高潮，画龙点睛，同时在交通上起到分散人流的作用。节点位置与等级的设计以空间环境的行为与游客的心理需求、交通分流等要素为出发点。

8.6.1.6　标志物

迪士尼乐园当中，每一个区域均有一处建筑、构筑物，标高比其他区域的要高，游客可以在该区域的其他点对其进行外部观察。该标志物作为一种地标，可以让游客确定该区域，作为身份与结构的线索。从主题包装上，该构筑物具有明显的主题包装特征。整个园区的关注点为迪士尼城堡（图 8-12）。游客可以在乐园室外的各个地区看到城堡的尖顶。不同的园区城堡的尺度不同，尺度由该园区空间的尺度、周边的形体决定。城堡同时拥有纪念性与装饰性。考虑到园区内所有观赏点的视线与视距，城堡作为规划标志物，在城堡前配置了一定规模的场地。在城堡本身的设计手法中，使用了强迫透视法等原则，显示出城堡更为高大的效果。

图 8-12　迪士尼城堡

8.6.2　北京欢乐谷

北京欢乐谷（图 8-13）是国家 4A 级旅游景区、新北京十六景、北京文化创意产业基地，由华侨城集团创办，是集国际化、现代化于一体的主题公园。其位于朝阳区东四环四方桥东南角，占地56hm²。其中，公园一期占地约54hm²，于2006年7月29日正式开放。公园二期、三期分别占地5hm²和40多公顷。现在公园分别由峡湾森林、亚特兰蒂斯、失落玛雅、爱琴港、香格里拉、甜品王国（四期，由2006年建园之初的蚂蚁王国升级而成）和欢乐时光7个主题区（另外还有位于爱琴港的奇幻海洋馆、欢乐世界主题漂流三期项目）组成。北京欢乐谷设置了120余项体验项目，包括40多项游乐设施、50多处人文生态景观、10多项艺术表演、20多项主题游戏和商业辅助性项目，可以满足不同人群的需要，获得"中国文化创意产业高成长企业百强""首都旅游紫禁杯先进集体""首都文明旅游景区"等荣誉。

图 8-13　北京欢乐谷夜景

8.6.2.1　区位优势

北京欢乐谷主题公园区位优势明显。首先，北京市交通区位优势明显，是中国重要的交通枢纽之一，铁路、航空以及公路运输发达，是全国各地以及国际货运、客运的集散地，在空间上连接东北、华北、西北和中南地区；其次，北京作为中国的文化中心，旅游资源丰富，基础设施完善，形成了良好的旅游格局；再次，北京地处环渤海经济区，为旅游业的发展提供了良好的基础客源市场。最后，北京有中国高新技术研发基地，有"中国硅谷"之称的中关村，为北京欢乐谷提供了有力的技术支撑。

8.6.2.2　整体设计

北京欢乐谷突出文化体验，设计之初全园分为峡湾森林（图8-14）、亚特兰蒂斯（图8-15）、爱琴港、失落玛雅、香格里拉、蚂蚁王国六个主题区，主要功能包括主题演绎、器械娱乐、餐饮购物、主题景观、生态景观、主题游戏，以欢乐为基本格调，注重家庭成员间的互动和参与。

8.6.2.3　设计指导思想

北京欢乐谷以绿色生态之旅为概念核心，打造以不同历史和不同故事情节为背景的拟态空间，创造出具有地域和时代特色的景观群落，以展现多姿多彩的地球生态为目的，以"欢乐"式的体验方式为手段，打造一个集娱乐性、教育性、生态性为一体的综合性主题公园。

8.6.2.4　功能分区

北京欢乐谷包括表演、游乐设备、主题景观、生态景观、主题游戏、餐饮购物的综合性功能。

图 8-14　峡湾森林

图 8-15　亚特兰蒂斯

8.6.2.5　体验营造

① 文化知识体验　北京欢乐谷是一个文化的世界。基于希腊文化的爱琴港，以希腊文化为背景，通过古希腊神话中的典型故事"特洛伊木马"（图 8-16）和"奥德赛之旅"展开古希腊文明探险旅程。主题区通过古典元素的运用，营造出古希腊历史氛围；基于少数民族文化的香格里拉，这个区域的主题背景为西南地区的一个边陲小镇，展示了汉族、藏族、纳西族、白族、傣族、彝族以及纳西摩梭人等多种族系的特色；基于玛雅文明的失落玛雅，为游客创造一个探索玛雅文明的机会，在这个过程中，游客可以学习考古的知识，满足游客的求知欲。

② 情境性景观营造　拟态火车站的设计，小火车（图 8-17）仿照欧美 19 世纪末期双轨火车的外形设计，仿佛带领游客回到那个特定的时代。

图 8-16　特洛伊木马

图 8-17　小火车

蚂蚁王国（图 8-18）讲述了一个蚂蚁世界的故事，整个主题区空间尺度与人类所感知的空间尺度不同，像是一个被放大了的蚂蚁世界。在这个场景中，我们可以感受到蚂蚁世界的生活状态，蚂蚁精神——团结协作，人类以蚂蚁的视角去感受整个空间，极具想象力，给人留下深刻的印象。

③ 科技性体验　北京欢乐谷中游戏设施科技含量极高，例如，水晶神翼，其独特的旋转角度使人们的身体向下，体验飞翔的感觉；魔幻剧场采用虚拟现实技术，实现人和场景间的互动，产生如梦境般的体验。

图 8-18　蚂蚁王国

8.6.3　洛阳豪泽郁金香花海主题公园

该项目位于河南省洛阳市伊滨区，由棕榈设计北京区域负责整体规划设计。

该主题公园是中国最大的郁金香花海种植基地、中国最大的婚庆主题基地、中原首个以"迪斯尼乐园"为定位的主题文化旅游乐园，中原唯一的万国花海主题乐园，洛阳唯一以纯正荷兰风情为主体的玩乐目的地，也是唯一的大型冰雪世界，包括郁金香花海、桑斯安斯风车村、花仙谷、查理曼王国、鹿特丹小镇五大主题园区。该乐园秉承"观赏、玩乐、演艺、主题、体验"的特色价值，打造集花海观赏、主题游乐、文化体验、生态休闲为一体的综合文化旅游度假区；构建美丽产业、花海主题秀、花海主题园、花车巡游节等品牌特色体验；丰富亲子互动、青少年素质拓展、创意集市、花样农庄牧场等体验休闲活动；联动温泉度假、商务会议、特色餐饮等养生度假产业。

该园区所在地位于暖温带南缘向北亚热带过渡地带，属暖温带大陆性季风气候和亚热带季风气候，四季分明，气候宜人。年平均气温约15℃，极端最高气温40.4℃，极端最低气温−20.2℃，年降水量约630mm。

园区整体地形南高北低，项目最高点307m，最低点212m，高差95m。整体坡度较小，大部分地区坡度小于25%。园区中间有一道南北走向的宽50m、深10m的沟壑，沟壑底部平坦，沟壑两侧坡度较大，平均坡度60%（图8-19）。

8.6.3.1　总体规划

根据现有自然条件和园区功能定位，将豪泽郁金香主题游乐园规划为"七区"加"一带"的空间格局（图8-20、图8-21）。

"七区"为该主题公园的七个功能分区，分别为入口区（梦起航）、球根花展区（绚丽·梦）、科普展览区（自由·梦）、温泉度假区（悠然·梦）、文化传播区（优雅·梦）、采摘农园区（收获·梦）、儿童活动区（纯真·梦）。

"一带"为沿该主题公园内由东南到西北方向的沟谷布置的一条景观带。

① 设计目标　豪泽春季球根花卉展区是豪泽主题游乐园内的特色园区，以休闲观光为主，附带科普教育功能。花展位于主题游乐园的东北部，紧邻主入口区，是吸引游人的最佳位置。

② 景色分区　本展园总占地面积约6万平方米，根据园区现有地形和地貌特点，在满足其功能性质需求的前提下，将整个展区规划成一个集科普、美观、休闲为一体的春季球根花卉展园。

图 8-19 现状地形

图片来源：棕榈设计北京

图 8-20 总体平面图

图片来源：棕榈设计北京

球根花展主要分为以下几大区域：入口广场区（荷兰广场）、室外片植花海区（花之海洋）、室内花展区（花之梦）、林下花展区（林之梦）（图 8-22）。

8.6.3.2 分项设计

（1）地形与道路设计 花展所在区域整体地势南高北低。在入口主花海区，为了更利于观赏球根花卉的群体效果，通过微地形的改造，加强了入口区的环抱地形坡度；在室内花展

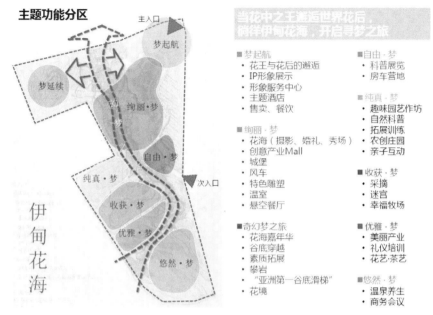

图 8-21　功能分区图

图片来源：棕榈设计北京

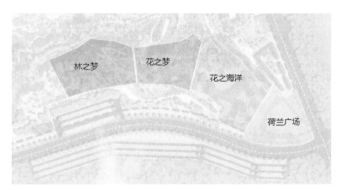

图 8-22　花展区总体分区平面图

图片来源：棕榈设计北京

区，将温室置于平坦的区域，并在温室旁边开挖了一条水系。

由于展区面积较大，展园道路设置了三个等级。第一个等级是用于连接花展与其他区域的一级道路，宽度 6～8m，为可供花车游行和电瓶车运行的主环道，两侧或局部单侧设人行道。第二个等级以人行为主，便于游人在花展内行走，宽度 3～4m，必要时可通过环卫用小型垃圾运输车。第三个等级为 1.5m 人行小径，形式为沙石或草地汀步。

（2）种植设计　植物主要以突出展示春季球根花卉为主，乔木选用了国槐、白蜡、栾树为基调树种，搭配了常绿植物石楠、油松等，落叶植物银杏、枫杨、紫叶李、樱花、海棠等。各个分区的植物设计归纳总结如下。

① 入口区　花展的入口也是整个园区的主入口，设计有荷兰特色的建筑大门，大门内外均是广场空间。外广场的植物以列植乔木为骨架，在种植池内布置几何形球根花卉图案，并在花展期间用盆栽、花坛等形式应用各种球根花卉，烘托入口空间的迎宾氛围（图 8-23、图 8-24）。

图 8-23　主入口外广场效果图
图片来源：棕榈设计北京

图 8-24　主入口建筑效果图
图片来源：棕榈设计北京

② 片植花海区　大门内广场设计有喷泉跌水，是入园后的缓冲空间。此处为球根花卉提供了大尺度种植空间，用花海的应用形式布置了主花海景观，给入园后的游人一个震撼大气的第一印象。配合球根花卉的应用形式，主入口区的植物景观简洁明了，结合地形设计用植物围合形成开阔的球根花海区。背景组团用自然式的片植手法，用"乔灌花"的群落结构丰富层次，上层选用国槐、银杏、石楠等；下层选用海棠、碧桃、紫薇；地被选用多种球根花卉，以大尺度条带形布置，并在花海中片植几处高大乔木，构成"乔花"的群落结构，丰富景观层次。

为了能以更好的角度观赏大面积的花海，在此区域的西南角设置了一座高达 10m 左右的风车，人们可以登到风车顶层以俯视的角度观赏球根花海的壮阔景观。

此处的球根花卉应用形式以花海为主，沿路设计有小尺度的花带和花境，在风车附近的广场边设计有规则式的小片块的品种展示区，配以品种说明等（图 8-25）。主花海选用了品种和色彩最丰富的郁金香，以条带和曲线构成大气简洁的图案，花期全部选择中期，使花海同一时间同步开放。花带和花境部分则搭配了各个花期的多种球根花卉，有各个花期的郁金香、早花的大花葱、贝母、花毛茛、葡萄风信子、洋水仙等，使花境交错开放。

③ 温室及周边花展区　温室内用促成栽培手段在春节及室外花展期间举办室内球根花展，用盆栽、水培、插花等方式展出各类球根花卉和名贵品种，布置各种主题的球根文化展览等。

温室四周用矮台地的形式丰富竖向层次，植物以法式风格魔纹为主，以几何形布置球根花卉及灌木绿篱。此区域的球根花卉应用形式以花坛和花台为主，局部配植了规则式花境。

温室旁的水系可乘游船观赏，因此植物布置主要从游船上的视线角度出发，在岸边营造以乔灌木为背景、以球根花卉为前景的植物空间。局部以流线型花带和点状丛植相结合，营造出海浪和气泡的意境，并选用大量的葡萄风信子和大花葱烘托出蓝紫色基调氛围，并根据洋水仙耐水湿的特性，将它们沿湖边种植，在开花时与水中的倒影相映成趣，丰富驳岸景观（图 8-26）。

④ 林下花展区　此区域与入口的大尺度花海不同，以打造小空间、小尺度的花展空间为目的。考虑到大部分球根花卉不喜强烈光照的习性，上层片植乔木为园区适当遮阳，为球根花卉提供合适的生长环境（图 8-27）。中层用自然式组团分隔出大小不等的空间，再在其中设置岩石园、植物迷宫、花境等展区，为下层球根花卉的多种应用形式提供丰富的植物骨架空间。在植物品种的选择上，上层乔木选用了国槐、枫杨、元宝枫，中层植物选用了春季开花的海棠、玉兰，夏季开花的木槿、紫薇，秋季变色的黄栌、鸡爪槭，冬季常绿的白皮松、大叶女贞等，充分考虑了季相变化需求，使球根花展以外的季节也有景可赏。

图 8-25　花海平面图
图片来源: 棕榈设计北京

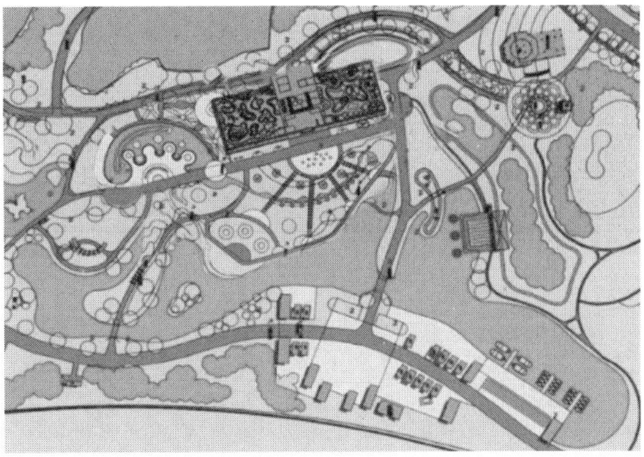

图 8-26　温室及水系平面图
图片来源: 棕榈设计北京

此区域的球根花卉应用形式最为丰富，以花境、岩石园、花坛迷宫、缀花草坪等小尺度为主，力图做到步移景异。依球根花卉的光照需求将其布置于适合的环境中，例如将番红花、蓝铃花等耐阴的球根花卉以缀花草坪的形式应用到密度较大的林下。依球根花卉的观赏特性将其应用到合适的形式中，例如将葱属的球根花卉、葡萄风信子、郁金香等组合搭配出球根岩石园。依球根花卉的高度将其搭配出具有特色的花展形式，例如将高度较高的大花葱品种配置在绿篱内，并设计成迷宫的平面形式。

（3）景观小品与配套设施设计　花展主题定为花仙子主题球根花展，作为豪泽游乐园全区故事情节中的一节。围绕花仙子主题设置了各种花仙子形象的造型小品，布置在球根花卉展园中。

花展展区的配套服务设施有座椅、灯具、垃圾桶、导视系统、厕所、售卖处、电瓶车停靠站、自行车租借站、存储柜、急救站。

（4）花展活动设计　围绕花仙子主题打造花样翻新的花展活动，在花展入口设计人偶互动表演，在花展温室内打造各种插花活动、种植球根花卉盆栽活动、家庭亲子活动等。策划集体花海婚礼、花海舞会、花海音乐节等大型文娱演出活动，并定期在日间举行球根花车游行，在夜间举行花海灯光秀，打造多时段、多形式的活动体验（图 8-28～图 8-32）。

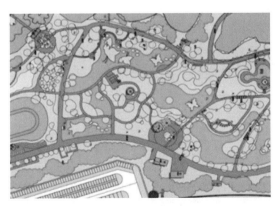

图 8-27　林下花展区平面图
图片来源: 棕榈设计北京

图 8-28　乐园大门建成照片
图片来源: 棕榈设计北京

图 8-29 入口花海区建成照片
图片来源：棕榈设计北京

图 8-30 风车区建成照片
图片来源：棕榈设计北京

图 8-31 园区花景建成照片
图片来源：棕榈设计北京

图 8-32 建成后园区航拍
图片来源：棕榈设计北京

课程思政教学点

教学内容	思政元素	育人成效
北京欢乐谷景观设计	创新思维	引导学生了解北京欢乐谷中高科技的游戏设施如水晶神翼、魔幻剧场等，培养学生的创新思维
	文化互鉴	主题区通过古典元素的运用，营造出古希腊历史氛围；并展示了汉族、藏族、纳西族、白族、傣族、彝族以及纳西摩梭人等多种族系的文化特色，体现了多民族文化的大融合的文化互鉴

第9章　后工业公园的规划设计

后工业公园在 20 世纪 60～70 年代逐步兴起于欧美发达国家，并在 20 世纪 90 年代获得了迅速发展。伴随从工业社会向后工业社会的转变，发达国家传统工业逐渐衰微，产生大量工业废弃地和废置工业设施。这些国家在对工业废弃地进行生态恢复和景观再生的同时，注重工业遗产的保护与再利用，逐渐形成了后工业景观和后工业公园的设计理论体系。

9.1　后工业公园概述

9.1.1　相关概念解析

（1）工业废弃地

后工业公园设计的对象是工业废弃地。工业废弃地是指曾经用于工业生产及其相关用途，而现在已经不再作为工业用途的场地。其主要包括工业采掘场地、工业制造场地、交通运输设施、工业或者商用仓储设施以及工业废弃物的处理场地及设施。

由于城市面积不断扩大，产业结构进行调整、转移、破产、资源耗竭等，一些工厂关闭，致使大量土地被闲置并缺乏管理，这些受工业污染的土地降低了周围地区的环境质量，因此一般被统称为"工业废弃地"。"棕地"意译自英文单词"brownfield"，最早出现于 20 世纪 80 年代美国国会通过的《环境应对、赔偿和责任综合法》中。

目前，我国《城市用地分类与规划建设用地标准》（GB 50137—2011）和《土地利用现状分类标准》（GB/T 21010—2017）对工业废弃地的归属并无明确规定。从我国的实际情况看，工业废弃地是指曾为工业生产用地和与工业生产相关的交通、运输、仓储用地，后来废置不用的地段。尽管工业废弃地的定义不完全一致，但具有如下的共同特点：①曾经作为工业用地；②当前没有使用；③位于农村、郊区或城市中；④部分或全部的区域可能受到一定程度的污染。

（2）后工业社会

人类社会经济的发展已有几千年的历史，国际上对于一个国家或地区经济发展阶段的划分通常是通过工业化的测度来评价经济的总体发展程度，按照产业成长阶段论，将社会经济发展阶段划分为农业化、工业化、后工业化三大时期。其中，工业化时期，经济的发展以第二产业为主；后工业化时期，经济的发展以第三产业为主。后工业化可追溯至美国的 20 世纪 60 年代早期或欧洲的 20 世纪 60 年代晚期，它通常被认为包括科学技术方面的信息革命、生产结构方面的第三产业主导、社会生活方面的消费革命。在产业结构中，当第三产业占 GDP 比重超过了第一、第二产业的时候，就可以认为该国或地区进入了"后工业社会"。后工业社会的基本特征是社会经济形态从商品制造经济转变为服务经济，以新兴科技产业、金融、服务为代表的第三产业逐渐取代以传统制造业为代表的第二产业在国民经济中的主导地位。

后工业的概念首先由美国社会学家丹尼尔·贝尔（Danil Bell）最先提出，他将人类社会发展分为三个阶段：前工业社会、工业社会和后工业社会。他在《后工业社会的来临》一书中认为，后工业社会有五大特征：经济方面，从产品生产经济转向服务性经济；职业与上层建筑方面，一个新的专业化或技术职业性阶层的出现及其主导地位的确立；社会发展方向方面，对技术的控制与鉴定；决策方面，创造新型的"智能技术"；整个社会的中轴原则是理论知识占中心地位，是一切社会变革和政策制定的源泉。而后工业社会最早、最简单的特征是，大部分的劳动力不再从事农业、制造业，而是从事服务业。

伴随着后工业时代的到来，一方面社会对专业化分工、科学技术方面要求越来越高，专业间的合作越来越紧密。另一方面休闲化和学习化是人类随着时代发展生活结构发生变化的一种明显趋势。休闲化将导致人们对休闲娱乐场所的进一步需求，为人们追求、享受精神生活提供具象的物质条件，而学习化则导致人们对人文精神、场所精神、事物内涵的进一步需求，为人们追求、享受精神生活提供抽象的精神条件。后工业时代下人类生活行为方式所具有的这一鲜明的时代特征，对精神内涵的追求也必将为后工业时代的景观带来不可磨灭的印记。

（3）后工业景观

"后工业景观"源自英文直译"post-industrial landscape"，也有译作"工业之后的景观"。基本含义是指在先前作为工业生产用途而后废置的场地上重建的景观。

后工业景观是指在工业遗存的基础上，利用景观设计的途径，通过对工业元素的改造、重组与再生，通过对场地功能的全新置换，以改善环境为主要目标，营造出的具有鲜明特征和场所记忆的新景观。它伴随着郊野矿区的生态恢复和城市工业地段的景观更新实践而逐渐产生，是一类相对特殊的新的景观设计领域，由于其规划设计场地的特殊性，使其具有鲜明的个性。因此后工业景观与后工业时代下的景观概念完全不同，但它与后工业时代下的景观同样植根于后工业社会的经济基础和社会文化背景之中，是后工业时代下的景观的一种特殊类型，因此后工业景观具有后工业时代下的景观的一切共性，并同后工业时代有着千丝万缕的联系。

（4）后工业公园

后工业景观包含广义和狭义两个层面的内涵。广义后工业景观的外延包括许多领域：如后工业城市再生景观、工业历史遗产保护、后工业建筑改造、后工业景观园林和后工业公共艺术等。涉及的学科相应包括城市规划、城市设计、遗产保护、建筑设计、景观设计和环境艺术专业。狭义后工业景观的外延限定在城市开放空间和郊野后工业景观，主要包括城市后工业公园、城市后工业广场、郊野废弃地公园和矿区后工业公园。

依托后工业景观，将场地上的各种自然和人工环境要素统一进行规划设计，组织整理成能够为公众提供工业文化体验以及休闲、娱乐、体育运动、科教等多种功能的城市公共活动空间，即为后工业公园。

9.1.2 后工业公园产生背景

（1）经济背景——后工业过程中废弃地的产生

后工业社会的基本特征是，社会经济形态从商品制造经济转变为服务经济，以新兴科技产业、金融、服务为代表的第三产业逐渐取代以传统制造业为代表的第二产业在国民经济中的主导地位。当一个国家的GDP比重中，以金融、服务和高科技产业等第三产业的比重超过第一、第二产业时，那么该国就可以被认定为进入了后工业社会。

早在20世纪60～70年代，西方发达国家就已经进入了"后工业社会"。当西方发达国家进入后工业社会后，其产业结构变化的主要特征就是以劳动密集型的制造业和资源密集型的重工业向第三世界国家转移。这样一来，大量的工业制造基地被废弃和荒芜，这种产业结构性的衰落得以形成大批后工业遗址。

（2）产业背景——城市产业用地布局的转移

城市的扩张导致城区的面积在迅速增长。在此过程中，由于原来工业用地造成了严重的污染，已经不适应在城市生活区中继续存在和发展，大量的工厂被迫向城市边缘地区和郊区搬迁。但是由于搬迁后所遗留下来的后工业遗址也需要进行重新开发，而这种再开发使土地的使用性质产生了根本变化，大量的工业用地成了民用或者公益性质的土地。

（3）社会背景——人类对环境保护和土地资源利用观念的转变

纵观整个人类的文明发展史，贯穿始终的是人类与自然之间相互依存的历程。在不同的人类文明时期，人类与自然之间的关系也不尽相同。文明的变革同时也相对影响着人类与自然关系的变化。当人类文明从农业社会发展到工业社会时，人类也从对自然的依赖而发展到征服自然。而当人类发展到后工业文明时代时，人类已经开始有目的地改造自然了。文明的发展和进步，同样带来了人文景观的发展和变化。而对后工业遗址的重新开发和利用，正是体现了人类从对自然的破坏和索取阶段向着改造和保护自然的阶段升华。

在这种时代发展背景的前提下，城市设计衍生到建筑和景观领域的主流价值观开始逐渐转变。人们开始注重生态的、可持续发展的设计，摈弃那种粗放的、自然掠夺式的设计；高大猛进的大拆大建被注重质量的小规模建设和改造所替代；标准建造模式也逐渐被注重地方文脉、尊重历史文化的设计思想所替代。

9.1.3 后工业景观的发展历程

（1）19世纪下半叶城市公园运动与城市废弃地更新

在工业革命以前漫长的农业时代，受到手工业技术的限制，人类不可能大规模地开采和破坏自然环境，因而可以在相对漫长的时间内，协调人类活动和自然环境的关系。伴随着近代工业革命的发生，机器工业和人类技术能力的进步，使得人类改变自然的能力迅速增长，工业社会早期的过度开发和工业污染对自然环境产生极大的破坏，打破了原有的平衡。如何改造和重新利用在工业生产过程中被破坏的环境和土地就成为园艺学家和工程师们面临的一个现实问题。人们尝试通过补偿和矫正工业废弃地的环境，从而达到提升废弃地价值、改善人类居住环境质量的目的。正基于此，真正意义上的工业废弃地的景观更新应运而生。

19世纪末随着大城市的发展以及城市人口的膨胀，城市环境越来越恶化，作为改善城市卫生状况的重要措施，产生了大量的城市公园。城市公园的设计和营造，肇始于1857年由美国著名景观师奥姆斯特德设计的纽约中央公园。奥姆斯特德开创了一系列建造城市公园的实践，对美国和世界的城市公园运动了产生深远的影响。纽约中央公园原来是一处环境恶劣的城市废弃地，非常不合适建造。奥姆斯特德创造性地将其开辟为城市绿色开放空间，实现了他的城市公园理念，在现代景观史上，成功地开创了利用城市废弃地建造城市公园的先河。

稍早一些的欧洲也兴起了城市公园的建设。在英国，建于1843年的伯肯海德公园，被认为是第一个由政府出资兴建，用于改造工业地段环境的实践。公园的建造减轻了工业革命带来的消极的社会影响，并且带动了周边城市地段土地的升值。

法国19世纪中叶正值奥斯曼（Haussmann）对巴黎的大规模改造时期，为了缓解出于军事目的进行城市改造形成的紧张严肃的气氛，著名工程师阿尔方（J. C. Alphand）在巴黎建造了一批颇具浪漫色彩的城市公园。其中比乌特·绍蒙公园（Parc des Buttes Chaumont）从废弃材料中创造出的新形式以及富于戏剧性的景观艺术使它在造园史上成为相当著名的案例。该公园于1867年建成，位于巴黎的郊区，原来是石灰岩采石场，后来用作垃圾场。随着城市的扩张，这块工业废弃地开始受到人们的重视。阿尔方将采石场旧址上一部分石灰岩地形保留下来，并通过设计加以强化；同时改造余下的部分，广泛地种植绿化植被。运用混凝土等材料模仿自然地貌，甚至是岩洞中的钟乳石，达到人工与天然的完美统一。

这些19世纪末的废弃地的景观更新实践，开创了通过景观设计来改善工业废弃地的环境、对抗工业革命带来的环境及社会问题的先例，为后来的城市工业废弃地的景观更新实践提供了一笔宝贵的财富。

（2）20世纪60～70年代后工业景观设计的出现

20 世纪 60 年代环境保护运动使人们开始反思工业化给环境造成的破坏，开始关注在工业生产过程中遭到破坏的区域，探讨对受到破坏的环境的生态恢复的方法和途经。在"少费多用、循环再生"的生态主义思想原则的指导下，在工业地段的城市开放空间设计中出现了像吉拉德利广场（Chirardelli Square，1963）和西雅图煤气厂公园（Gas Work Park，1970）这样改造利用工业场地和工业设施的景观设计案例。

1963 年劳伦斯·哈普林（Lawrence Halprin）设计的美国旧金山吉拉德利广场将已废弃的巧克力厂、毛纺厂改建为商店及餐饮设施，广场、绿化、喷泉穿插其中，在提供新功能的同时，保留了该地区的传统地标。1970 年理查德·哈格在修建于 1906 年的西雅图煤气厂旧址上建造新的城市公园时，保留了工厂的一组精炼炉和车间作为公园的景观标志和服务空间，并且利用生物手段清理了土壤中的石油精，取得了经济而有效的结果，成为运用生态技术和保留工业景观的公园设计的典范。

（3）20 世纪 70 年代美国矿区更新

20 世纪 70 年代以来，生态科学的分支之——恢复生态学（restoration ecology）迅速发展起来。恢复生态学是研究生态系统退化的原因、退化生态系统恢复与重建的技术和方法及其生态学过程和机理的学科。英国、美国、澳大利亚等发达国家有着悠久的工业史，他们最初在恢复生态学方面的工作主要集中在对矿区废弃地植被的恢复。20 世纪 80 年代以来，随着各类生态系统的日益退化以及相继引起的环境问题的加剧，他们开始注重不同退化生态系统恢复重建的研究和实践，实施了一系列大的生态恢复工程（包括不同采矿废弃地、湿地、草地、森林的生态恢复）。

恢复生态学的研究进一步促进了矿区生态恢复的实践。1977 年美国卡特总统签署了《露天煤矿管理与更新法案》，在改造实践中，景观师的工作主要是对矿区进行生态恢复，选择植物种植并且负责土地利用的咨询。一些改造计划中还增添了娱乐设施。美国还通过州立公园和国家公园的形式对工业废弃地进行生态更新和对工业历史遗迹进行保护。例如美国西弗吉尼亚的矿区中建立起来的罗根州立公园（Chief Logan Park）。工业废弃地的改造与美国 20 世纪 60 年代发展起来的大地艺术不谋而合，美国大批艺术家参与了很多旨在更新美化工业废弃地、改善环境质量的实践，在矿区更新的实践中大地艺术家的实践发挥了重要的作用。

（4）20 世纪 80～90 年代欧洲后工业景观的发展

20 世纪 60～70 年代欧美发达国家的传统制造业特别是钢铁煤炭和旧城内港持续衰退。进入 80～90 年代，西方发达国家许多传统工业企业，无法摆脱产业结构带来的危机，最终走向倒闭。同时随着环境保护运动的发展，环境立法及对工业污染和排放的限制也促使了一部分污染工业的废弃和搬迁。

英国对于衰退工业城市和工业地段进行改造的案例有伦敦码头区改造、利物浦肯德码头区、曼彻斯特塞尔福德码头区的整治开发以及伯明翰布林德利地区的更新实践。在内城复兴的实践过程中，对于旧城衰落的工业地段进行了更新和改造。

在内城更新的实践中，工厂和工业区的拆迁改造为城市充分利用有限的土地资源"见缝插绿"提供了机遇。英国和法国在将城市工业类地段改造成为城市公园的实践中，如法国巴黎新建的雪铁龙公园、拉维莱特公园这样充满现代气息的城市园林，仍然沿袭了巴洛克园林的尺度、空间和审美趣味。

（5）20 世纪 90 年代德国鲁尔区更新与后工业景观成熟

从 20 世纪 80 年代后期到 90 年代，德国大规模的工业废弃地更新和旧工业区的更新改造，将后工业景观设计实践推向了一个新的高度。对工业遗产和工业文化的保护与再利用、废弃工业设施的循环利用，以及生态技术的开发与利用，促成了后工业景观设计容纳和集合了多学科多专业的技术和理念，将后工业景观实践提升到了一个前所未有的高度。

1991年欧洲大地艺术、装置艺术（object art）和多媒体艺术双年展第一次在德国科特布斯（Cottbus）附近一个废弃的露天矿区举行。这在德国标志着一种新探索的开始，即通过大地艺术对废弃景观进行重新阐述，也标志着大地艺术实践正式被引入欧洲，并获得了更进一步的发展。

（6）21世纪初的后工业景观的新动向

20世纪90年代后期以来，注重生态、强调场所精神、尊重地区文脉，已经成为城市规划和城市设计领域里的普遍趋势。在杜伊斯堡公园成功实践的感召和引领下，在新千年伊始，世界其他地方又相继出现了后工业景观的更新实践。而这些实践出现在世界范围内不同的地区，因而更加具有明显的地方性。特别是亚洲国家的后工业景观实践更加带有东方的色彩。

2000年建成并开放的美国丹佛市污水厂公园，被认为是美国在西雅图煤气厂公园之后，又一个重新利用工业废弃地的大胆尝试。它是由丹佛的温克事务所（Wenk Associates）设计的，设计师对污水厂进行了大规模的改造，将污水厂的构筑元素大胆拆分，从原有的工厂建筑和结构中保留提取了一些抽象的元素，作雕塑式的处理。

亚洲国家在此阶段也出现了较多的后工业景观的代表性案例。如韩国首尔为了迎接2002年4月世界杯足球赛，在汉江两岸和众多岛屿上面建造了一系列的绿色公园。如兰芝岛的垃圾治理和公园建设项目，也包括汉江上由原来的污水净化工厂改造而来的仙游岛公园。

在中国20世纪90年代末也出现了后工业景观设计的实践，如土人景观公司设计的广州岐江公园，原址为粤中造船厂，设计保留了中国大地50～60年代工业建设时期的工厂遗迹，并将其进行符号化的处理。在尊重并延续了地段历史的同时，通过对场地乡土植被的保护和适应水位变化的滨水空间的设计，综合满足了生态、功能和美学的要求。

9.1.4　后工业公园类型

后工业公园的外延同样包含了许多种类。按照后工业公园与城市的位置关系，可以将后工业公园划分为郊野后工业公园和城市后工业公园。郊野后工业公园主要是指矿区公园，又可以根据矿区的性质和地形植被分为矿场荒地公园、矿区河湖公园、矿山森林公园等。城市后工业工园则主要包括港口公园、船厂公园、矿场公园、炼铁厂公园等（表9-1）。

表9-1　后工业公园的分类

类别	类型	案例
郊野后工业公园	矿场荒地公园	德国北戈尔帕公园、德国科特布斯公园、美国罗根州立公园
	矿区河湖公园	法国比维尔（Biville）采石场
	矿山森林公园	瑞士穆西塔（Musital）采石场公园
城市后工业公园	港口（码头）公园	德国港口岛公园、英国泰晤士河岸公园、美国甘特里公园
	船厂公园	中国岐江公园
	矿场公园	德国波鸿城西公园、德国诺德斯顿公园
	炼铁厂公园	德国北杜伊斯堡景观公园
	煤气厂公园	美国西雅图煤气厂公园
	水泥厂公园	中国广州芳村水泥厂公园
	砖瓦厂公园	德国海尔布隆砖瓦厂公园
	水处理厂公园	韩国仙游岛净水厂公园、美国丹佛城北公园

9.2　后工业公园规划设计要点

9.2.1　后工业公园规划设计模式

城市后工业景观公园是在对城市废弃工业场地和工业遗存进行保护和改造的产物。由于废弃工业地段所处的城市区位不同、周边环境不同、景观师的观念和设计方法不同以及社会文化和大众审美倾向的不同，城市后工业景观公园表现为不同的类型。

9.2.1.1 陈列式保留

古迹陈列式保留模式以西雅图煤气厂公园为代表。类似的案例还有纽约甘特里广场州立公园，作为后工业景观的早期案例，表现出对工业景观利用的初步尝试。公园对工业遗迹更多的是采取一种古迹陈列式的保留，工业景观在公园成为地段的历史记忆和一座工业纪念碑。工业遗迹的再利用方式是有限的，比如精炼炉作为景观雕塑却禁止接近和攀爬。公园其余大部分区域则是完全按照奥姆斯特德的景观模式来处理的，以开敞的自然风景为主体。

9.2.1.2 填筑式改造

填筑式改造模式是以北杜伊斯堡景观公园为代表的一种城市后工业公园的设计模式。它是在 20 世纪 90 年代发展起来的，融合建筑设计、大地艺术等学科领域的理念和手法，依靠生态技术的新发展，所形成的一种复杂综合的景观艺术模式。充分保留工业场地的工业结构和工业元素，毫不加以修饰，通过有限的新元素对工业景观进行重新阐释，更新和改造集中在设施内部的功能转换方面。

填筑式改造模式通常保留工厂的结构，包括工厂的工业建筑和工业构筑，在旧有的工业景观结构内部进行局部的、片段的改造与更新。在旧有工厂的工业结构基础上进行设计，通过新的设计语言和抽象的景观系统将破碎的工业景观统一整合起来，把新的景观元素完全镶嵌于旧有的工业结构和工业景观背景之中。在不破坏工业场地结构和景观框架的基础上进行细节的更新和改造，通过在旧结构上叠加新元素达到对工业结构的转译和重新阐释。

9.2.1.3 革新式重建

革新式重建模式的典型代表是法国巴黎雪铁龙公园。这种模式处理工业景观的方法是全部移除，在拆除废旧建筑和清除场地污染之后塑造全新的景观。新景观完全排斥工业废弃地的场地痕迹，代之以全新的设计风格。这种后工业公园模式还包括巴黎拉维莱特公园和伦敦泰晤士河岸公园等案例。

对工业遗迹采取一种全新替代的策略，而在形式、材料和尺度上面寻找与工业景观相似的气氛和手法，不再保留工厂的设施结构，而是继承工业景观的某种景观特质，比如尺度、形式、材料等。对场地工业痕迹进行改造和美化，遵循的是另外一种美学标准。比如巴黎雪铁龙公园没有保留雪铁龙汽车厂的工厂设施，但是公园新景观中的大玻璃温室的尺度和建筑材料钢和玻璃同样产生了强烈的工业气氛。直线的路网、开阔的草坪、向塞纳河跌落的台地结构，景观设施的韵律和形式同周边建筑形成了对话。例如巴黎拉维莱特公园表现出的强烈工业气氛，虽然很多学者和评论家将拉维莱特公园归为后现代主义公园的类别，但是从后工业景观设计的视角审视拉维莱特公园，发现公园具备强烈的工业景观信息。笔直的运河、高架的步道和铁质"红盒子"（folly）在尺度、形式、材料上表现出强烈的后工业倾向。可以说这是一个将法国巴洛克园林传统与工业景观元素密切结合起来的典型案例。

9.2.2 后工业公园规划设计原则

9.2.2.1 对场所精神的尊重

"场所精神"的概念最早是在 20 世纪 60 年代由挪威当代的建筑历史和理论学家克里斯蒂安·诺伯格-舒尔茨（Christian Norberg-Schulz）提出来的。我们可以将它简单地理解为环境场所的具体现象特征的总和或"气氛"。诺伯格在《场所精神》一书中试图用质地肌理、光、地面起伏的状态、围合的程度等具体的现象特征范畴，来分析和描述自然和人造场所的具体情况，以及探讨二者之间的关系。后来"场所精神"的理念被艺术家、建筑师和景观师广泛接纳和认同，并不断发展。后工业遗址是感受和认知工业历史和文化的重要场所，人们在后工业遗址上可以看到自然和人为的活动带来的改变、场地历史的变迁、人类情感的寄托等，这都属于"场所精神"的范畴。我们要提倡对场所精神的尊重，提高人们对后工业遗址上典型景观特征的保留和保护意识，减少对历史和人文工业景观的人为破坏。例如，波鸿城西公园中矿坑的地表特征仍然保持原样，许多采矿区保留了原来的结构和地表肌理，杜伊斯堡公园对工厂的全景都进行了保留等，这些都反映了设计师对后工业遗址上景观的肯定和尊重。尊重场所精神，也是尊重自然的最佳体现。要客观地看待后工业遗址的产生过程，尊重在自然历史条件下出现的一切事物，而不是去试图改变什么。彼得·拉茨（Peter Latz）曾经说过，试图让矿渣堆上长满植物，改变矿渣堆的坡度，以防止土壤流失的做法是荒谬的。

9.2.2.2 对棕地地表痕迹的保留

工业生产过程中，往往在地表会采取挖掘和其他生产活动。这些生产活动会留下明显的人工痕迹，如何处理这些痕迹则成了景观规划设计中的入手点。在后工业公园规划设计中，设计师往往并不试图去掩盖和消灭这些痕迹。恰恰相反，设计师们会通过设计手法来强调和处理这些痕迹，最大限度地予以保留，被保留后的痕迹则成了后工业遗址景观的典型特征之一。

棕地地表痕迹保留可以通过加以人文思想的保留得以实现。例如在改造德国海尔布隆砖瓦厂公园的过程中，设计师将历史上掘土后留下的土壁有意保留下来，在距土壁50m处的外围用碎石砌筑矮石墙阻挡行人进入，可以很好地将土壁和周围的自然再生区域保护起来，而且这种保留并没有改变地表痕迹原有的形态和肌理（图9-1）。

大地艺术出现在20世纪60年代。大地艺术是对后工业遗址中地表痕迹的一种处理手法，它是在最初的环境保护主义兴起的背景下出现的。大地艺术家比较偏爱荒芜的旷野和滩涂。这些地方因大工业生产而被破坏。这些被遗弃的土地显现出工业文明离开后孤寂的气氛，这种气氛给人带来了强烈和深沉的感受，也使得这些后工业遗址成为大地艺术家们进行艺术创造的地方，从而提高了废弃地的景观价值。

大地艺术可以实现对地表痕迹的最为完整的保护和保留。例如在奥普斯40（Opus 40）的创作中，艺术家哈维·菲特（Harvey Fite）就顺应了场地原有的地表特征，将采石场上原有的剩余石料进行加

图9-1 德国海尔布隆砖瓦厂公园的黄黏土陡壁

工，通过在原有石料上手工雕刻，使得整个采石场呈现出雕塑一般的景观。这种保留原有地表痕迹的手法，使得采石场本身成了一件雕塑艺术品。这种手法充分体现了大地艺术的特点，即基于地表原有的痕迹，尊重原有场地的特征并在此基础上予以改造，而不是简单地将地表作为图纸而美化。大地艺术家们在运用设计手法时，除了考虑艺术性外，同样还要考虑工程技术上的实际要求，因为大地艺术的手法是与原来的地表形态紧密结合的。比如莫里斯在采矿坑上的设计，就充分考虑了采矿坑的原有坡度和强度等问题。

9.2.2.3 对场地中面积与景观的控制

后工业遗址往往具备庞大的面积，而遗址内的各种工业设施也因为在生产过程中的功能不同而比较分散和零乱，往往呈现出典型的"景观非中心化"和"景观局部化"。而在景观规划设计过程中，这些特点成了设计的难题，这要求设计师要对整个遗址具备全局认识，才能做到对整个废弃场地的控制。主要控制手法包括景观分区、运用景区网格结构和主题游览路线图等手法。

① 景观分区　其主要是指设计师将遗址上的各种设施按照一定的标准进行划分，如按照生产程序、功能的重要性和设施规模等。在对景观完成分区后，设计师会根据场地的特点，将某个部分的景观作为重点区域来进行设计，这些区域将成为今后游人活动的主要区域。而对于其他次要区域，则可以在使用简单的场地控制手法的基础上，由其自由发展。在前面所提到的杜伊斯堡公园的景观规划中，这种手法就体现得最为明显。因为这样庞大面积的后工业遗址当中，设计师没有必要在设计过程中将所有的地域和因素考虑在内，重点应该集中在工厂改造和设施密集的区域。而那些人迹罕至的荒芜厂区，则可以任由野生植物生长，使其成为厂区内的自然景观。

② 格网结构　其是指面对松散破碎的景观元素，景观师利用这种格网模式整合统一破碎的景观元素。拉茨在港口岛公园的设计中运用碎石和瓦砾构筑了新的景观格网。在巴黎拉维莱特公园中同样能够看到这种格网模式。设计师建立起 120m×120m 的方格网，并在格网的交汇点上阵列排布 40 个红色的房子，很好地控制住这个 55hm^2 的大尺度公园（图 9-2）。不论这种方法是评论家声言的"解构主义思想"，还是拉茨宣称的所谓"结构主义方法"，最终这种格网模式使得工业场地的庞大尺度和破碎散乱的景观空间得到了有效的控制。

③ 主题游览线路图　即进行游线组织和主题串联。除了用建立景观层和格网的手法来统摄和控制工业场地的景观元素外，通过合理的设计贯穿景区的游线和路径也非常重要，因为这样关系着游人对空间景观的直接体验，同时体现了设计师传达某种精神内涵的意图，并且效果极佳。例如杜伊斯堡公园通过在区域内设置高架步道，使得参观者在观赏料仓花园和其他景观时有了特定的路线，并且在这些步道上行走还能感受到独特的视角。公园中还设置了自行车游览系统等不同标高层面的游览道路，这些交通游线将不同的景区和景点巧妙地串联起来，合理地控制了参观者的活动区域，并且帮助游人体验并建立公园景观意象，从而达到设计师的意图。

另外，还要注意人们对工业景观感知的尺度。庞大的工业建筑和场地构筑最初是因为机器生产而存在的，对于人的尺度来说过大。后工业

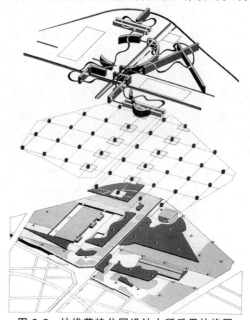

图 9-2　拉维莱特公园设计中所采用的格网

遗址转变为城市公园后，大部分工业遗留对观光者来说是视觉上的，并且有一定距离，可以作为"视觉尺度"存在。但当涉及游人的行走、休息、触摸和进行多种娱乐活动时，就必须对工业景观中的非人尺度进行调整，在人体可以直接接触的界面和使用的空间，要进行"触觉尺度"上适当的改造。

9.2.2.4　对废弃工业设施的处理

后工业遗址废弃工业设施主要是指场地上废弃的建筑、构筑物、设备以及与工业生产相关的仓储设施等。在后工业遗址景观设计中，对于废弃工业设施的处理一般采取以下几种方式。

① 整体保留　整体保留是指基本保留后工业遗址的原状。这包括遗址中的地面和地下的部分，比如地表痕迹、地面建筑物、废弃的机器设备、生产生活设施、地下设施等。在整体保留了原有遗址的基础上，设计主要集中在如何改变遗址的原有功能。其中典型的例子就是上面提到的杜伊斯堡公园项目，其就是在整体保留了钢铁厂遗址的基础上进行设计完成的。

② 部分保留　部分保留是指只保留后工业遗址中的部分景观，将其设计成为景观群中的标志性建筑物。在选取部分保留的景观建筑时，可以根据遗址之前在工厂中所处的地位或者是否具有代表意义为标准。例如西雅图煤气厂公园就保留了高炉作为标志性建筑。

③ 构件保留　构件保留是指将某个具体的工业遗弃构筑或者设备的一部分予以保留，例如厂房的墙、建筑物的地基和框架结构等。然后通过设计手法的运用，使得这些被保留下来的构件焕发出新的功能。

9.2.2.5　对场地安全的考量

工业场地转变的核心还是为人服务。机器运动和工业生产要遵循工业化的尺度和逻辑；后工业景观公园却要尊重和关怀人的活动和需求，这正是场地转变前后的本质区别。在巨大的工业构筑和"钢铁丛林"中间，景观师必须为游人建立体贴、可亲近的柔性界面，并且为游人提供人性化的服务设施，满足游客多种文化娱乐活动的需要。在冰冷坚硬的工业结构中创造亲切宜人和富有趣味的空间和活动。

例如，西雅图煤气厂公园在开放初期就出现了游人安全问题。锈蚀的精炼高炉经常成为儿童们攀爬的对象，造成了安全隐患。后来设计师通过围栏限制了游人不可进入的区域。但是为了满足儿童和青年人的好奇心和挑战探险的心态，景观师主动为他们创造游戏、攀爬的区域。西雅图煤气厂公园专门开辟出一个车间，将室内各式机器阀门和传送带涂上鲜艳的颜色，改造成为儿童喜爱的游乐宫。例如，杜伊斯堡公园中更加明确地限定了活动区域（use area）与封禁区域（off-limit），并通过颜色标识出来。亮色代表可以进入，灰色代表不可进入。与此同时，设计师开辟了供游人探险的空间和活动，满足游客攀登体验工业构筑的好奇心和求知欲。

9.2.3　后工业场地生态理念与技术的应用

9.2.3.1　废料处理和再利用

场地上的废料如果对环境没有污染，可以采取就地取材、就地消化的原则进行使用或加工。例如钢板熔化后铸造其他设施或广场铺装，砖或石头磨碎后当作红色混凝土骨料，焦炭、矿渣加工后作为植物生长的介质等。如果是污染环境的，这样的废料要经过技术处理后再利用。污染严重时，要对污染源进行清理，污染物外运。

工业场地上废置不用的工业材料、工业建筑或构筑遗留的残砖瓦砾、不再使用的工业原料以及工业生产的废弃残渣等，都可以归为可再利用的废弃材料一类。这些废料都要求必须对环境无污染并且对人类也无害，可以就地加工并投入使用。对环境污染严重的废料，就要用特殊的处理方法，比如用专业技术加以清理和掩埋。本节主要讨论无污染废料的再利用。

后工业遗址的废料可以循环再利用，在某种意义上来说也可以称其为一种资源。一方面，它减少了对新能源新材料的索取，符合生态原则；另一方面，在景观改造中它可以塑造场地特征，达到最大限度保留场地历史信息的效果。对其的利用形式一般体现在以下两个方面。

① 将废弃材料原型稍加清理直接使用　将废弃的材料稍加清理，可以将其作为墙体的砌筑材料、地面铺装或是园林设施的坐椅和景观小品。大部分废弃的工厂经过修整和改造后，又可以重新投入使用。例如将废弃的铁道改造成贯穿整个园区的道路系统；废弃的碎石可以拼凑起来砌筑成千石墙等。例如，德国北杜伊斯堡景观公园的金属广场的地面就是用原厂区废弃的40多块大型锈蚀钢板铺设而成，林荫广场的地面是由以前的废弃矿渣铺成，工业区内的某些废弃材料成为特殊植物生长的基床，一些污染程度较轻的土壤被移到储料仓中建造演示花园。

② 对废料进行二次加工后再利用　一些后工业建筑和工业废弃物对环境无污染的，可以设计处理成艺术雕塑，强调视觉上的标志性效果。改造这些废弃的构筑，可以引发人们的联想，唤起人们的记忆。废弃材料经过二次加工，成为新的设计材料。例如将石头或砖磨碎后作为混凝土骨料，钢板熔化后铸成其他设施，例如北杜伊斯堡风景公园中的红色混凝土道路就是由废弃的红砖磨碎后作为骨料铺设成的。

9.2.3.2　土壤修复

受长期工业生产活动影响，棕地❶中可能含有各种污染物，如汞、铬、铅、镉、砷、镍等重金属，以及苯系物、氯代烃类、石油烃、多环芳烃、农药、多氯联苯等有机物。因工业"三废"排放或污染事故，棕地的污染物浓度通常较高，有时甚至在土壤和地下水中存在自由相物质。

棕地中的有毒物质渗入地下后，可通过土壤和管道等挥发、释放有毒物质，有的毒性持续可达上百年。为了保障人体健康和环境安全，原工业用地所形成的"棕地"在开发之前，应采取适当措施进行治理修复。目前棕地的土壤修复主要采用以下几种措施。

（1）焚烧制砖

棕地土壤是否适合焚烧制砖主要取决于棕地土壤的性质、污染物的含量和类型等因素。黏土含量较高、污染物主要为重金属的棕地土壤，比较适合焚烧制砖处理。然而，棕地的沙性土含量高，棕地的污染物以有机物为主时，特别是挥发性、高毒性有机物含量较高时，不适于采用焚烧制砖方式进行处理。另外，砖瓦厂需要具备对棕地土壤处理或消纳的能力、二次污染防治措施等。由于砖瓦厂对污染土壤物消纳能力的限制，棕地土壤量大面广时，也不宜主要采用"焚烧制砖"这种处理方式。

（2）固化处理

固化主要是利用水泥或某些胶凝材料，将污染土壤变成"固化块"，从而将污染物"固定"在土壤固体介质中，达到降低污染迁移和风险控制目的。常用的固化处理材料包括水泥、专利材料、粉煤灰、石灰、沥青等，其中水泥和专利材料使用比例最高。棕地的污染物主要为重金属及半挥发性有机物，而且含量不高时，可以采用这种处理方式。

从根本上讲，固化处理不是针对污染物的削减技术，处理后土壤污染物的含量和赋存形态总体上没有变化。棕地土壤经过固化处理后，土壤本身功能丧失，处理后土壤的去向或再利用受到很大限制。因此，棕地土壤的修复量很大时，不适合采用固化处理方式。

（3）淋洗处理

土壤淋洗是采用表面活性剂、螯合剂、溶剂甚至水等淋洗剂将污染物从土壤中洗脱出来，然后采用废水处理工艺对含有污染物的淋洗剂进行处理。棕地的污染物含量较高，而且土壤的沙土含量较高时，比较适合采用这种方法。

淋洗处理工艺相对较复杂，尤其是需要对所产生的废水和泥浆进行处理，因而其处理费用很

---

❶　棕地，一般是指被遗弃、闲置或不再使用的前工业和商业用地及设施。

高。对于棕地土壤的"老化"污染物，采用淋洗方法的处理效果相对较差，特别是土壤中黏土含量较高时，污染物牢固地吸附在土壤细小颗粒表面，采用淋洗方法很难进行有效的处理。

（4）植物修复

植物修复是利用高效累积植物的生长活动，将土壤污染物吸收转移进入植物体，然后对植物进行收割和处理，从而实现修复污染土壤的目的。植物修复的显著特点是费用低、速度慢，达到修复目标往往需要几年甚至十几年时间。在中国，棕地修复主要是在棕地开发利用过程中进行的，允许的修复时间十分有限，通常为几周或几个月。因此，棕地土壤不适于采用这种方法。在国内，植物修复目前主要用于矿山和农田土壤修复，而用于棕地土壤修复的案例很少见。

（5）稳定化处理

稳定化是通过改变土壤污染物的形态，削弱其迁移扩散能力，达到降低其危害风险的目的。与固化处理不同，稳定化主要从污染物的有效性出发，通过形态转化，将污染物转化为不易溶解、迁移能力或毒性更小的形式。棕地土壤的污染物主要为重金属及半挥发性有机物时，尤其是土壤本身黏土含量较高时，采用稳定化处理这种方式是比较合适的。

棕地土壤稳定化处理的关键在于所使用的处理工艺、工程设备和材料。土壤破碎程度、土壤与修复药剂混匀、修复药剂的种类以及用量、修复设备的选择和土壤养护条件等都会影响土壤稳定化处理工程的实施效果。稳定化处理包括原位（in-situ）和异位（ex-situ）两种工艺。异位稳定化处理是首先对污染土壤进行挖掘，然后在现场（on-site）或场外（off-site）进行破碎、筛分，加入处理药剂并搅拌混合等处理，所使用的设备包括具有上述功能的、可移动的一体化集成设备，也包括具挖掘机平台的搅拌斗式混合设备。原位稳定化处理是将修复药剂直接注入到污染土壤中，采用原位搅拌混合设备进行处理。

稳定化处理材料包括碱性材料、含磷材料、含铁化合物、硫化物、黏土等。不同的材料其适用的土壤重金属对象不同。由于土壤性质不同，相同的稳定化处理材料对同样的重金属，处理效果也会出现有利或不利的影响。

与固化处理不同，土壤经过稳定化处理后总体上保持了土壤本身形状，其后续利用基本不受影响。稳定化处理后土壤可以原位回填，或作为路基材料、工程渣土（填土）、绿化用土进行卫生填埋或作为填埋场覆土等。

（6）水生态修复

对于场地中包含水体的棕地类型，对其中水体的生态修复往往也是一项需要着重考虑的因素。水生态修复通常采用原地隔离、就地净化和景观利用三种方式。以德国北杜伊斯堡景观公园的修复方式为例，当时很多人认为应该将场地中的水系改造为"蜿蜒"的河流，但彼得·拉茨反对这种"伪自然"的设计方式，而是保留了水系之前的直线特性，设计线路使水由高处落下，增加了低处水系的含氧量。

在德国北杜伊斯堡公园中，由于场地严重的污染，埃姆舍河仍然通过混凝土的河道流经公园，避免污染物进入水体。发电车间 $6000m^2$ 的屋面用来收集雨水，雨水流入冷却池中，在这个过程中变得富含氧气。睡莲和鸢尾属植物在水中开放，鱼和蜻蜓构成了一个小型的湿地生态群落。

湿地生态系统是常用的净化棕地内污染水体的方法。如韩国仙游岛公园的净水园就通过大量不同种类的水生植物作为净化水质的媒介，水体从台阶状的净水园自上而下流出，为儿童戏水场提供洁净的水源。水质净化园中的水槽里种植不同的水生植物，逐级叠落的同时净化水质，净化以后的清水流入戏水游乐场，为游人提供清洁的水源。

9.2.3.3 植被保育

废弃地上的野生植被是适应污染土壤后顽强生存下来的，对废弃地生态恢复有着重要意义，应加以保护。例如，德国北杜伊斯堡景观公园的野生植被有 450 多种，在厂区与周围环境的边缘地带，有大面积的原生生境，成为多种植物生长和鸟类栖息的场所，同时形成了乡趣浓郁的植物景观体验。

后工业公园景观设计和营造包含了生态演化进程，是展现长期循序渐进的自然演化过程，例如，德国北杜伊斯堡景观公园金属广场铁板的持续腐蚀、受污染土壤中植被的生长等问题。伴随着项目的逐步实施，彼得·拉茨一直在充满激情地持续优化他的设计。

植物景观的营造是设计师在后工业遗址改造过程中非常重视的环节。大多数后工业遗址都受到不同程度的污染和破坏，部分土壤贫瘠，甚至部分野生植物已经发展形成新生物群落。首先要指出的是这些野生的自然群落也并非一无是处，因为它们的存在其实也具有丰富的景观美学价值和生态价值，同时也是适应环境的结果，体现了独特的野生之美；其次，一定要对土壤进行分析后再在后工业遗址上种植植物，而且还要测试这些植被的适应能力，通常是运用"覆土""换土"等技术。

对植被的再处理不仅仅局限在对植物的配置来进行景观的营造，其实还可以利用植物自身的特点来进行土壤的改良，或在其他特殊环境下培育种植。在了解植物的基础上选育植物，是景观设计师和园艺师的一项非常重要的工作。研究和开发能适应各种恶劣环境条件的野生植物，让其自由生长，这样既可以改善后工业遗址的土壤的土质，又可以处理环境污染的问题。如德国环状公园用红苜蓿来增加土壤的肥力，并种植芥菜来吸收土壤中的污染。在后工业遗址的植被改造上设计师通过对场地内自然再生植被的保护和特殊介质上培养种植来进行独特景观的营造。

自然再生的植被一般出现在那些荒废多年的工业区，这些工业区都有待改造。在受污染严重区域，一些植被仍然能自由生长，这些野生植物是适应环境、物种竞争的结果，从生态的角度来看，这些植物具有重要的生态价值。这些野生植被与周边环境的鸟类昆虫等动物共同发展形成新的生物群落，在废弃的后工业遗址上建立了新的生态平衡。从某种意义上来说，这些野生植被的随意生长形成了自然的美学效果，这种肆意生长产生的天然效果也是人工种植难以达到的。设计师应充分利用这种自然的机制，进行试验选种。土壤可以利用后工业遗址的废弃物碎屑进行组合配置，并对各种植被的适应能力进行测试，以期发现能在这些人工土壤中自发良好生长的植物。例如，在德国北杜伊斯堡景观公园的设计中对这种再生土壤中及与之匹配的自然植被进行了深入研究，例如，基层的花园土壤选用生锈的铁屑打底。另外还对不同植物种类的适应性进行试验研究。铁轨的周边覆盖着炫目的黄色植被，矿渣堆、石块上生长着青苔，煤灰混合的土壤上，锰矿矿渣和金属浇铸的沉积物上面生长着类似草原植物的野生植被，还有用灰渣和桦木段排列成螺旋形的下沉小花园，这种设计提供了良好的生长基层，非常适合蕨类植物的生长。这些野生植被丰富、色彩绚丽，是人工种植做不到的。对设计师来说，与其完全覆盖和清理这些区域，不如合理地保护这里多姿多彩的植被来得更为重要。

一些适应特殊介质的植被可以在盐碱、干旱，甚至含重金属和石油的土壤中都能顽强地生长。这些特殊植物在普通的园林设计中使用得极少，但在后工业遗址的景观改造中被大量使用，因为它们具有顽强的耐受性，可以在轻微污染的场地中种植，用以吸收和分解土壤中的有害物质，并能形成优美的自然景观。

9.3　后工业公园实例分析

9.3.1　西雅图煤气厂公园（美国）

9.3.1.1 背景

1906 年，西雅图煤气公司在联合湖畔建造了一家工厂用来从煤矿中提取煤气。工厂于

1956 年关闭，陈旧的精炼炉等设施长期矗立于湖畔。1963 年西雅图市政府计划购买工厂的土地，将其改造为公园。在面向全国的景观设计竞赛中，景观师理查德·哈格（Richard Haag）的方案取胜，其方案是在 130 份竞赛方案中，唯一考虑保留工厂精炼炉的设计方案。

9.3.1.2 区位

公园面积大约 8hm^2，位于西雅图联合湖北岸，与市中心隔岸相对。公园位于凸向湖中心的端头，拥有广阔的视野和绝佳的景观条件（图 9-3）。从公园可以看到湖南岸的西雅图城市天际线的全貌。

图 9-3　西雅图煤气厂公园鸟瞰全景

9.3.1.3 设计

1970 年，景观师理查德·哈格被委托在始建于 1906 年的西雅图煤气厂旧址上建造新的城市公园。哈格没有彻底铲除工厂设备，也没有更换土壤、重新种植树林草地，而是尊重基地的历史，从场地的实际情况出发进行设计。这样做不仅降低了造价，而且创造了全新的公园景观（图 9-4）。

设计师对被污染的土壤的处理是整个设计中的关键环节。场地表层严重污染的土壤虽被清除，但是深层的石油精和二甲苯的污染物却很难去除。设计师通过引入能够消化分解石油精的酶和其他有机物，通过生物化学的方法逐渐清除污染。由于土质和污染因素，设计师选用了便于维护的普通草种，降低了维护管理的费用。

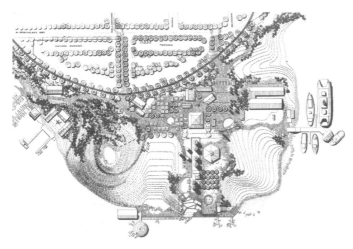

图 9-4　西雅图煤气厂公园平面图

设计师有选择地保留了若干工业建筑，将精炼炉作为工业时代的纪念物和巨大的工业雕塑，不仅留下了场地的记忆，同时也成了公园的标志，高炉巨大的尺度和锈蚀的痕迹具有极强的震撼力（图9-5）。将保留下来的一座压缩车间改造成为儿童游乐宫。车间里的机器设备被涂成各种颜色，以吸引儿童游戏。工业建筑外部的开敞空间，则适于开展各项户外活动。

9.3.1.4 评价

美国西雅图煤气厂公园开创了后工业城市公园设计的先河，也代表了20世纪60年代兴起于美国的环境保护主义和生态主义原则理念的新美学标准和景观价值体系。它强调资源的再生利用，根据少费多用的原则充分发挥了废弃工业设施的潜在价值。更重要的是，设计师哈格改变了人们对于废弃工业设施的态度，在工业废弃物美与丑的问题上确立了新的价值观。因此，西雅图煤气厂公园是具有里程碑意义的。但是煤气厂公园对于工业设施的利用仍然是象征性的，工业遗迹主要作为场地的纪念物被保留下来，更多的是一种工业雕塑式的展现。

图9-5 西雅图煤气厂公园保留的工业建筑

9.3.2 丹佛城北公园（美国）

9.3.2.1 背景

丹佛城北公园的前身是一座建于20世纪30年代的污水处理厂，位于南普拉特河（South Platte River）北岸。废弃之后，工厂的泵房、办公大楼、分解池、塔楼和脚手架都已经破败不堪，建筑表面布满了涂鸦，工业遗迹成为城市的疮疤。20世纪70年代丹佛市计划改造南普拉特河穿越城市的河段，使其在冬季枯水期也能够保证渔业和通航，同时增建6个公园，城北公园便是其中之一。附近的美国冶炼公司（ASARCO）产生的铅尘污染了周边地区的土壤。受到损害的格罗伯威尔（Globeville）工厂的工人于1987年向冶炼公司提起了诉讼，最终获得了100万美元的赔偿，这笔赔偿金完全被用于建造造价总计约410万美元的城北公园。

9.3.2.2 区位

公园位于丹佛市北部的格罗伯威尔（Globeville），南普拉特河的北岸。公园占地约5.7hm²，毗邻犹他泄洪区，排水道流经基地，蓄洪区与公园相连。公园的东南部是国民警卫队驻地。公园的周边是格罗伯威尔工业小镇，在城市区划中，该地区确定为轻工业区域，希望公园能够为周边地区吸引新的商业、创造新的就业岗位。

9.3.2.3 设计

公园由丹佛的温克事务所（Wenk Associates）设计，2000年建成开放（图9-6）。设计师对污水厂进行了大规模的改造，对污水厂的构筑元素大胆拆分，从原有的工厂建筑和结构中保留提取了一些抽象的元素，作雕塑式的处理。与西雅图煤气厂公园的原型相比，丹佛城北公园更多地拆除了工厂的原有设施，以前的工厂形象不复存在，原来建筑的功能也已经辨认不清，取而代之的是一些抽象的结构。净化池拆除以后，遗留下来的结构基础变成了美式足球场的弧形看台；若干混凝土字母散落在草坪中；水渠的外墙被打掉，留下了柱廊结构。混凝土字母仿佛是早期现代粗野主义的混凝土建筑。在污水厂的拆除过程中，大约23000m³

的混凝土被粉碎，用作填筑材料，节约了运输和填充材料所需的费用。设计师只移走建筑而保留结构和基础，则节约了大约 30% 的拆迁费用。

图 9-6　丹佛城北公园全景鸟瞰

在公园的生态恢复方面，设计师将废弃工业场地改造为野生生境，同时结合了人们的游憩利用需求。这里，设计师将泄洪区改造成为沼泽湿地，种植白杨、柳树、莎草和其他乡土草种。设计者与城市排水公司（Urban Drainage Agency）合作，重新改造了原有的工业排水沟，恢复了公园的自然生态，在河岸种植乡土草种，使鹅、鸭重新栖息于河畔和沙洲。

9.3.2.4　评价

丹佛城北公园，是美国在西雅图煤气厂公园之后，又一个重新利用工业废弃地的大胆尝试。景观设计师对于废弃的工业建筑和场地设施，采取了"删减"和"解构"的手法，移除建筑而保留结构和基础，不仅节省了投资，同时也创造了混凝土的艺术化和诗意性的空间（图 9-7）。与西雅图煤气厂公园具象的工业象征不同，丹佛城北公园则通过抽象的结构表现了充满迷幻色彩的空间（enigmatic place）。公园的湿地景观也与西雅图煤气厂公园的如画式风景园不同，在城市内部创造了一个野生自然的生态空间。

图 9-7　丹佛城北公园局部

9.3.3　北杜伊斯堡景观公园（德国）

9.3.3.1　背景

北杜伊斯堡景观公园位于德国鲁尔区杜伊斯堡市的北部，是国际建筑展埃姆舍公园（IBA Emscherpark）的一部分。昔日曾经是奥格斯特·蒂森（August Thyssen）钢铁厂。1985 年钢铁厂关闭了以后，很快陷入荒废破败之中。1989 年，政府决定将工厂改造为公园，德国景观设计师彼得·拉茨在该项目的国际竞赛中赢得了一等奖，并担任设计任务。从 1990—2001 年，共完成 9 个子项目，之后公园的局部仍在继续建设和完善。杜伊斯堡公园作为国际建筑展埃姆舍公园（IBA Emscherpark）的一部分，成功地尝试了在一个衰败的旧工业区，通过景观设计的途径，达到改善当地生活环境、为受到破坏的地区重新注入生机的目的。设计的主导思想是整合、连接、重塑、开发旧工业区已形成的元素，并且用一种新的语言加以重新阐释。

9.3.3.2 设计

北杜伊斯堡景观公园面积达 230hm²，面对规模庞大、情况复杂的基地条件，设计必须有重点地进行。规划对其中的一部分不作过多干预，任其自由发展；被严重污染的部分则需要继续关闭（例如某处煤焦油的汇集区）。为此设计师设定了一系列的原则，而且这些原则在总体规划上得到了体现。其中各个系统分别独立自主地运行。这些不同的层次只是在某些特殊点通过视觉上、功能上或者仅仅是意向上的元素联系起来。景观设计师通过景观分层的方法达到对破碎的工业景观结构的理性整合。拉茨在对杜伊斯堡公园进行景观分析的时候，将公园景观分为了四个层次，最下面的层为水渠和储水池构成的水园（Water Park）；最上面的层为高架铁路和高架步道组成的铁路公园（Railway Park）；公共使用区（Areas of Public Use）包括相对独立的活动区和种植区域；散步道系统则为连接公园各部分步道（promenades）、自行车系统等的交通线路，在城市街道的层面将城市被分隔的部分联系起来。

（1）铁路公园（Railway Park）

高架铁路穿越了公园大部分区域，与地面的高差大约 12m，高度远超过地面上任何自然的地形起伏，从而提供了绝佳的视野。设计师对高架铁路进行了不同的处理，或者将其作为庞大的工业构筑，限定空间的景框；或者在它的基础上构建空中步道，穿越基地；或者干脆将纵横交错的铁轨作为大地艺术作品展示。设计师为一部分高架铁路起了一个很好的名字，叫作"铁路竖琴"（rail harp）。它们是由当年的工程师们集体创造的，而今却作为非艺术家创造的艺术品展现给世人（图 9-8）。

图 9-8　保留的铁路和铁水槽车

图片来源：刘抚英，邹涛，栗德祥. 后工业景观公园的典范——德国鲁尔区
北杜伊斯堡景观公园考察研究［J］. 华中建筑，2007，25（11）：77-84.

（2）水园（Water Park）

公园的第二个系统水园只是部分得到实现，其余的部分还需要很长时间才能完成。长期的工业污染使基地中已经不存在天然的水体，河道在很大的范围内是封闭的。埃姆舍河在过去是一条开放的排污渠，由东向西穿越基地最终流入莱茵河。公园花费了巨资治理污水，安装一条新的净水系统。雨水收集系统通过密闭的陶管收集建筑和硬质地面的雨水、料仓和冷却池的溢流。雨水经过露天的排水道进入原有的管道系统。雨水在途中流入冷却池，原有的储水池经过净化可以提供清洁的水。利用风力能源系统将水从水渠中被泵出，流经公园各处既增加了水域氧气接触的机会，有利于水质的净化，同时也成为吸引游人的水景。

（3）公共使用区（Areas of Public Use）

公共使用区包括考珀广场、熔渣公园、种植区域等公共开放空间。考珀广场（Edward A. Cowper Place）位于高炉工厂区的里面。这里原是堆砌矿渣的场地，现在土壤经过改良，种植了抗性较强的桦树，成了一处生机盎然的林荫广场。一开始没有人相信在鼓风管道和高炉的"钢铁丛林"中间，会有树木繁茂、鲜花盛开的景色（图9-9）。现在这里经常举办庆祝活动。在1994年IBA中期展示的时候，有约50000人参观了考珀广场。熔渣公园（Sinter Park）是一处开放空间，在废弃垃圾的地面上种植有臭椿树林。树林的后面还隐藏着一个花园和一个罗马圆形剧场，剧场由循环利用的红砖碎屑涂成明亮的红色。舞台面向500个座位，而加上周边的广阔区域可以在节日和音乐会期间容纳5000人。一个老旧的转运站被保留下来，在更换颜色和重新安装大门之后，被改造成为一个舞台建筑。

图9-9 由煤气储罐望1号、2号高炉和鼓风机房

图片来源：刘抚英，邹涛，栗德祥．后工业景观公园的典范——德国鲁尔区北杜伊斯堡景观公园考察研究［J］．华中建筑，2007,25(11):77-84.

（4）公园植被（plantation）

恢复工厂在废置期间，场地上的生态系统一直在进行着自我恢复。大片植被在荒地和废弃污染物表面繁衍生长起来。早在每年的二月份，炫目的黄色植被就覆盖了铁路周边的区域，青苔和地衣在矿渣堆的石块上生长。在煤灰混合的土壤上面、金属浇铸的沉积物和锰矿矿渣上面生长着类似草原上的植物。对于这些野生植被的态度体现了工业废弃地上种植设计的新策略。一些区域受到严重污染，但是只要禁止进入，仍然可以维持现状。保护这里的多姿多彩的植被对设计师来说，比完全清理和覆盖这些区域更加重要。这些覆盖在原来的焦炭厂区地面上的煤矿弃土，被多环芳烃（polyaromatic hydrocarbons）严重污染。对于这类问题有两种不同的解决方案：一种是用黏土永久地封闭污染层，同时也就丧失了所有的野生植被；另一种是采取适当手段降低污染，允许轻微的气体扩散，对其加以有限利用（比如自行车、步行）。拉茨及其合作者们选择了第二种方案。

公园中的植被并没有像一般自然风景中那样均匀分布，而是在铁路和水系之间狭长"条带"状的空间里一块块独立存在着。相互独立的区域有着各自不同形式和颜色的植被种类。它们相互独立，但是在鲁尔区不断发现来自世界各地的植物种类（在杜伊斯堡大约有200种）。它们被称作"外来物种"（neophytes）。大量不同种类的植物需要培训专门的园艺师对其养护和管理。

9.3.3.3 评价

北杜伊斯堡景观公园是德国当代后工业城市公园的代表作，它成功地将废弃的工业结构转变为具有全新文化含义和多种功能的新景观。对后来的后工业城市公园设计产生了重要的影响。该公园在 2000 年获第一届欧洲景观设计奖,2001 年获德国景观设计优秀作品奖,北杜伊斯堡景观公园被学术界称为"21 世纪模式公园"。其影响已跨越国界,对发达国家老工业基地的景观重建具有重要的指导意义。

9.3.4 首尔仙游岛公园(韩国)

9.3.4.1 背景

伴随着韩国工业化的迅速发展,汉江水质不断恶化。20 世纪 70 年代后期,在汉江首尔段的仙游岛上建造了一座净水厂,过滤并净化江水。到了 90 年代汉江的水质明显好转,净水厂也完成了它的历史使命。2002 年世界杯足球赛筹备期间,汉城市政府为了使首尔呈现新面貌,决定将首尔塑造成为"自然城市"。市政府为了建造一个可以亲近自然,并且能够展示汉江历史和生态的公园,举办了"仙游岛公园设计竞赛"。在参赛的六个设计作品中,瑞安景观事务所(Seo-Ahn Landscape Architects Associate)郑荣善主持设计的方案胜出。净水厂原有建筑的改造设计是由赵成龙都市建筑设计事务所设计完成的。2002 年 4 月,由汉江上原污水净化工厂改造而成的仙游岛公园建成开放(图 9-10)。

9.3.4.2 区位

仙游岛位于汉江中间,滨临首尔市中心。一座步行的仙游桥及一座贯通小岛和汉江两岸的机动车大桥联系着仙游岛与两岸。在岛上堤坝可以眺望汉江和汉城市中心,以及对岸的世界杯足球赛的场馆。历史上这里曾经有一座"仙游峰",是 19 世纪韩国著名画家郑善(Jung Sun)所绘的"汉江八景"之一。近代工业革命以来,仙游峰不复存在,当年的仙游峰被改造建成净水场,而后又成为一座公园重新回到人们的身边。

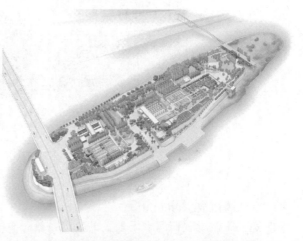

图 9-10 首尔仙游岛公园鸟瞰图

9.3.4.3 设计

仙游岛公园的两个主要功能包括两个方面:第一,具有展示汉江的自然生态和人文历史的特殊主题,营造了适宜学习、会议、展览以及演出的空间;第二,仙游桥连接仙游岛和市区,满足社区居民和游客休闲游憩的需要。

如何利用净水厂的遗迹以及如何发掘显示出在城市里的仙游岛所具有的空间潜力,这两者共同构成公园设计的主要思想。景观师将场地的空间进行了如下划分:

① 在围着仙游岛保护墙下的岸边试图恢复汉江自然的生态;

② 保护墙周围的丘陵和树林,为游人提供眺望、游玩和休息的文化空间;

③ 沿着水流线建造以环境和生态为主题的庭院群;

④ 结合地形与环境,改造旧建筑,建造展览馆和服务中心。

方案利用净水厂原有的若干建筑和设施,建造了四个不同主题的空间,包括水质净化园、主题庭院系列、娱乐和文化休闲空间以及展览服务设施。

① 水质净化园 通过 200 余种植物的搭配,不仅为游人提供了生动的生态景观,而且同时具有过滤和净化的功能,为儿童亲水游戏场提供清洁的水源。

② 主题庭院系列 分为绿柱庭院、水生植物园、时间的庭院三个部分。

③ 娱乐和文化休闲空间　包括环境游乐场、环境水游乐场（图 9-11）和圆形剧场。

④ 展览服务设施　汉江展览馆、游客服务中心、餐厅、洗手间等公用设施。

图 9-11　首尔仙游岛公园环境水游乐场

设计表达了对场地和汉江历史的尊重。泵房经过改造建成为汉江历史展览馆，展示汉江历史，教育市民增强环境意识和生态意识。在建造仙游岛公园工程中，改造了一大批遗留的设备，但却保存了一些原建筑的混凝土骨架，从这些未加任何修饰的骨架中，人们可以体会到历史的粗糙质感。公园近人的空间尺度和细致的设计施工，加上对于原木、红砖、混凝土、钢板不同材料的对比使用，展现了东方园林特有的细腻和对使用者的关怀，体现了韩国式庭院的特点，发挥了休闲娱乐和文化教育等多种功能。

9.3.4.4　评价

仙游岛公园是首尔第一座由废弃污水厂改造而成的城市生态公园，也是首尔第一座循环利用的绿色空间。首先，设计传达了一种时间意识，可以称之为"时间之园"（garden of time）；其次，公园没有掩盖工厂原有结构和片段的非连续性，而是用一种新的语汇加以重新阐释；再者，设计通过强化场所历史的厚重感和重新发掘钢铁和混凝土这些工业材料从而诱发人们的心灵体验。公园的景观设计体现了强烈的环境意识和对场所历史的尊重和延续。对场地历史的尊重、对场所精神的发掘，体现了设计师的设计宗旨："记忆不是记录，而是理解和阐释。"

9.3.5　岐江公园（中国）

9.3.5.1　背景

中山岐江公园的场地原是中山市著名的粤中造船厂，始于 20 世纪 50 年代初，终于 90 年代后期，几十年间，历经了新中国工业化进程艰辛而富有意义的历史沧桑。在特定历史背景下，几代人艰苦的创业历程在此沉淀为真实而弥足珍贵的城市记忆。

岐江公园作为国内第一个强调和尊重工业地段历史和循环利用工业设施的公园设计，受到了媒体的广泛关注和报道。该项目获得了 2002 年度美国景观师协会 AS-LA 荣誉设计奖（2002 Honor Award，AS-LA），又在 2004 年获得了"中国建筑艺术奖"的公共建筑奖类的城市环境艺术优秀奖（图 9-12、图 9-13）。

图 9-12　岐江公园鸟瞰

9.3.5.2　区位

粤中造船厂旧址占地 $11hm^2$，位于中山市区。园址东临岐江，南依人民桥。总面积 $11hm^2$，其中水面面积 $3.6hm^2$。

9.3.5.3　设计

土人设计团队在尽可能保留了船厂原有的建筑、设备和机器的同时，强调通过改造、修饰和添加设计，完成景观元素的重组和再生（图9-14）。两个分别反映不同时代的钢结构和水泥框架船坞被原地保留。一个红砖烟囱和两个水塔，也就地保留并结合在场地设计之中。大型的龙门吊和变压器，许多机器被结合在场地设计之中，成为丰富场所体验的重要景观元素。在保留的钢架船坞中，使旧结构作为荫棚和历史纪念物而存在。一组超现实的脚手架和挥汗如雨的工人雕塑被结合到保留的烟囱场景之中，戏剧化了当时发生的故事，龙门吊的场景处理也与此相同。富有意义的是，脚手架与工人的雕塑也正是公园建设过程场景的凝固。

图9-13　岐江公园平面图

图9-14　岐江公园保留的工业建构筑物

两座大型船坞被拆减成为钢结构的骨架，抽屉式地插入了游船码头和公共服务设施。红砖烟囱被原地保留并结合脚手架和工人雕塑，戏剧化地再现了当年工业生产的场景。大型的龙门吊和变压器以及其他许多机器设备被结合在场地设计之中，成为丰富场所体验的重要景观元素。在对工业元素进行保留和再设计的同时，设计师们还运用工业化的设计方法，增建了一些景观装置，并通过直线型的路网，强化了场所的工业气氛。由钢板拼装的"红盒子"成为激发人们好奇与想象的空间装置。绿篱格栅构成的"绿盒子"划分创造了视觉私密空间。横贯场地的铁轨中部增建的一排白色柱列更将场地特有的气氛烘托至高潮。

9.3.5.4　评价

岐江公园作为20世纪90年代中国出现的首例典型后工业公园，受到了国内外的广泛关注。景观设计理念本身突破了常规和传统园林设计手法，通过设计者的努力，最终获得了社会的认可。公园设计强调场所精神，尊重基地历史，保留和改造工业遗迹，对中国后工业景观设计具有开创性的影响，但是工业遗产的保留和再利用由于受到现实因素的制约，仍然是少量和象征性的；景观设计的美学标准仍然受到世俗倾向的影响，从而失去其原真性；工业遗产的利用方式相对比较单一，更多地运用了景观展示的方式和文学叙事性的手法。

9.3.6　雪铁龙公园（法国）

9.3.6.1　背景

公园原址是雪铁龙汽车厂的厂房。20世纪70年代工厂迁至巴黎市郊后，市政府决定在这块地段上建造公园，并于1985年组织了国际设计竞赛。公园是根据竞赛的两个一等奖的综合方案来建造的。景观师克莱芒（G. Clement）和建筑师博格（P. Berger）负责公园北部的设计，景观师普洛沃斯（A. Provost）和建筑师维吉尔（J. P. Viguier）及乔迪（J. F. Jodry）负责公园的南部设计。

9.3.6.2 区位

雪铁龙公园位于巴黎市中心区，塞纳河畔。公园的周边分布着大型商务办公建筑和住宅社区。公园占地 $45hm^2$，濒临塞纳河。但公园没有原工厂的任何痕迹，只是保留场地的最突出的历史特征（图9-15）。

9.3.6.3 设计

雪铁龙公园设计的平面体现了严谨的几何关系，对角线、大大小小的矩形组成各个功能空间，在空间上更为精彩，大空间适宜的尺度以及小空间充足的高差在不妨碍总体空间骨架下为游人提供了非常舒适与丰富的空间感受。中心大草坪的整体与周围小空间形成鲜明对比，将周围的小空间借景过来，形成有机统一体（图9-16）。

图9-15 雪铁龙公园总体鸟瞰

图9-16 雪铁龙公园平面图

公园中的主要游览路是对角线方向的轴线，把园子分为两个部分，又把园中各个主要景点，如黑色园、中心草坪、喷泉广场、系列园中的蓝色园、运动园等联系起来。这条游览路虽然是笔直的，但是在高差和空间上却变化多端，所以并不使人感到单调。

在处理与外界的联系上，如铁路线造成公园与水面视觉联系的完全中断，而且每几分钟就疾驰而过的火车带来的无法消除的噪声，设计师采用了一组递进的序列来处理。该序列共三部分：第一部分是跌水，水声吸引了游客注意力，从而达到了消除噪声的效果；第二部分是以黄杨花坛和桦树组合为中心的庭院，有了很好的宁静气氛；第三部分是整形修剪的灌木群和步道，将游客引向下一区域。此外，对于离城市建筑比较近的地方，采用了7个体积不大的中空立方构筑物，与外界相呼应，形成了很好的空间过渡。在植物的运用上，可以分为展陈观赏、修剪造型和野生散养，分别用于观赏、空间造型和生态维护，同时植物还为公园的主题颜色提供了很好的元素。

两个大温室，作为公园中的主体建筑，如同法国巴洛克园林中的宫殿，温室前下倾的大草坪又似巴洛克园林中宫殿前下沉式大花坛的简化（图9-17）；大草坪与塞纳河之间的关系让人联想起巴黎塞纳河边很多传统园林的处理手法；大水渠边的六个小建筑是文艺复兴和巴洛克园林中岩洞的抽象；系列园的跌水如同意大利文艺复兴园林中的水链；林荫路与大水渠更是直接引用了巴洛克园林造园的要素；运动园体现了英国风景园的精神；而黑色园则明显地受到日本枯山水园林的影响；六个系列花园面积一致，均为长方形，每个小园都通过一定的设计手法及植物材料的选择来体现一种金属和它的象征性的对应物（图9-18）。

图 9-17　雪铁龙公园中的大温室　　　　　　　图 9-18　雪铁龙公园下沉花园

公园大草坪是整个设计的"核"。它四周被方正的水渠围绕，两侧是道路和墙体，空间边界明确、面积大且整体性强，与周边丰富多样的小空间形成了鲜明的对比。它的宏大、明晰和力度形成一种"场"，将周边所有的元素笼络为一个有机整体。然而，虽然整个大草坪主题单一、元素纯粹，但是空间的丰富性却丝毫不弱。围绕草坪的水渠提供了一道漫长的亲水边界，增加了边界丰富性。观察草地上活动的游人就会发现，添加一道水渠不仅增加了一种界定空间的元素，更增加了人们利用空间的无限可能。另外，草地中也不是单调的绿地，而是有斜路穿插，有乔木散植，有成组的灌木方阵。这些元素在如此规模的草地上出现，非常奇妙地使巨大的矩形草地呈现出一种恬然舒雅的自然风景园里疏林草地的面貌，充分证明了严整规则的几何平面形式创造丰富空间效果的无限潜力（图9-19）。

图 9-19　雪铁龙公园的大草坪

9.3.6.4　评价

雪铁龙公园没有保留历史上原有汽车厂的任何痕迹，但另一方面，雪铁龙公园却是一个不同的园林文化传统的组合体，它把传统园林中的一些要素用现代的设计手法重新组合展现，体现了典型的后现代主义设计思想。

9.3.7　后滩公园（中国）

9.3.7.1　背景

后滩公园作为上海世博园的核心绿地景观之一，位于"2010上海世博园"区西端、黄浦江东岸与浦明路之间，南临园区新建浦明路，西至倪家浜，北望卢浦大桥，占地18hm²。场地原为钢铁厂（浦东钢铁集团）和后滩船舶修理厂，2007年初开始，由土人设计团队进行设计，于2009年10月建成。设计者倡导足下文化与野草之美的环境伦理与新美学思想，运用当代景观设计手法，显现了场地的4层历史与文明属性：黄浦江滩的回归，农业文明的回味，工业文明的记忆，后工业生态文明的展望。最终在垃圾遍地、污染严重的原工业棕地上，建成了具有水体净化、雨洪调蓄、生物生产、生物多样性保育和审美启智等综合生态服务功能的城市公园。

9.3.7.2　区位

后滩公园位于上海世博会围栏区西南角，后滩公园的规划范围北临黄浦江，南临世博场馆区，西起倪家浜，东至打浦桥隧道的浦明路。

在后滩地区发现了黄浦江城区段罕见的天然湿地，如何保护、开发及利用天然湿地景观将成为世博环境设计的亮点，成为展示世博主题、体现和谐城市的绝佳载体。湿地生态景观层是公园中的生态基础，担负着湿地保护与恢复的生态功能，是黄浦江滩地景观的回归（图9-20）。

图9-20　后滩公园的平面图和鸟瞰图

9.3.7.3　设计

公园保留并改善了场地中黄浦边的原有4hm²的江滩湿地，在此基础上对原沿江水泥护岸和码头进行生态化改造，恢复自然植被。同时，整个公园的植被选用适应于江滩的乡土物种，芦荻翻飞，乌桕成林，更有群鱼游憩，白鹭照水，一派生机勃勃，实现了"滩"的回归。

公园以"滩"的回归为设计概念，"双滩谐生"为结构媒介，通过湿地、土壤和动植物群落等的保护与恢复重现江滩湿地景观。"双滩"一指外水滩地，一指内水滩地。外水滩地主要是指原生湿地和与黄浦江直接相邻场地的恢复湿地；内水滩地主要是指场地中部的人工湿地。

外水滩地中的原生湿地部分主要保持其原生态的自然风貌，保护其免受人为干扰；而与黄浦江直接相邻的滨江芦荻带则通过改造现状驳岸，重塑"滩"的形态，恢复黄浦江岸的自然滩地。内水滩地中的人工湿地主要通过场地竖向改造形成，包括内河净化湿地带和梯地禾田带。整体突出湿地作为自然栖息地和水生系统净化、湿地生态的审美启智和科普教育等功能。外水滩地和内水滩地之间通过潮水涨落、无动力的自然渗滤进行联系，它们息息相关，一同营造着具有地域特征、能够可持续发展的后滩湿地生态系统（图9-21）。

图9-21　后滩公园人工湿地

　　在江滩的自然基底上，选用江南四季作物，并运用梯田营造和灌溉技术解决高差和满足蓄水净化之功效，营造都市田园。春天菜花流金，夏时葵花照耀，秋季稻菽飘香，冬日翘摇铺地，无不唤起大都市对乡土农业文明的回味，是土地生产功能的展示，并重建了都市人与土地的联系。

　　在自然江滩与都市田园的基础上，保留、再利用和再生原场地作为钢铁厂的记忆。巨大的工业厂房之钢结构得以保留，并演绎为立体花园和酒吧游憩之所；原临江码头被保留并设计成生态化的水上花园和观景台，遥望浦西高楼林立，仿佛置身尘外世界；一条由钢板折叠而成的锈色长卷，写就无数沧桑记忆，它隐约起伏，或漂游于水岸平台之上，或蛰伏于地面而成为铺地，或逶迤而远去，或翘首于空中而成为雨棚、景窗，巧取园中美景（图9-22）。

图9-22　后滩公园保留的厂房建筑

　　作为工业时代生态文明的展望和实验，公园的核心是一条带状、具有水净化功能的人工湿地系统。它将来自黄浦江的劣五类水，通过沉淀池、叠瀑墙、梯田、不同深度和不同群落的湿地净化区，经过长达 1km 的流程，转化为三类净水，日净化量 $2400m^3$。净化后的三类水不仅可以供世博公园作为水景循环用水，还能满足世博公园与后滩公园自身的绿化灌溉及道路冲洗等需要。除大量使用乡土物种以及水体净化等生态措施外，设计充分利用旧材料，节约造价并倡导低成本维护等生态理念，包括旧砖瓦的再用，黄浦江护岸的生态友好型设计、建筑物的节能设计，以及可降解竹材作为大面积铺地，以同时满足展时展后的人流需要等（图 9-23）。

在上述场地的 4 层含义之上，便是人的休闲、娱乐、审美和启智。设计者在公园布置了一个长近 2km 的狭长的幽谷空间，巧妙解决了防洪问题的同时，启承开合，委婉流动，其间设计有一系列亲水栈桥、平台和穿梭于植被中的步道网络（图 9-24）。

9.3.7.4 评价

后滩公园展示了土地的生物生产能力，指明了建立低碳和负碳城市的一条具体途径；建立了一个可以复制的水系统的生态净化模式，同时创立了新的公园管理模式。它建成后不再需要大量人力物力去维护，而是让自然做功，为解决当下中国和世界的环境问题提供一个可以借鉴的样板。后滩公园深情地回望农业和工业文明的过去，并憧憬于生态文明的未来，放声讴歌生态之美、丰产与健康的大脚之美、蓬勃而烂漫的野草之美，并生动地注解了"城市让生活更美好"的世博理念。

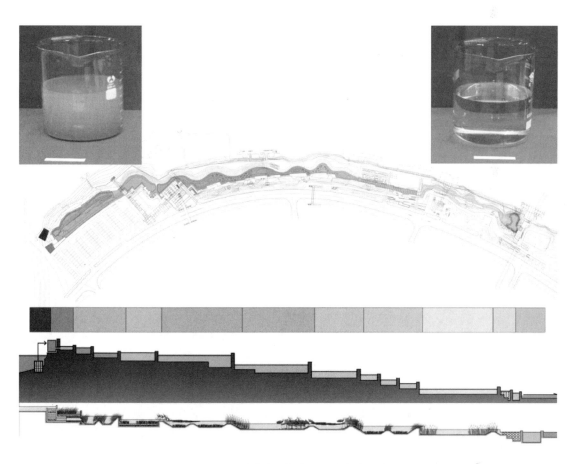

图 9-23　后滩公园的人工湿地净水系统

图 9-24　后滩公园的亲水栈道

课程思政教学点

教学内容	思政元素	育人成效
后工业公园规划多种设计模式	创新思维	设计中要具有创新思维,根据场地特征,应用多种设计手法因地制宜地营造不同风格的后工业景观
后工业场地生态理念与技术的应用	生态理念	让学生了解在后工业景观设计中要贯彻可持续发展理念,如废料处理和再利用、土壤修复、植被保育等,不可急功近利、只追求短期的景观效果

第 10 章　城市湿地公园的规划设计

湿地是位于水域和陆地之间的生态交错区，可以控制水域对陆地的侵蚀，对化学物质具有较高效的处理和净化能力，还能够提供滨海咸水、河口或淡水栖息地。湿地作为"地球之肾"，具有重要的生态功能，可以大大增加城市的物种多样性，尽管淡水湿地仅占地球表面的 1%，但是其中的生物物种却占地球上总量的 40%，而且湿地还具有巨大的环境调节和美化功能。

1971 年签订的《关于特别是作为水禽栖息地的国际重要湿地公约》（简称《湿地公约》）是全球第一个关于湿地保护的环境公约，也是针对单一生态系统开展全球合作与行动的国际公约。各缔约国约定：要通过国家、地区政府行动和国际间的合作，促进全球湿地生态系统保护与合理利用，致力于人类的可持续发展。目前，全球广泛引用的是《湿地公约》第 1 条对湿地进行的一个广义的定义：湿地是指天然或人工、长期或暂时之沼泽地、泥炭地，带有静止或流动的淡水、半咸水或咸水的水域地带，包括低潮位不超过 6m 的滨岸海域。狭义定义：湿地是水陆生态系统之间的过渡段，重点在于强调湿地中的水文、土壤、生物之间的相互作用，要求三者同时存在。其实无论是广义还是狭义的湿地概念，都具有其局限性，都无法全面保证在湿地的管理与保护上没有盲区与漏洞。

10.1　湿地公园概述

10.1.1　城市湿地公园的概念

湿地公园是保持该区域独特的湿地生态系统并趋近于湿地自然景观状态，维持湿地生态系统特有的湿地结构、功能、演替规律，并在尽量不破坏湿地自然栖息地的基础上，建设相应的"保护"和"娱乐"设施，将湿地生态系统保护、生态旅游和生态环境教育功能有机结合起来，最终体现人与自然和谐共处的湿地景观区。国际自然与自然资源保护联盟（IU-CN）将自然保护地划分为 6 种类型：①严格保护的自然保护区、荒野地；②为生态系统保护和娱乐而设置的国家公园；③为保护自然特征而设置的自然纪念地；④通过积极管理来实现保护目的的生境和物种管理区；⑤为保护和娱乐而设置的受保护的地理海洋景观；⑥为持续利用自然生态系统而设置的受管理的资源保护区。按照 IUCN 的分类，湿地公园可以归入上述 6 种类型中的第二类和第六类，以突出"生态系统保护""娱乐""景观"意义。

2017 年 10 月，为切实履行《湿地公约》，全面加强城市湿地资源保护修复，规范引导城市湿地公园设计，我国住房和城乡建设部制定了《城市湿地公园设计导则》（以下简称《导则》），《导则》中定义城市湿地公园的概念为："在城市规划区范围内，以保护城市湿地资源为目的，兼具科普教育、科学研究、休闲游览等功能的公园绿地"。根据《导则》，城市湿地公园的定义可从以下几方面理解：①城市湿地公园是以湿地景观为主体的独特的公园类型，需要对其予以特殊的保护和管理。②城市湿地公园位于城市建成区或规划区范围内，属于城市绿地生态系统的组成部分。③城市湿地公园需要保护湿地生态系统的结构、功能、演替规律，使湿地生态趋近于自然状态。④城市湿地公园是公众休闲与游览的场所，需要建设"保护""休闲""游览""科普教育"等设施。

10.1.2　城市湿地公园的特征

城市湿地公园除应保留城市湿地的一般特征外，还应具备如下特征。

① 形成较完备的生态系统　建成后的湿地公园应形成一个较完备的生态系统，具备一定的规模。园内的生物包括动物、植物和微生物。湿地植物从生长环境看，可以分为水生、沼生、湿生三类；从生活类型看，可以分为挺水型、浮叶型、沉水型和漂浮型。湿地公园中所有的植物都要能很好地适应当地的自然环境，减少人工和外来资源的投入（例如水、能量、杀虫剂和化肥等的投入），形成公园植物群落自肥的良性循环。动物类主要包括水禽、涉禽、海岸鸟、鱼、虾、贝、蟹、两栖、爬行类等。微生物主要是厌氧微生物。同时，建成的湿地公园应成为许多濒危物种的栖息地。由于湿地物种种类丰富，又有非常高的生物生产力，所以湿地生物之间形成了复杂的食物链、食物网，使湿地公园成为城市生物多样性保育的关键地。

② 景观类型多样且具有区域特色　由于湿地具有从水生生态系统到陆地生态系统过渡的特性，所以湿地公园中景观类型多样，景观空间多变，景观体验丰富，并且由于受气候特征、地形地貌、水文条件等的影响，不同区域的湿地或湿地景观呈现不同的类型，例如南方滨海的红树林、河口的滩涂和芦苇荡等。城市湿地公园建设要因地制宜，注重突出区域特色。

③ 生态经济效益显著　湿地公园的湿地生态系统通过构建与运行自组织体系可以节省大量的维护费用，减少建筑和工程设施的投入，并且，随着生态系统服务价值逐年提升，公园能够实现可持续发展。因此，湿地公园往往比一般公园具有更好的生态经济效益。

10.2　湿地公园的分类

10.2.1　按景观构成类型分类

湿地公园作为国家湿地保护体系的重要组成部分，根据景观构成类型，可以分为自然型湿地公园和人工型湿地公园。

（1）自然型湿地公园　自然型湿地公园根据成因的不同，可进一步分为滨海湿地、河流湿地、湖泊湿地和沼泽湿地。自然型湿地公园的营建强调保护和恢复原有的湿地生态系统，尽量不要采取人为措施干扰原有生态系统。它的发展目标应该是以原生态景观为特色，在城市化进程中保护自然资源和生物多样性，为人类和城市中的其他物种提供一个可以共同栖息的场所。实例如山东荣成市桑沟湾国家城市湿地公园、广西北海滨海国家湿地公园（图10-1）、香港米埔湿地公园、英国伦敦湿地公园（图10-2）、日本本钏路湿地公园（图10-3）、美国佛罗里达州西南部的大沼泽地国家公园（图10-4）等。

图 10-1　广西北海滨海国家湿地公园

图 10-2　伦敦湿地公园

图 10-3　日本本钏路湿地公园　　　　　　图 10-4　佛罗里达州大沼泽地国家公园

（2）人工型湿地公园　人工型湿地是通过人为措施来模仿接近于本地区自然湿地的生境，包括水产池塘、水塘、灌溉地以及农业洪泛湿地、蓄水区、运河、排水渠、地下输水系统等。人工型湿地公园较多用于城市污水净化和城市防洪蓄水，也可以开辟湿地展示区作为生态教育、市民亲近自然、休闲娱乐的场所，典型的人工型湿地公园如北京翠湖国家城市湿地公园（图 10-5）、北京奥林匹克森林公园人工湿地（图 10-6）、贵阳花溪国家城市湿地公园（图 10-7）、哈尔滨群力国家城市湿地公园（图 10-8）等。

图 10-5　北京翠湖国家城市湿地公园　　　图 10-6　北京奥林匹克森林公园湿地景观区

图 10-7　贵阳花溪国家城市湿地公园　　　图 10-8　哈尔滨群力国家城市湿地公园

人工型湿地公园按污水在湿地床中水流方式的不同分为三种，即表流人工湿地、潜流人工湿地、垂直流人工湿地。

① 表流人工湿地　表流人工湿地类似于自然湿地，污水从湿地床表面流过，污染物的去除依靠植物根茎的拦截作用和根茎形成的生物膜的降解作用。这种湿地造价低，运行管理方便，但处理废水的过程中容易产生异味、滋生蚊蝇，并且占地面积大，在应用中不常见。

② 潜流人工湿地　潜流人工湿地污水在湿地床中间流过，因而能充分利用湿地中的填料，并且卫生好、负荷高、保温好、受气候影响小，但是有研究表明潜流人工湿地的脱氮除磷效果低于表流人工湿地（图 10-9）。

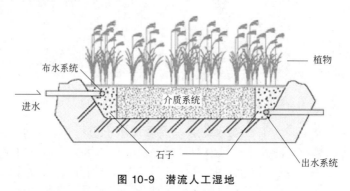

图 10-9　潜流人工湿地

③ 垂直流人工湿地　垂直流人工湿地是结合表面流式与潜流式人工湿地特点而成，其缺点是容易滋生蚊蝇、操作和建造不方便（图 10-10）。

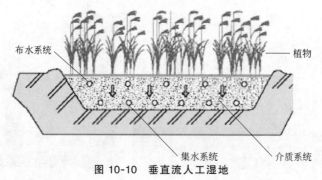

图 10-10　垂直流人工湿地

10.2.2　按湿地成因分类

根据湿地成因的不同，城市湿地主要类型包括滨海和河口湿地（图 10-11）、湖泊湿地、沼泽湿地、河流湿地和各类人工湿地，如运河、水库、养殖塘、农田、盐田，以及开采过程中遗留的采石坑、取土坑、采矿池等。因此，按湿地成因不同对城市湿地公园进行划分，可分以下几大类：滨海、河口型城市湿地公园，如山东荣成市桑沟湾国家城市湿地公园等；湖泊型城市湿地公园，如江苏常熟市尚湖城市湿地公园（图 10-12）、江苏泰州市姜堰臻湖湿地公园等；河流型城市湿地公园，如江苏无锡市长广溪城市湿地公园、浙江杭州市西溪国家湿地公园等；人工湿地型城市湿地公园，如河北唐山市南湖城市湿地公园等。

10.2.3　按营建目的分类

对于基地现状和营建主要目的不同，城市湿地公园又可分为以下几种类型。

① 生态展示型　主要向人们展示湿地的生态功能，具有科普性质，例如成都活水公园、绍兴镜湖国家湿地公园、北京奥林匹克森林公园人工湿地等。

② 生物保护型　突出湿地生物多样性保护功能，例如香港米埔湿地公园（黑嘴鸥、黄嘴白鹭等候鸟补给站）、崇明东滩湿地公园（国家扬子鳄再引入试验中心）等。

图 10-11　闽江河口国家湿地公园　　　　图 10-12　江苏常熟市尚湖城市湿地公园

③ 雨水回收型　大多为人工湿地，通过人为设计回收利用雨水，强调湿地的蓄水防洪功能，例如哈尔滨群力国家城市湿地公园等。

④ 综合型　多数湿地公园兼具以上多种功能，或者并不以某一项功能为营建的主要目的，我们称这类湿地公园为综合型，例如翠湖国家城市湿地公园、荣成桑沟湾国家城市湿地公园等。

10.3　城市湿地公园的功能

10.3.1　保护生物和遗传多样性

湿地生态系统结构的复杂性和稳定性较高，是生物演替的温床和遗传基因库。许多自然湿地不但为水生动植物提供了优良的生存场所，也为多种珍稀濒危野生动物，特别是为水禽提供了必需的栖息和迁徙、越冬和繁殖的场所。同时，湿地为许多物种保存了基因特性，使得许多野生生物能在不受干扰的情况下生存和繁衍。因此，湿地当之无愧地被称为"生物超市"和"物种基因库"。城市生态系统较自然生态系统更为脆弱，城市湿地公园在维持城市生态系统的物种多样性方面起到了十分重要的作用。

10.3.2　减缓径流和蓄洪防旱

许多湿地位于地势低洼地带，与河流相连，是调节洪水的理想场所，如果湿地被围困或淤积，蓄洪功能会大受损失。在城市快速扩张的影响下，城市区域由于封闭地面过多造成蓄水功能退化，水泥护岸等错误的水利工程影响城市河道的下渗功能，湿地被大量围垦侵占和功能急剧退化等问题使得城市洪涝灾害日益严重，城市湿地公园作为城市雨洪天然调节器，已经成为"海绵城市"建设十分重要的一环，发挥着不可替代的作用。

哈尔滨群力国家城市湿地公园（图 10-13～图 10-15）是我国较早以解决城市内涝为目标的雨水湿地公园，它位于哈尔滨市的东部新城——群力。公园占地 34.2 万平方米，原为一块被保护的区域湿地，公园的规划设计为利用城市降水将公园转化为城市雨洪公园，让自然湿地成为城市的自然生态基础设施，从而为城市提供了多重生态系统服务：它可以收集、净化和储存雨水，经过湿地净化后的雨水补充地下水含水层；受雨水的浸润，可以使茂盛的乡土生境在城市中央繁衍；同时，通过巧妙设计，雨洪公园可以成为市民休憩的良好去处，并带动城市的发展。

10.3.3　固定二氧化碳和调节区域气候

导致全球气温变暖的主要原因是二氧化碳过多。湿地由于其特殊的生态特性，在植物生长、促淤造陆等生态过程中积累了大量的无机碳和有机碳，且湿地环境中微生物活动弱，土壤吸引和释放二氧化碳十分缓慢，故而形成了富含有机质的湿地土壤和泥炭层，起到了固定碳的作用。因此，城市湿地公园对于减缓城市热岛效应具有重要意义。

图 10-13　哈尔滨群力国家城市湿地公园实景（一）　　图 10-14　哈尔滨群力国家城市湿地公园实景（二）

图 10-15　哈尔滨群力国家城市湿地公园实景（三）

10.3.4　降解污染和净化水质

湿地具有很强的降解污染的功能，许多自然湿地中的植物、微生物通过物理过滤、生物吸收和化学合成与分解等，把人类排入湖泊、河流等湿地的有毒有害物质转化为无毒无害甚至有益的物质，如某些致癌的重金属和化工原料等，能被湿地吸收和转化，使水体得到净化。湿地在降解污染和净化水质方面的强大功能使其被誉为"地球之肾"。

生态展示型湿地公园——成都活水公园是世界上第一座以"水保护"为主题，展示国际先进的"人工湿地系统处理污水"的城市生态环境保护公园，曾获"国际水岸奖最高奖"和"环境地域设计奖"。成都活水公园位于锦江府河畔，占地 2.4 万平方米，于 1998 年落成。它的创意者是美国"水的保护者"（Keepers of The Water）组织的创始人贝西·达盟（Betsy Damon）女士，由中、美、韩三国环境艺术家共同设计，整体设计为鱼形，全长 525m，宽 75m。公园向人们演示了被污染的水在自然界中由"浊"变"清"、由"死"变"活"的生命过程，故取名为"活水"公园；同时，展示了人工湿地系统处理污水的工艺，利用湿地中大型植物及其基质的自然净化能力净化污水，并在此过程中促进了大型植物生长，增加绿化面积和野生动物栖息地（图 10-16、图 10-17）。

图 10-16 成都活水公园鸟瞰图

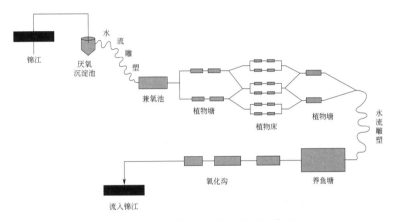

图 10-17 成都活水公园水处理示意图

　　成都活水公园核心部分是由 6 个植物塘、12 个植物床组成。其中种有浮萍、凤眼莲、荷花等水生植物和芦苇、香蒲、茭白、伞草、菖蒲等喜水植物，伴生有各种鱼类、青蛙、昆虫和大量微生物。人工湿地塘系统好似一个生态过滤池，污水通过这个过滤池后可得到有效净化。

　　公园起始的鱼嘴部分，用石材砌筑台阶式浅滩，栽种大量天竺葵、桢楠、黑壳楠、桫椤、连香、含笑等植物，乔木、灌木、草本植物等的配置，参照峨眉山自然植物群落。两架川西水车，将府河水泵入全园最高处的鱼眼蓄水池。此处利用地形建造覆土建筑，建成环保展览及教育中心，并设有净水工艺厌氧处理池。厌氧沉淀池是人工湿地生物净水系统的预处理装置，容积约 $780m^3$。该池采用物理沉淀、厌氧接触与生物膜过滤相结合的方法去除大部分悬浮物和部分可溶性的有机物，使大部分悬浮物或沉于池底或浮于水面由人工清除；使部分高分子有机物分解成较简单的物质（CH_4、H_2O、CO_2、NH_3-N、N_2 等），或排入大气或随水流入下个工序成为动、植物生长的养分。池中雕塑"一滴水"是一滴山泉在显微镜下的形态，表现洁净水的原始自然状态（图 10-18）。

　　河水继续流入水流雕塑群（图 10-19）代表的"鱼肺区"，这里利用气旋，使水流如山涧溪流般回旋跳跃，生动地体现"活水"曝气的意义。鱼鳞状的人造湿地系统，是一组水生植物塘净化工艺设计，错落有致地种植了芦苇、菖莆、凤眼莲、水烛、浮萍等水生植物，对吸收、过滤或降解水中的污染物，各有功能上的侧重。蜿蜒的塘边小道，塘中木板桥，营造出九寨沟黄龙风景区的意境。经过湿地植物初步净化的河水，接着流向由多个鱼塘和一段竹林小溪组成的"鱼腹"，在那里通过鱼类的取食（浮游动植物）、沙子和砾石的过滤（鱼类的排泄物），最后流向公园末端的鱼尾区。至此，原来被上游污染源和城市生活污水污染的河水，经过多种净化过程，重新流入府河（图10-20、图10-21）。

图10-18　成都活水公园厌氧沉淀池及"一滴水"雕塑

图10-19　水流雕塑

图10-20　鱼鳞状人造湿地系统

图10-21　由鱼塘所组成的"鱼腹"区

成都活水公园在植物的配置、景观的处理、造园材料的选择上，妙趣天成，通过具有地方性景观特色的净水处理中心，川西自然植物群落的模拟重建，以及地方特色的园林景观建筑设计，组成全园整体，对环境的主题进行了多方位的诠释。目前，它已经成为成都市到访率最高的公园景点之一。

10.3.5　防浪固岸作用

通常海浪、湖浪和河水等对沿岸地区具有一定威胁，在许多湿地没有保护好的地区，这些威胁会对农田、鱼塘、盐田甚至城镇造成不同程度的破坏。在我国南部沿海地区，由于缺乏红树林等湿地植被的保护，有些地方的海岸线每年都要倒退几米。而湿地植被生长良好的地方，海浪的流速和冲击力都会减弱，使水中泥沙逐步沉淀形成新的陆地。

美国波士顿公园（图10-22、图10-23）是湿地公园体现防洪固岸作用的经典案例。由于流经波士顿地区的查尔斯河边界地区大量开发建设，导致河流水质急剧恶化、水量上涨、洪水泛滥频繁，使得临近河流地区的城市空间受到严重的洪水威胁。因此波士顿政府在1880年请景观设计师奥姆斯特德主持制定水体边界规划，并称之为"自然湿地"。这个湿地的主要特征就是以河流为系统、以河流边界的滩地作为公园带，保持河岸与河滩的自然状态，沿河流形成波士顿的带状绿化系统，同时将市内的数个公园连为一体。为此，波士顿政府疏散了河边的居民，并通过疏浚潮汐河流、种植能抵抗周期性洪水变化的树木来恢复湿地河流的自然演进过程。"湿地"用来暂时存留暴雨，使洪水不会淹没临近街，一个潮汐门用来控制潮汐进出"湿地"。形成了洁净的水循环系统。这一规划使得污水横流、泛滥成灾的河流转变成为由自然过程来控制、波士顿最有吸引力和最具自然活力的地方。现在波士顿公园体系的两侧分布着著名的学校、研究机构和富有特色的社区。这种将湿地自然演进过程与城市空间扩展相结合的方法直到现在仍然具有指导意义。

图 10-22　波士顿公园实景图（一）

图 10-23　波士顿公园实景图（二）

10.3.6　美化城市环境

城市湿地是城市周边最具美学和生态价值的自然斑块之一，是城市特色的主要组成部分，也是发展城市旅游业的重要载体。现代化、人工化的都市景观与充满野趣的湿地公园共同构成和谐丰富的城市人居环境。据国际权威自然资源保护组织测算，全球生态系统的总价值约 33 万亿美元，仅占陆地面积 6% 的湿地，生态系统价值就高达 5 万亿美元。我国的生态系统总价值为 78 万亿元人民币，占国土面积 3.77% 的湿地，生态系统价值高达 27 万亿元人民币，单位面积生态系统价值非常高。

10.4　湿地公园规划设计相关理论

城市湿地公园规划设计的内容具有广泛性，它包含了如水质处理、植物选择、景观规划、建筑设计、栖息地建立、管理与维护、旅游规划等多方面内容。它不是单纯的生态保护规划，更不仅仅是景观、建筑规划，它是多学科规划的有机综合，仅从风景园林专业角度出发对城市湿地公园本体设计的研究方法是浅显和缺乏范式的，应扩大学科之间、专业之间、专业与非专业人员之间的对话和交流，借鉴和融合不同学科分支的理论和方法。

10.4.1　恢复生态学理论

恢复生态学是研究生态系统退化的原因、退化生态系统恢复与重建的技术和方法及其生态学过程和机理的学科。生态恢复不是物种的简单恢复，而是有目的性地对系统的结构、功能、生物多样性和持续性进行全面的恢复，主要目标是将被损害的生态系统修复到接近于它受干扰前的自然状况，即重建该系统干扰前的结构与功能有关的物理、化学和生物学特征。具体而言，要运用生态工程方法对生态失衡的湿地进行局部或全面性的生态系统复育，整治之后水滨能提供丰富而完整的生物栖息空间，使湿地本身逐渐呈现"多元"的"自然"风貌。城市湿地公园生态恢复要注重以下几个方面。

① 分析群落演替过程　根据恢复生态学基本原理，湿地生态群落的恢复和重建过程中

最有效和最有力的是顺从生态系统的演替规律来进行。因此在湿地公园规划时首先要弄清楚该湿地的群落演替过程。

②模拟原生态湿地　模拟自然系统的形状和生物系统的分布格局，设计湿地生态系统的形状与生物分布格局，而不是简单的矩形、圆形等规则的形状。湿地大小对于湿地的有效性是很重要的，应设计分散的小型湿地，避开一些敏感易受干扰的区域，同时这些分散的湿地形成了陆地-水域相互交错的分布格局，有利于野生生物的栖息。对于湿地的游览活动区和管理服务区可根据具体的景观和旅游项目的需要进行湿地地貌的改造，但必须在尊重原有地貌的基础上谨慎为之。

③实现湿地水循环　首先，要改善湿地地表水与地下水之间的联系，使地表水与地下水能够相互补充，使湿地周围的土壤结构发生变化，土壤的孔隙度和含水量增加；其次，应采取必要的措施改善湿地水源的活力；最后，保证湿地水与周边地区水的循环。从整体的角度对周边地区的排水及引水系统进行调整，确保湿地水资源的合理与高效利用。在可能的情况下，适当开挖新的水系并采取可渗透的水底处理方式，以利于整个园区地下水位的平衡。

④解决湿地水污染问题　湿地处理污染物的有效性是随湿地面积的增大而增大的。解决水质一般从以下几个方面进行。首先必须切断污染源，对废水的排放严格管理及控制，同时采取措施对污水净化，例如采用生物和理化的方法来降低污水中的氮负荷，包括细菌的硝化和反硝化、藻类的吸收、吸附气化、离子交换等。通常流过人工湿地的水体通过自净作用就可以达到恢复的标准。其次，要疏浚河道，清除底泥中的毒物。可以通过人工操作清除底泥，这种方式周期短，见效快，但耗资大，适合在局部区域根据实际情况采用；也可以通过水体生态系统中各种生态群落的综合作用而清除其中的污染物，该技术投资不大，但见效较慢，对各生态群落的选择和模拟营建技术要求较高，在城市湿地公园的生态恢复区内可采取此项方式。

⑤改造湿地土层　土壤结构对城市湿地公园的恢复起着重要作用。湿地的土壤要求为不容易渗透的黏土，因为黏土矿物有利于防止水体快速渗入地下，并可限制植物根系或根茎穿透，故通常采用黏土构筑湿地下层。壤土也可以代替黏土置于底层，但应适当增加厚度。沙土营养物含量低，植物生长困难，而且容易使水体快速渗入地下，所以不宜设在最下层。

⑥建立适合生物的栖息地　引入或恢复栖息地、建立生物保护核心区和缓冲区、构筑廊道、增加景观异质性等措施有利于生物多样性的恢复。对由于人类对其生境的侵占和捕杀以及外来物种的侵占而消失或减少的原有生物，要弄清其消失或减少的原因及其在生物链中所占的地位及数量，根据原因消除危害的根源，同时以合理的雌雄比例从外地引进该物种，并且通过建设适于动物生存的生境，保障动物安全的饮水和觅食，甚至可以通过人工引鸟、投食等手段快速增加湿地的生物种类和数量。除此之外，加强管理并对游客进行宣传教育也是十分必要的。

10.4.2　景观生态学理论

景观生态学（landscape ecology）是研究景观单元的类型组成、空间格局及其与生态学过程相互作用的综合性学科。强调空间格局、生态学过程与尺度之间的相互作用是景观生态学研究的核心所在。湿地系统所形成的景观，在空间分布上的差别会造成能源流动、养分循环、种群动态的变化，对景观效果产生较明显的影响。所以，在湿地公园的规划设计中，要充分考虑功能分区和景点设计，将空间分布要素的流动全面考虑进去。

根据景观生态学理论，景观要素分为三种类型：斑块、廊道、基质。在湿地景观生态格局中，陆地可以看作是湿地镶嵌的背景基质，沼泽、湖泊、稻田等是其中的一个个富水的斑块，溪流、江河、渠系等则是斑块之间水力联系的廊道。对于城市湿地公园设计，应确定其景观生态格局，加强景观异质性和连续性，各种斑块廊道相互交叉形成网络，使之与基质的作用更加广泛和密切。城市湿地公园规划设计应模拟自然环境的特点，尽可能保护它的原生态原貌，为市民提供一个贴近大自然的景观。

10.4.3 城市规划学理论

城市规划（urban planning）的核心部分是土地利用规划，在城市规划领域中，相邻地域间有一定宽度而直接受到边缘效应作用的边缘过渡地带称为"边缘区"。边缘区区位优势显著，资源组成丰富，所蕴藏的生态位数量与质量都远高于地域腹心区，边缘区在空间分布上具有层次性与动态演进的特征。湿地属于不适合建设用途的非建设用地，在客观上构成界定建设用地单元的边缘环境区，与建设单元之间蕴藏源于生态关联的"边缘效应"。湿地公园价值的实现和功能的发挥需要城市土地利用的合理分配，保护其"边缘区"，城市规划理论可为湿地公园的规划提供理论基础，促进湿地公园规划的科学性和可行性。

10.4.4 行为生态学理论

行为生态学（behavioral ecology）是研究生物行为与环境的相互关系，研究生物在一定栖息地的行为方式、行为机制、行为的生态学意义的学科，是行为学与生态学的交叉。行为生态学为在湿地公园中营造适宜的生物栖息地提供了重要的理论依据。

在湿地独特的环境中，生活着大量的鱼类、两栖爬行类、鸟类和哺乳类动物。恢复湿地公园的生物多样性，就要求建立适合生物的栖息地，必须对动植物的行为进行研究，了解动植物的生活习性和行为特征，在此基础上合理设计湿地及其近缘生境、科学种植并搭配湿地及周边林地植被，以及动物观察设施的布置、游线的安排。栖息地的差异为野生动物提供了不同的生态环境，从而影响动植物的生存和繁殖，栖息地的质量高低直接影响生物的地理分布、种群密度、繁殖成功率和存活率（图10-24）。

图 10-24 伦敦湿地公园中的鸟类

10.4.5 社会学理论

社会学（sociology）是从社会整体出发，通过社会关系和社会行为来研究社会的结构、功能、发生、发展规律的综合性学科。这里主要是运用社会学分析城市湿地公园与湿地原住民、游客的关系，具体体现在居民点调控、社区参与和游客公众参与三个方面。

① 居民点调控　城市湿地公园的居民点调控与其可持续发展有重要的意义。可根据村落大小实行分期改造，兼顾生态旅游、教育科研事业的发展，控制原址新建，鼓励异地搬迁，同时政府给予补贴。对原有的村庄打造不同的景观类型，体现生态文化。具体措施包括：科学预测和严格限定各种常住人口规模及其分布；根据景区需要划定无居民区、居民衰减区和居民控制区；与城市规划和村镇规划相协调，对已有的城镇和村点做调整；对农村居民点应划分为搬迁、缩小、控制和聚居等四种基本类型，并分别控制其规模布局和建设管理措施。禁止新建有污染的工业项目以及与旅游无关的项目，对已有污染环境的工农业项目实行关停并转移。

② 社区参与　城市湿地公园园区内及周边通常有很多原住民，湿地公园的建设对他们的生活、思想、生存环境和文化习俗等产生一定的冲击。其中有积极的影响，如能改善当地的生活基础条件，包括交通、通信和卫生基础设施等，但也会附带一些不利的因素，如居民原本经营的产业包括种植业、养殖业等可能会受到一定的影响，这就势必导致他们经济收入的减少。因此，公园在规划之初就应当贯彻社区参与的理念，通过社区共管经营和管理等模式，来更好地促进城市湿地公园以及当地的经济和社会的发展。湿地公园中的社区参与是指湿地原住民参与到湿地生态旅游发展的决策、规划和管理中，他们基于共同资源的相互依靠，是可持续生态旅游的基础，他们共同形成的一体化决策是解决利益冲突的最好方法。

③ 游客参与　目前，游客参与的途径主要包括湿地公园的旅游活动项目、环境科普知识宣传、湿地公园服务和功能设施，如湿地展览馆、湿地实验中心等。

10.5　湿地公园的规划设计要点

10.5.1　湿地公园规划设计原则

《导则》确定了城市湿地公园规划设计应遵循的基本原则。

① 生态优先。城市湿地公园设计应遵循尊重自然、顺应自然、生态优先的基本原则，围绕湿地资源全面保护与科学修复制定有针对性的公园设计方案，始终将湿地生态保护与修复作为公园的首要功能定位。

② 因地制宜。在尊重场地及其所在地域的自然、文化、经济等现状条件，尊重所有相关上位规划的基础上开展公园设计，保障设计切实可行，彰显特色。

③ 协调发展。通过综合保护、系统设计等保障湿地与周边环境共生共荣；保持公园内不同区域及功能协调共存；实现科学保护、合理利用、良性发展。

城市湿地公园规划设计的原则，归根结底是保护与利用的问题。在湿地公园规划设计中，应重点从以下几个方面切实地落实《导则》中的原则。

① 湿地公园内的重点保护区（往往是园内湿地生态敏感区或湿地景观原生性较强的区域）要占相当的面积和比例，以保护该地域湿地生态系统的完整性和湿地生物的多样性，从而维持湿地生态系统特有的湿地结构、功能、演替规律。

② 尽量不破坏湿地自然生物栖息地，尤其是保护和维护园内生态敏感区的自然风貌和湿地景观。

③ 维持（或恢复）园内水体水系与园外自然水体水系的循环交换畅通。

④ 保护水体底泥及其底栖生物。

⑤ 保护地表植被（包括水生植物和陆生植物等）。

⑥ 湿地公园要划分游人禁入区（永久或临时禁入），禁入区面积要占有一定比例。

⑦ 限定湿地公园人工设施的数量与规模。

⑧ 分析、测算湿地公园最大游人容量及敏感时区（或季节）游人容量，对湿地公园入园游人量采取合理控制措施。

10.5.2 湿地公园规划设计方法

10.5.2.1 湿地公园规划设计的程序

① 选址　湿地公园的选址应当满足以下基本条件：首先，具有显著或特殊生态、文化、美学和生物多样性价值的湿地景观；其次，能够在湿地野生动植物，尤其是濒危动植物保护方面发挥重要作用。

② 界定规划边界与范围　在城市湿地公园规划设计工作中，确定城市湿地公园的边界与范围难度很大。城市湿地公园规划范围的确定应根据地形地貌、水系、林地等因素综合确定，应尽可能以水域为核心，将区域内影响湿地生态系统连续性和完整性的各种用地都纳入规划范围，特别是湿地周边的林地、草地、溪流、水体等；城市湿地公园边界线的确定应以保持湿地生态系统的完整性，以及与周边环境的连通性为原则，应尽量减轻城市建筑、道路等人为因素对湿地的不良影响，提倡在湿地周边增加植被缓冲地带，为更多的生物提供生息的空间；为了充分发挥湿地的综合效益，城市湿地公园应具有一定的规模，一般不应小于 20hm^2。

③ 基础资料调研与分析　综合运用多学科研究方法，对场地的现状及历史进行全面调查。重点调查与基址相关的生态系统动态监测数据、水资源、土壤环境、生物栖息地等。根据各地情况和不同湿地类型与功能，建立合理的评价体系，对现有资源类别、优势、保护价值、存在的矛盾与制约等进行综合分析评价，提出相应的设计对策与设计重点，形成调研报告及图纸。有条件的可建立湿地公园基础数据库（表 10-1）。

表 10-1　城市湿地公园资源调查与评价分析内容

分析评价类型	分析评价内容	备注
生态系统	湿地类型、功能特征、代表性、典型价值、敏感性、系统多样性、生态安全影响、生态承载力等	重点分析基址生态本底所面临的干扰因素与程度，恢复可行性。生态环境敏感性、栖息地环境质量的分析与评价应作为指导公园设计的必要内容
水资源与土壤环境	水文地质特点、水环境质量、水资源禀赋、降雨规律、水环境保护与内涝防治要求、土壤环境等	须从区域到场地，尤其注意对小流域水系现状及湿地水环境的分析评价
生物资源	植物种类、群落类型、典型群落、生境类型、主要动物及其栖息环境特点、生物多样性、生物通道、外来物种等	注重对现有及潜在栖息地的分析
景观资源	资源构成、资源等级、自然景观资源、人文资源等	注意文化遗产的发掘与保护
人工环境	用地适宜性、建设矛盾、周边居民分布、人为干扰状况、公众活动需求、交通状况、建构筑物、公共设施建设情况、现有基础设施及与湿地有关的人文、历史、民俗等非物质遗产等	结合现状与上位规划进行分析

注：引自《城市湿地公园设计导则》。

④ 编制规划设计任务书　在任务书中要明确公园建设定位、设计目标、主要特色、需解决的重要问题、时间安排和项目拟投资规模、设计成果等。重点明确湿地公园的主要功

能、栖息地类型及保护与修复目标等。

根据《导则》规定，城市湿地公园作为城市绿地系统的重要组成部分与生态基础设施之一，应以湿地生态环境的保护与修复为首要任务，兼顾科教及游憩等综合功能。用地权属应无争议，无污染隐患。对可能存在污染的场地，应根据环境影响评估采取相应的污染处理和防范措施。对水质及土壤污染较为严重的湿地，需经治理达标后方能进行建设。

⑤ 规划论证　在城市湿地公园总体规划编制过程中，应组织景观、植物、生态、生物、城市规划、环境等方面的专家对规划设计成果的科学性与可行性进行评审论证。

⑥ 设计步骤　城市湿地公园设计工作，应在城市湿地公园总体规划的指导下进行，可以分为方案设计、初步设计以及施工图设计。

10.5.2.2　湿地公园的功能分区

由于城市湿地公园中湿地在生态保护方面具有特殊的价值，和一般的城市公园不同，所以其功能分区上必须有严格的要求。为了对湿地进行有效的保护，对城市湿地公园的分区布局，首先应该遵循由内到外"重点保护区—缓冲过渡区—开发利用区"的三圈基本模式，如图 10-25、图 10-26 所示。

图 10-25　城市湿地公园功能分区基本模式

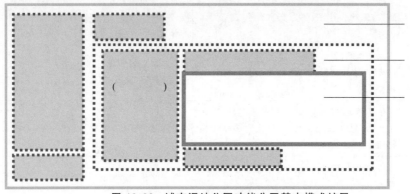

图 10-26　城市湿地公园功能分区基本模式扩展

例如，江苏镇江焦北滩湿地公园分区规划的三圈模式如图 10-27 所示。

公园的分区规划以核心区（Ⅰ）为主，负责湿地的保护与恢复；缓冲过渡区（Ⅱ）紧邻并围合着核心区，隔离开发利用区对核心区的打扰，对核心区进行缓冲保护；开发利用区（Ⅲ）位于城市湿地公园最外围，承担大部分游人的游憩、休闲功能，同时与缓冲过渡区结合共同隔离核心区。很多湿地公园核心区的面积占湿地公园总面积 1/4 以上，而开发利用区控制到 1/5 以内。维持一定比例的核心区对于营造具有典型湿地特征的生态环境作用显著，同时控制开发利用区域的面积有利于减少人为活动对湿地环境的干扰。

《导则》中明确规定：湿地公园应依据基址属性、特征和管理需要科学合理分区，至少包括生态保育区、生态缓冲区及综合服务与管理区。各地也可根据实际情况划分二级功能区。分区应考虑生物栖息地和湿地相关的人文单元的完整性。生态缓冲区及综合服务与管理区内的栖息地也应根据需要，划设合理的禁入区及外围缓冲范围。

在上述结构基础上，可以根据现状条件进行功能的细分（表 10-2），例如，汉丰湖国家湿地公园的功能分区（图 10-28）。

表 10-2　城市湿地公园功能分区

分区模式	生态保育区	生态缓冲区		综合服务与管理区	
细分区	重点保护区	湿地过渡区	湿地展示区	游览活动区	管理服务区
功能	湿地生态系统的保护	缓冲隔离城市和活动的干扰	湿地景观的展陈与科普	湿地环境的体验与参与	公园的景观设施管理与服务

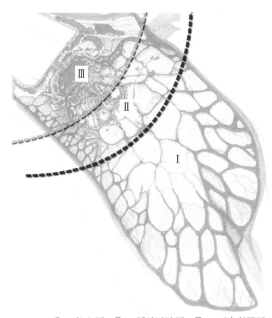

Ⅰ—核心区；Ⅱ—缓冲过渡区；Ⅲ—开发利用区

图 10-27　江苏镇江焦北滩湿地公园分区规划图

图片来源：姜小蕾，史纯鸿，姜泽盛. 镇江焦北滩湿地公园生态规划研究［J］.

山东农业大学（自然科学版），2013，44（2）：205-210.

① 重点保护区　重点保护区是湿地生态系统最完善且物种最为丰富、保存良好的功能区，因此应该对其进行严格的保护，用人工的手段建立生态保育区、使用辅助手段等策略来保护公园中现状较好的湿地环境。重点保护区内禁止游客和交通工具入内，只允许小规模地开展科研活动，例如对湿地和鸟类的观察、研究与保护。其中的人工要素非常少，仅需要设置科学考察的设施、道路及少量观测设施，确保对湿地生态系统造成的干扰最小。

② 湿地过渡区　湿地过渡区需要满足一定的宽度，能够对外界城市用地环境和开发利

图 例

■ I	汉丰湖湿地生态保育区	■ III	乌杨湿地生态岛
II-1	湿地资源合理利用区 ——乌杨坝湿地休闲游憩区	IV	消落带湿地恢复重建区
II-2	湿地资源合理利用区 ——芙蓉坝湿地生态产业观光体验区	V	综合管理服务区

图 10-28　汉丰湖国家湿地公园功能分区图

用活动的干扰进行一部分隔离保护，通过对缓冲隔离区进行一些设计，达到一定的阻滞地表径流、隔离噪声等功能。

③ 湿地展示区　湿地展示区位于缓冲过渡区，也能够起到一定的缓冲隔离作用，同时承载部分游人活动。在生态敏感度较低的区域可以设置游览路线，进行湿地景观的展陈与科普、湿地文化的展览以及湿地植被演替的实验等，为人们提供一个更好地了解湿地的窗口。

④ 游览活动区　游览活动区与城市开发区关系最紧密，因此承载最大的游人活动强度，可以在该区域规划游览线路，供游人进行休憩、观赏、休闲，但注意尽量减少人工痕迹的影响。可利用湿地和当地的文化特色开展一些有意义的活动，例如湿地知识科普、湿地探索、民俗体验、湿地拓展活动等。同时应该对水较深的地方做好防护工作，保证游人的游览安全。

⑤ 管理服务区　主要是为游人的停歇、餐饮、休闲以及景观设施维护和管理等而设立的区域。为了管理使用方便以及减少对湿地的干扰，将管理服务区设置在入口位置，各种基础服务设施、停车场面积都应该尽量减小。

10.5.2.3　湿地公园水系规划设计

湿地公园水系规划设计，首先，应该师法自然，营造诸如湖泊、河流、曲溪、深潭、瀑布、跌水等自然水形，通过这些水体的有机组合，既构成了丰富多彩的湿地水景景观，又为湿地植被、鱼类、鸟类等各种湿地生物的繁衍创造了适宜的生境，并可净化水源、蓄水涵水、削弱洪水的破坏力等；其次，各个水体之间应该构成相对独立又相互贯通的系统关系。由于不同的湿地生物对水环境的要求各有差异，规划设计时，应根据湿地生物的生长习性为其营造适宜的生存空间，不同的池塘水位通过堤、坝、涵闸、泵站等设施分开控制，池塘之间通过河道、溪流等线形水体相互贯通，尽可能构成循环流动的活的水系，这样对水质具有积极作用。

（1）水体驳岸的设计　在水岸设计上，应以自然弯曲的自然式水体为主，力求做到湿地区域收放有致，并充分利用浅水区和滩涂等生物分布的集中区，发挥湿地空间的生态、景观优势。在驳岸处理上，应首选生态驳岸的处理方式，减少采用传统的块石或混凝土砌筑等硬性人工驳岸，因为后者会破坏天然湿地对自然环境所起的过滤、渗透等作用。生态驳岸有多种类型，设计中应针对不同的岸边环境，采取不同的水岸空间处理方式，总体上以生态植栽驳岸为主，通过舒缓的水岸地形与水域自然过渡，营造临水植物生长空间。不同分区，在没有防洪要求的情况下，自然化驳岸比例应满足表10-3所示的要求。在满足要求的前提下，公园内的水面可根据不同的景观要求，灵活应用硬质驳岸、抛石护岸等形式的组合，局部水岸还可通过沿岸木栈道、伸入水面的挑台、下沉式台阶等方式提升市民的亲水性。在天津城市绿都湿地公园景观规划设计方案中，采用了自然弯曲的驳岸设计，见图10-29。

表 10-3 自然化驳岸比例

分区	生态保育区	生态缓冲区	综合服务与管理区
自然化驳岸比例	100%	>85%	>80%

注：引自《城市湿地公园设计导则》。

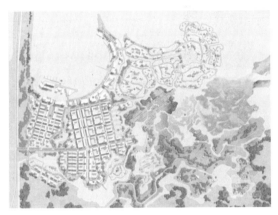

图 10-29 天津城市绿都湿地公园景观规划设计方案——自然弯曲的驳岸设计

（2）驳岸设计的注意事项

① 根据水量变化进行设计。驳岸设计应该兼顾枯水期和丰水期的景观效果，同时保证岸线足够牢固，满足安全需要。

② 充分考虑生物栖息的生境。湿地作为生态交错区，需要尽可能多的生物栖息的生境。将湖岸改造成为不规则的河湾，避免形成直线的岸线，延长岸线长度，并根据不同物种需要将湖岸改造成平缓型、陡峭型、泥泞型等多种类型，能为多样的边缘物种提供较为完整的生态栖息地，美化视觉效果。

③ 驳岸栈道的设计。岸线环境还要与道路的规划相结合。公园核心保护区可以采用临水架空的栈桥或栈道，这种临水架空的栈道或栈桥可以近水面，同时对水中

图 10-30 北京奥林匹克森林公园栈道

生物的活动又不造成干扰；另一方面，它在具体的布局形式上比较灵活自由，便于近距离观察各种湿地动植物，减少对空间分隔和限定的生硬感的同时，减少了人的活动对湿地生态与景观带来的破坏（图10-30～图10-33）。

图 10-31　哈尔滨群力国家城市湿地公园架空栈道　　　　图 10-32　香港湿地公园栈道

图 10-33　辽宁沈阳辽河七星湿地公园栈道

（3）水位控制　水体水位的控制是城市湿地公园水系规划设计的关键，也是湿地公园建设、管理的技术难点。因城市湿地公园选址本身就处于池塘众多的低洼区域，地下水位较高，湿地公园的水体一般是在原有湿地池塘的基础上改造而成，原有池塘经过长期积淀，具有各种透水性基质，湿地公园水体的池底适宜利用原有自然池塘泥质池底，使水体保持与外部空间的物流与能流的联系，利于湿地水体生物多样性的保护。但因不同的湿地生物生活所需的水环境、水深各有不同，在控制不同池塘的水位和保持水系的循环流动方面需要借助人工方法予以解决。这些方法包括为池塘设置补水、溢水、泄水等管道系统和建设水泵房、涵闸等，利用水泵将低位池塘的水抽至高位池塘，再通过曲折的河道、溪流、瀑布、跌水等水体景观形式使高位池塘的水流回低位池塘，形成池塘之间的自我循环，并整体保持各池塘湿地间有常年不竭的水道以及能够应付不同水位、水量的塘床系统（图 10-34、图 10-35）。

10.5.2.4　湿地公园植物景观规划设计

植物配置应根据所在区域的自然气候条件、湿地的用途及特征，选择适宜的植物种类，并且在尽量采用本地植物的前提下，增加植物的多样性。无论哪种类型的城市湿地公园，其从水域到陆地过渡的景观梯度变化明显，一般具有沉水植物群落—浮叶植物群落—挺水植物群落—湿生植物群落—陆生植物群落的生态演替系列，也形成了湿地公园竖向变化的特色景观。

图 10-34　北京奥林匹克森林公园"叠水花台"曝气池　　图 10-35　郑州市郑东新区人工湿地跌水曝气池

在湿地的演化过程中，常伴随着外来物种的侵入，导致本地植物在生态系统内的物种竞争中失败甚至灭绝，并有可能对湿地的发展产生巨大影响，因此，要充分利用或恢复原有自然湿地生态系统的植物种类。在水陆过渡地带应保持一定的自然湿地生境作为缓冲区，采取适当的生态管理措施确保其自然演替和自然恢复过程，以利于湿地功能的发挥。植物群落的物种和组成应与湿地生境的自然演替过程以及顶级群落的发展相符合，以便有效地促进并加速其恢复过程。必要时应采取分阶段的种植模式，先营造先锋植物群落，待生境特点与立地条件改善后再构建目标植物群落。

（1）植物种类的选择　湿地植物种类很多，选择时尽量以乡土树种为主，多利用有利于生态系统恢复的物种，同时应因地制宜，根据湿地的不同用途进行植物的选择。首先，有污染的湿地多选用污水净化能力比较强的植物，提高污水净化速度，减少后期管理的投入。其次，考虑植物的抗逆性，植物的抗逆性包括对环境的适应能力、对病虫害的抵御能力、对不利温度的抵抗能力。采用抗性强的植物种类，能够大大提高净化效果。再次，湿地对于植物的根系牢固程度也有要求，茎叶发达的植物根系比较牢固，可以保持水土，还能沉降泥沙，保留土壤养分。另外，还要考虑植物的年生长期，人工湿地系统的功能性在冬季会有所下降，因为冬季植物会枯萎或休眠，因此最好多选用常绿的水生植物或冬季半枯萎的植物。最后，要考虑植物的安全性、经济文化价值，选择植物应以本地物种为主，引进物种不能对当地植物和生态构成威胁，可以选择一些易分解用作肥料的植物，或者选择可造纸的植物。

湿地公园中常采用的去污效果比较好的挺水植物有茭白（*Zizania latifolia*）、芦苇（*Phragmites communis*）、菖蒲（*Acorus calamus*）、香蒲（*Typha angustata*）、水葱（*Scirpus validus*）、灯芯草（*Medulla junci*）、石菖蒲（*Acorus tatarinowii*）、慈姑（*Sagittaria sagittifolia*）、水生美人蕉（*Canna generalis*）等；漂浮植物主要有满江红（*Azolla imbricata*）、菱（*Trapa japonica*）、水鳖（*Hydrocharis morsuranae*）、浮萍（*Lemma minor*）等。沉水植物主要有马来眼子菜（*Potamogeton malaianus*）、金鱼藻（*Ceratophyllum demersum*）、伊乐藻（*Elodea canadensis*）、轮叶黑藻（*Hydrilla verticillata*）等；森林沼泽主要树种有水杉（*Metasequoia glyptostroboides*）、杞柳（*Salix integra*）、枫香

（*Liquidambar formosana*）、青冈栎（*Cyclobalanopsis glauca*）、冬青（*Ilex purpurea*）、石楠（*Photinia serrulata*）、黄连木（*Pistacia chinensis*）、黄檀（*Dalbergia hopeana*）、山合欢（*Albizia kalkora*）、化香（*Platycarya strobilaces*）、栓皮栎（*Quercus variabilis*）等；草本沼泽类较多，如莎草群系、芦苇群系、莲群系、菱群系、浮萍群系、风眼莲群系等湿地景观植物。

（2）植物群落的营建　湿地植物景观群落应考虑植物种类的多样性。多种类植物的搭配，不仅在视觉效果上相互衬托，形成丰富而又错落有致的效果，对水体污染物处理的功能也能够互相补充，有利于实现生态系统的完全或半完全的自我循环。

从景观层次上考虑，应横竖线条相协调。大水面属于横线条，因此水边选择植物时尽量以造型竖线条的植物为主，形成视觉平衡，创造湿地景观的艺术美。沿岸边缘带一般选用姿态优美的耐水湿植物，如柳树、水杉、水松、木芙蓉、迎春等进行种植设计，以低矮的灌木和高大的乔木相搭配，用美学原则组织其色彩、线条、姿态等，创造出丰富的水岸立面景色和水体空间景观效果，同时又能在水中产生一种动人的倒影美。除了要考虑乔灌草的搭配，还要考虑不同高度的水生植物的搭配，例如有挺水植物（如芦苇）、浮叶植物（如睡莲）和沉水植物（如金鱼草）之别。

从功能上考虑，可采用发达茎叶类植物和发达根系类植物搭配，既阻挡水流，又沉降泥沙，同时考虑深根系植物与浅根系植物搭配。

从布局上考虑，要比例相互协调。水生植物的面积不要超过整个水面的 $1/2 \sim 1/3$，以免影响观赏湿地植物在水中倒影的效果。

（3）湿地植被恢复过程　植物是湿地保持生态性的根本，很多湿地由于长期的破坏和疏于管理，植物生态系统结构已经遭受了破坏。通过种植设计恢复原有的生态系统是湿地公园建设的根本目的之一。湿地生态恢复应根据当地的自然地理与气候特征，因地制宜地进行。湿地的植被恢复应注意以下几个方面。

由于公园不是在天然状态下进行湿地植被恢复的，人为对公园地貌改造之后，人工开挖的湖盆和河床底质需要一个活化或熟化过程。因此，在公园地貌改造工程结束后，其湖泊、河流的水域区应闲置一段时间。在资金和条件许可的条件下，为加快湿地恢复的建设步伐，可在开挖的湖盆上铺上少量的腐质淤泥。在水域区闲置时间，不能引进任何水生动物，特别是草食性和杂食性鱼类，但可适量地放养一些底栖生物，以促进水域区底质的改善。在此期间可先进行公园其他设施的设计和建设，同时可进行陆生植被的种植和恢复工作。

在植被恢复过程中，先行恢复挺水植物和浮叶植物，其引种恢复的时间应选择在年内的春季为宜。沉水植被的引种也应选择在年内的春季，最好是在挺水植物和浮叶植物恢复区的保护下逐步扩展。在植被的恢复过程中，应在专家的带领下加强人工管理，适时跟踪调整，但不宜过分人工干预。挺水植物和浮叶植物对湿地水质、透明度要求不高，恢复相对较为容易，种植时水深一般在 1m 左右，可保障成活率。沉水植物恢复以引种植株较为有利。由于沉水植物对湿地的水质特别是水的透明度要求较高，因此在沉水植物的引种过程中，湿地水深不宜太深，最好在人工控制下，逐步抬高水位，以有利于植物的成活。沉水植物的引种应考虑到季节的搭配，以及植物茬口的衔接。特别是对冬季生长的植物，应适时引入，以保障冬季有水生植物覆盖。对于漂浮植物，在引入时要选好位置，并有控制其蔓延的措施或设施。

10.5.2.5　湿地公园野生生物栖息地规划设计

运用生态学相关理论，确立场地内需要被保护或新建的动植物栖息地斑块及有利于物种迁徙、基因交换的廊道。对道路、河流、林地等合理整合，并在此基础上建立城市区域的连续生物网络，改善湿地生境的破碎化。

应该设计满足湿地生物食物链的草滩、泥滩、石滩、沼泽、林地、灌丛、水域等不同的生境类型，增加湿地生态系统的生物多样性，丰富公园景观类型、层次和季相等。

（1）地形　通过合理的地形设计，改善区域排水、营造有利于动植物生存的小气候，增大地表面积，创造阴阳、陡缓、干湿等多样化的环境条件，以满足不同动植物生长需要。通过地形设计加强隔离，降低人类活动对栖息地的影响。

（2）水域　根据不同动植物需要的水深和水文、气候条件等合理设计水域形态及深度。栖息地水域应以浅水为主（通常为1m以下，可设计季节性滩涂，北方地区水深应适当加大），同时在条件允许的情况下，可包含部分较深水域（3～4m），为深水鱼类等底栖生物提供生境。

岸线应尽量曲折丰富，增大水陆交界面，并可适当营造不规则形态的小岛，开辟一些内向型、隐蔽性较强的裸地滩涂和浅水水塘，为鸟类及小型鱼类、甲壳类动物提供理想栖息环境。在满足防洪及安全要求等前提下，驳岸坡度应尽量控制在10：1或更小，尽量采用生态驳岸，除湿地水生植物、灌丛、耐水湿的乔灌片林等，营造一定的裸露滩涂和沙石驳岸。

（3）植物　根据野生动物生态习性进行植物的选择与配置，可通过种植动物喜食的植物，如鸟嗜植物和蜜源植物等，以及适宜繁殖筑巢的乡土植物，形成近自然的复层植被群落。

保持一定的植被密度，构成覆盖度较大的植被群落。在栖息地边缘，宜种植枝叶繁茂、不易靠近的树丛作为缓冲隔离带。靠近水岸边缘处不宜栽植高大乔木，为水禽活动留出一定空间，可栽植耐水湿的草本及灌木，形成水陆交界带的动物栖息环境。

（4）设施　栖息地内应严格控制包括科研观测在内的构筑物及其他人工设施的数量、体量和色彩。栖息地及相邻区域内不宜设置大型服务建筑。必要的建构筑物在设计时需采用环保材料及工艺，可采用立体绿化等措施使其与周边环境融合。

根据调查分析划定适当的禁入区，其外围设立的观景点和停留休憩设施，应避免影响野生动植物生存；可结合标识系统等，开展一定的科普教育活动。为鸟类、鱼类及其他小型哺乳动物设置的人工鸟巢、木质栖台、人工洞穴和投食区等，都应符合动物生态习性要求。

10.5.2.6　湿地公园交通游线设计

城市湿地公园游览路线设计的基本原则是不破坏湿地生物多样性，最大限度地减少人类活动对湿地生态系统的干扰。在规划条件比较受局限的情况下，为了让游人更多地了解和观赏湿地生态系统中的生物资源，游览路线的布局十分重要。首先，在道路规划时，以游览步行道为主，仅留出足够的消防安全通道即可；其次，游步道一般采用木栈道、石板路等生态的道路类型，与环境更好地融合，步道尺度一般在0.9～2m的范围，避免因过度施工惊扰湿地内的生物，公园面积比较大的可以采用自行车等环保代步工具，机动车应禁止入内；再次，规划时要严格控制游人的活动区域，由于重点保护区内部不应设置道路，游人可达区域仅限于湿地展示区、游览活动区和管理服务区，因此游览路线应该主要在这几个区域形成流畅通顺的路径，避免对重点保护区内的生物造成干扰。连接重点保护区的路线应为尽端布局，便于管理人员进入的重点保护区入口应单独设置。

在保证不干扰湿地内生物栖息的前提下，游览路线的规划设计也要满足游人的观赏需求。由于不同的湿地生物对湿地环境的需求不同，每个小分区所营造的景象也不同，游览路线的布局要串联城市湿地公园内各种类型的景观，给游人带来多种多样的参观体验，如香港湿地公园游览线路的设计（图10-36）。在游览路线规划设计的过程中，还要注意将人群进行合理的分流，除了在管理服务区内，其他生态敏感度相对较低的区域要防止大波人流的聚集。另外，也要设计几条简单快捷的路径，以供游人进行短时间的游览和参观。

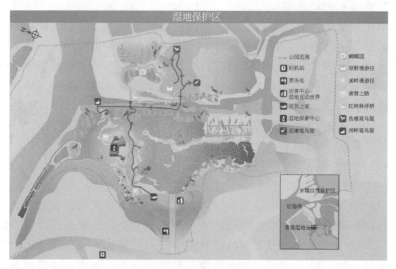

图 10-36　香港湿地公园游览路线图

　　道路可采用分级设计，一级园路应便捷连接各景区，考虑管理及应急车辆通行要求，宽度宜在 4～7m；二级园路应能连接不同景点，考虑人行与自行车交通和适当的应急机动车交通，宽度宜在 2～4m；三级园路主要考虑步行交通，宽度宜在 0.9～2m。不同区域的道路密度及宽度应符合要求，具体规定可参考《城市湿地公园设计导则》。

10.5.2.7　湿地公园景观建筑设施

　　为满足游人观光、游览、休息、参观等需要，湿地公园需要适量设置亭、榭、舫、茶室、桥梁、平台、栈道等景观建筑以及各种服务性建筑、文化休闲性建筑、管理用房等。其中，景观性建筑主要分散分布于游憩观光区，建筑选址或临水而建或依山而居，各建筑之间要求保持良好的对景关系。景观建筑的造型、风格应该保持与湿地环境相协调，为保持湿地公园的生态景观风格，景观建筑的材料应优先选择木材、竹材、茅草、石材等自然原材料，或者利用混凝土仿真做法，模仿天然树干、石头等自然原材料造型。建筑色彩保持自然原材料的本色，以朴素、淡雅的颜色为主，减少人工建筑对自然生态环境在视觉上的冲击，体现湿地原生态的景观特征。对于深入到湿地内部的近距离观察野生动物的"观察台"、栈道、平台等景观设施，为减少游人活动对湿地生物的干扰，可采用底层架空结构，分散布置，并尽量减少建筑的面积（图 10-37）。其他服务性、休闲性建筑主要分布于游客相对集中的科普展示区与接待管理区，通常其建筑面积大而集中，或结合大门设置或独立设计成展览馆、会议中心等形式。这类建筑一般造型活泼、形式多样，设计若能和湿地环境和湿地文化相结合则为最佳选择。

10.6　湿地公园实例分析

10.6.1　伦敦湿地公园

　　伦敦湿地公园是当前世界上唯一的一个建在繁华都市中心区的湿地公园，它无论在湿地景观的恢复和保护上，还是在湿地游览管理上，都称得上是全球城区湿地开发的表率。历时 5 年建成，2000 年 5 月建成对外开放。该湿地公园被伦敦市西南部泰晤士河环绕，处于半岛状地带中，被大家誉为一个令人诧异的、奇迹般的地方，一个使得人类与野生生物在优美的城市中相聚的地方。整个公园占地面积约 42.5km^2，由湖泊、池塘、水塘以及沼泽组成，

图 10-37　南京七桥瓮生态湿地公园木构亭

中心填埋约 40 万土石方（m³），种植树木约 27000 株。良好的绿化和植被引来了大批的生物，使公园成了湿地环境野生生物的天堂，每年有超过 170 种鸟类、30 种飞蛾及蝴蝶类前来此处。同时公园也给伦敦市区的居民提供了一个远离城市喧器的游憩场所，营造出了大都市中的美丽绿洲，改善了周围都市的景观环境（图 10-38）。

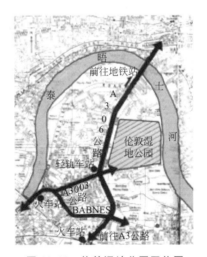

图 10-38　伦敦湿地公园区位图

10.6.1.1　伦敦湿地公园规划设计特色分析

水是湿地公园最重要的一位元素，水是流动的，是湿地公园的灵魂。伦敦湿地公园的规划设计理念就是引用这个理念，用水的灵动贯穿整个公园，考虑到园中动植物生长环境的需要，设置每一个水域的时候都充分考虑其相对的独立性。人的因素是公园设计不得不考虑的问题，人是活动的，同时人流也是活动着遍布整个公园的，如何让自然和人类之间实现和谐共存，这就是设计中最大的难点。为了达成这一目的，湿地公园针对水体和人流两方面分别做出精心的处理安排。

设计者按照以下两个目的进行设计：一是最大限度地保留和创造湿地公园的动植物饲养、繁殖和栖息空间；二是考虑人的需求，在满足游客参观游览学习的同时，对湿地公园生境的影响程度降到最低。湿地公园根据人流活动的强度和动植物栖息特征以及园内水文特点，将整个公园分成 6 个单独且清晰的片区，其中包括开放水域 3 个，分别是主湖、蓄水潟湖、保护性潟湖，1 个季节性浸水牧草区、1 个芦苇沼泽地区和 1 个泥地区。水域和陆地之间采用的是天然的斜坡过渡的方式，以主湖为中心，其他水域和周边土地错落分布，各水域之间既相互独立又彼此关联，组成湿地公园丰富多样的水域地貌。

伦敦湿地公园作为一个城市公共休闲公园，力争在其公园内部形成人与湿地生境互不干扰、和谐共存的环境。在设计过程中，将每一个区域都打造成为一个相对孤立的区域，在满足其功能的同时保持其独立性，这是整个公园设计的关键所在。设计者通过各景点的功能来分流参观游客，既为游客提供了近距离仔细观察湿地生物的条件，又缓解了同一水文区域内湿地的承载压力（图 10-39）。公园设计者将公园分成了若干的区域和点。

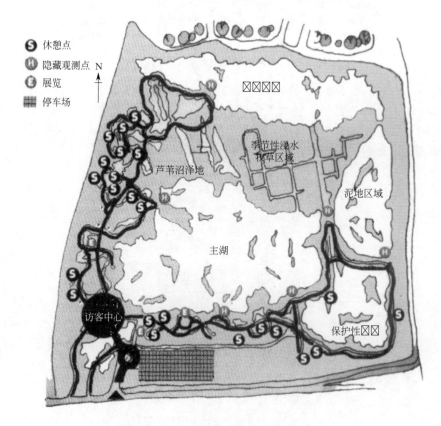

图 10-39　伦敦湿地公园水文区域分布图

入口：公园内为全步行区域，要求所有车辆都停在公园外面的停车场内。公园的入口处设有一个湖面，有效地将湿地公园与喧闹的城市分离。游客通过湖面小桥到达湿地公园的游客中心（图 10-40、图 10-41）。

聚点：公园入口处的游客中心，是一个封闭的建筑群，由 6 个不同功能的建筑物包围着这个中心。为了满足游客参观学习的需求，同时尽量不干扰湿地生境，游客们需要通过望远镜和玻璃墙来观察湿地生物，进行一系列公众性较强的活动。

观察点：在游客中心聚集之后，游客们便可沿观光小径进入湿地，主要分为东侧游览路线和北侧游览路线，每条游览路线又提供多条岔路，参观的游客会在不知不觉中逐渐分流，从而减少对环境造成的干扰力，自然地渗透到周围环境（图 10-42、图 10-43）。

图 10-40　伦敦湿地公园游客服务中心近景

图 10-41　伦敦湿地公园游客服务中心远景

图 10-42　伦敦湿地公园观察点

图 10-43　伦敦湿地公园观鸟屋

　　动：从游客中心离开后，向北的观光小径给予了游客近距离了解湿地的机会，这个片区更强调湿地与游客的互动，鼓励游客喂食小动物，或是亲身参与园艺种植，还专门为小孩子开辟了丰富的户外探险项目和室内互动嬉戏项目（图 10-44）。

　　静：向东走过蜿蜒曲折的视觉长廊，就来到了相对独立和封闭的小景区。景区内的设计中不乏创意之举，比如在水生生物区设有水下观测窗，设有固定座位，让参观者从地面下以独特视角安静地观察到水生生物的生长过程（图 10-45）。

图 10-44　伦敦湿地公园北侧与动物互动的区域

图 10-45　伦敦湿地公园东侧安静的小路

10.6.1.2　案例总结

① 从伦敦湿地公园的交通情况来看　湿地公园位于市中心，交通发达，设有专门的公交专线和地铁专线，对于一个游览胜地来说，交通便利是其重要特色。在湿地公园的规划设计中，应将游人的交通诉求考虑到规划设计中，便捷的交通可以提高公园的使用效率。

② 从伦敦湿地公园水域和植被的效果看　大面积水域和良好的绿化植物极大地改善了片区内的空气质量和小环境气候。城市的湿地公园多数处在敏感度较高的地域，一个湿地公园的建立要肩负起改善当地水环境和提高空气质量的责任，不仅要保护好水域，还要大面积地进行绿化种植，如此不但可以保护当地的湿地景观，保育当地的动植物，还为城市居民提供了游览休憩的最佳场所。

③ 从伦敦湿地公园的景点设置上来看　值得借鉴的是公园在满足功能的同时保持了各景点相对的独立性。在满足游客需求的同时，最大化地保护了湿地内的动植物景观，使人流和景观达到一个平衡状态，互不干扰。

10.6.2　香港湿地公园

香港湿地公园（图 10-46）于 1999 年由香港特区政府投资建设，分为一期和二期，历时5 年建成，2005 年正式对外开放。公园处于香港新界的西北部，尖鼻咀半岛东南方，天水围新市镇的北边。公园占地约 $60hm^2$，原址仅为一块普通湿地，当地政府在发展天水围新市镇的时候，考虑到用该片土地来补偿城市化发展而失去的土地，所以这块土地也被称为生态缓解区。公园内充分发挥了生态恢复、物种保育、旅游、教育和休闲娱乐的功能，并巧妙地融合为一体，成了国际著名的湿地景点。

香港公园建设的两个主要目的：一是政府方面决策，香港地区决定发展新的旅游景点和设施确保其旅游产业的长期发展；二是环境保护的需要，该区域有丰富的自然遗产，湿地公园内有丰富的动植物物种，同时还是珍稀野生动物保护地。

10.6.2.1　香港湿地公园的生态设计理念及目标

香港湿地公园由著名的 Met Studio 设计公司设计，确立了三大生态设计理念，即环保优先的理念，可持续的理念，人和动、植物和谐共处的理念。同时，在此基础上，规划确立了 6 个目标。

目标一：提供教育机会并能加强市民对湿地生态系统的认识。

目标二：最大限度地展示香港湿地生态系统的内容多样性，强调保护与恢复，打造成为一个独具特色的保育、教育、科研和资源中心。

目标三：提供一个独一无二的观光旅游景点，让旅港游客们有一段非同一般的旅游体验。

目标四：满足当地居民的健身娱乐活动需求。

目标五：提供可与米埔沼泽自然护理区相辅相成的设施。

最终目标：创造一个世界级的旅游胜地，服务游客以及对野生动植物和生态学感兴趣的人士。

10.6.2.2　香港湿地公园的分区

香港湿地公园的设计工作一直都以环境保护为首要考虑因素，按照保护原则和功能规划，将湿地公园分成两个区域，即旅游休闲区和湿地保护区。

① 旅游休闲区　主要是在不影响湿地生态环境的同时，为游客提供观察、亲近、研究自然景观的场所，建有室内访客中心和室外活动展览区等公园景点。

② 湿地保护区　该区域是湿地公园的核心区域，由不同的湿地水文区域构成，包括咸水栖息地、淡水栖息地、人造泥滩、淡水湖、淡水沼泽、芦苇床、矮树林、红树林、林木

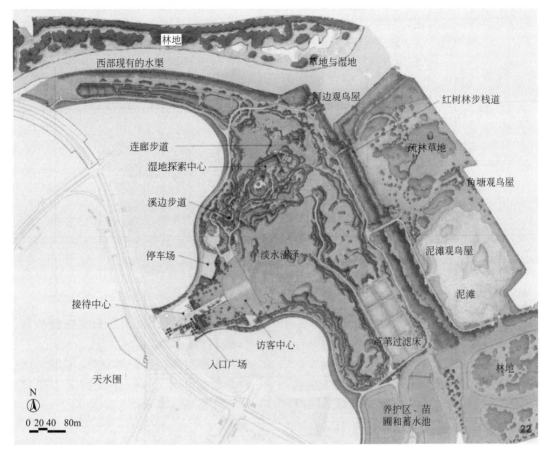

图 10-46　香港湿地公园平面图

区、草地等，向游客展示了丰富多样的湿地自然景观生物多样性特点。设计者也利用土丘、绿篱及建筑物等媒介，将访客与生物栖息地分割开来，减少人类对湿地环境和生物的影响。

10.6.2.3　香港湿地公园景点分析

① 访客中心　访客中心位于公园入口处，处于湿地核心保护区外围，对湿地影响较小，为了不显突兀，仅建造两层高，并在屋顶大面积种植小坡度的人造草地。访客中心内部包含了以湿地为主题的展览廊、满足教学需要的放映室、公园餐饮配套设施以及售卖纪念品的礼品店和儿童游戏区。值得一提的是，整个访客中心的设计非常巧妙，不仅节能高效而且生态环保，整个建筑因为屋顶的旋转角度，热传导非常低，又装有地热系统，大量地采用木制的百叶窗，不仅遮阳而且与环境相融合，整个展廊还采用了无障碍环形坡道，人性化设计，在保护环境的同时也做到了以人为本，是非常难得的大自然与人类和睦共处的公共场地。

② 湿地探索中心　访客中心后面紧接着就是湿地探索中心，是公园内的又一大人造景观，这也是一座户外教育区域，为访客及学生提供认识湿地的机会，这里面有大大小小的水池，各式各样的生物在其中生存。湿地公园的设计师通过别具匠心的设计，在探索中心的周围利用土坡、小树林及构筑物，将访客与湿地保护区内的野生动物栖息地自然分割开来，最大限度地降低人类对野生动物的影响。湿地公园内处处体现着自然环保理念，例如在探索中心里，屋顶开有天窗，主要依靠自然通风，盥洗室里面的冲洗用水都是通过雨水收集而来的。

③ 观鸟屋　过了湿地探索中心是湿地公园的观鸟屋（图 10-47），吸引了众多游客的驻

足。整个公园都贯穿着环保的理念，观鸟屋的位置一般设置得比较隐蔽，且入口廊道围墙都是采用天然的芦苇编制，与周围环境融为一体；屋内采用的是双层天窗，不仅隔音而且防晒，不会影响到鸟类的生活，而且让游客非常舒适。

图 10-47　香港湿地公园观鸟屋

10.6.2.4　香港湿地公园可持续发展的设计理念

① 材质选用　公园的栈道、指示牌等均使用了可以更换的柔软木材；园区道路中加入了适量的粉煤灰掺入到混凝土中以提高其耐水性；因地制宜地选择了香港当地的乡土树种，不仅降低了维护成本，还提高了植物的存活率；巧妙地做到材质的回收再利用，例如湿地公园内的花岗岩景观雕塑等用的是花岗岩废料，或是废弃贝壳（图 10-48）。

图 10-48　香港湿地公园废弃贝壳制作的景墙

② 水系统的设计　水是湿地生成、发展、演替、消亡与再生的关键。香港湿地公园的水源获得非常有特色。公园的淡水来自于自然水资源，通过对周边城市的雨水收集，通过沉淀池过滤后流入淡水湖泊和沼泽，低成本、高环保地重建了淡水湖泊和淡水沼泽。而咸、淡水栖息地则是依靠大自然的潮汐活动形成，不刻意人工干扰。

③ 能源的利用　湿地公园在设计中充分考虑节约能源和充分利用能源的需求，大大降低了运维成本。在空调设备中采用先进的地温冷却系统，保持温度恒定；采用地热系统，减少二氧化碳的排放，降低对周围生态环境的负面影响；安装了二氧化碳传感器，可根据游客量而调节空气交换；在适宜位置安装了局部照明计时器，在不需要时直接关闭照明系统，节约能源。

④ 生物廊道　公园内的硬质铺装道路在设计之初，都做到尽量不穿过湿地保护区，防止破坏保护区内原生态平衡，在确实有需要铺设硬质铺装的道路上，为了加快动物通过速度，巧

妙地设置水流涵洞或排水涵管，并在涵洞、管底垫置中小型碎石，可以增强局部隐秘性。

⑤ 驳岸处理　公园的护岸采用自然生态式驳岸，将水位变化带来的安全需求和景观效果变化纳入考虑范围。公园的步道均采用木制桥梁、浮桥的形式，下方尽量减少附着面积，形成可保存原始生物环境的栈道（图 10-49、图 10-50）。

⑥ 种植设计　香港本地原生湿地植物资源已经非常丰富，在配植时严格按照物种多样性的原则，同时考虑到植物的生长环境需要，以及花期、色彩、层次的需要，按照再现自然的要求，体现陆生植物到水生植物的渐变特点。大量培植在香港地区常见的乡土湿地植物物种，并最大限度地模拟自然生境，按照设计提出的湿地水生植物的覆盖率要小于水面积的30％要求，保护原有的水环境资源生境，同时又考虑到景观的需求，注意植物的配置位置和方法，避免相互遮挡，为游人预留观赏最佳视角。

图 10-49　香港湿地公园架空　　　图 10-50　香港湿地公园架空的游览步道（二）
　的游览步道（一）

10.6.2.5　案例总结

香港湿地公园是一个保护和开发并重的公园，对于香港这个寸土寸金的国际化都市来说意义重大，是香港地区天然的生态保护屏障。设计者将环保优先、可持续发展、和谐共生设计理念贯穿整个公园设计，又注重以人为本，公园内的配套设施以满足人们的需求为前提，从理性思考过渡到感性认识，整个公园布局合理且细微之处可见设计精髓。通过对香港湿地公园的分析，我们不难看出，对城市中心区域的湿地保护，可以通过合理的、精心的设计和规划以及一定的技术支持，充分发挥湿地系统的多重效益，实现湿地保护和旅游开发、人与自然和谐共处的多重目标。香港湿地公园将生态规划设计理念贯穿于整个公园的设计过程，并大胆实践，妥善处理了六大实现目标之间可能存在的冲突。建成后的香港湿地公园不仅统筹有序，且意义重大、影响深远，成了重要的生态环境保护与恢复、科普实践教育和旅游资源。

课程思政教学点

教学内容	思政元素	育人成效
城市湿地公园的功能、湿地公园规划设计相关理论	生态理念	引导学生了解湿地在保护生物和遗传多样性、减缓径流和蓄洪防旱等多方面的生态功能，同时，在湿地设计中要贯彻生态理念，发挥生态功能

第 11 章　遗址公园的规划设计

11.1　遗址公园概述

随着城市建设的愈发密集，现代城市功能空间与历史文化遗产之间的矛盾也愈发紧张。遗址是一个城市的发展印记，是城市历史发展脉络与文化传统在物质层面的直观反映，也是人类文明发展中至关重要的精神财富。因此，科学合理地解决城市空间需求与历史遗址保护之间的矛盾，对城市建设发展具有重要意义。

随着我国城市化进程的快速发展，人民生活水平和精神文化追求不断提高，不仅需要更多自然、开放的游憩空间，也希冀更多具有科普、文化、审美作用的公共空间。城市遗址公园的建设，不仅可以增加城市公共空间的配置，同时也对城市文化建设、突出城市文脉、保护城市特色起到不可替代的作用。近年来，北京、山东、浙江、江苏、河南、陕西、四川等省市建设了相当数量的城市遗产公园，涌现出了大量的成功案例，如北京元土城遗址公园、皇城根遗址公园等，承载了所在城市的历史文脉，促进了城市的文化复兴与传承。

11.1.1　遗址公园的概念

根据《城市绿地分类标准》（CJJ/T 85—2017）的定义，遗址公园是指以重要遗址及其背景环境为主形成的，在遗址保护和展示等方面具有示范意义，并具有文化、游憩等功能的绿地。遗址公园类目的增设，体现了城市建设过程中对历史遗迹、遗址保护工作的高度重视，其选址应是位于城市建设用地范围内，用地性质在城市总体规划或城市控制性详细规划中属于"公园绿地"范畴。标准中规定，遗址公园的首要功能定位是重要遗址的科学保护及相关科学研究、展示、教育，需正确处理保护和利用的关系，遗址公园在科学保护、文化教育的基础上合理建设服务设施、活动场地等，承担必要的景观和游憩功能。

遗址公园的核心内容为"遗址"，联合国教科文组织 1972 年在巴黎通过的《保护世界文化和自然遗产公约》中首次明确定义"遗址"的概念为：从历史学、美学、人类学角度看，具有突出普遍价值的人类工程或自然与人类联合工程以及考古地址等已被损坏，只保留残存的实体或区域。公园是遗址公园的形式载体，是具有美化城市、改善生态、休憩娱乐、游览观赏和防灾避险等功能的开放场所。

遗址公园是将遗址与公园相结合，以遗址为核心、以公园为载体，依托城市绿地而建设成的公共空间。在遗址环境的基础上，利用公园的形式对空间进行合理安排，将遗址的历史价值、艺术价值、学术价值等通过保留、保护、改造，建设成为具有公众教育、学术研究、观光娱乐、游憩欣赏等综合功能的公园，是城市绿地系统中的重要组成部分。

11.1.2　遗址公园的功能

11.1.2.1　保护展示功能

遗址公园的主体是"遗址"，其首要作用是对古代城市建设遗址做保护和展示，通过公园的形式，再现城市记忆。在遗址公园的规划设计中，最为重要的就是保护遗址及其周边环境的原真性与完整性，对于遗址本体的各种利用或展示设计，均应建立在相应的科学的文物保护措施上。同时，遗址公园也可以起到很好的展示作用，遗址本身携带有很强的文化因素，其对城市环境的塑造具有很深的影响，展示遗址即是展示城市的历史。如北京明城墙遗址公园中的遗址墙，原已残破不堪，通过遗址公园保护性修缮及周边空间重塑，成为北京一处重要的历史文脉核心区，为游人生动地展示了北京城的建设历史（图11-1）。

图 11-1　北京明城墙遗址公园中的城墙遗址

11.1.2.2　科普文教功能

城市遗址是城市文化积淀的具体体现，也是城市记忆的物质承载，这些遗址背后彰显着独特的文化与民俗风情，是每一个城市独特魅力的核心要素。通过营造遗址公园，将城市厚重沧桑的历史呈现在市民面前，将科普文教功能融合在游赏休憩的日常行为之中，让每一个游人都可以用直白浅显的方式来读懂城市、了解历史，从而实现讲述城市文脉、传承城市记忆、塑造城市印象、彰显城市特色、延续城市精魂的独特作用。如在北京皇城根遗址公园中，原有的古皇城遗址早已无迹可寻，但通过在北端入口重新修建一段30m的皇城墙的方式，既体现了北京城的历史文化，又凸显了原有皇城的位置，起到了突出的历史科普及教育作用（图11-2）。

图 11-2　皇城根遗址公园城墙

11.1.2.3　休憩游赏功能

遗址公园是构成城市景观廊道的重要组成部分。凯文·林奇（Kevin Lynch）以道路、边界、区域、节点和标志来概括城市意向，而遗址公园几乎与这五要素都有极为紧密的联系。如北京皇城根遗址公园即典型案例，该公园建于明皇城东华门遗址，南起长安街，北至平安大道，全长 2.4km，平均宽度约 29m，构成了北京城中一条自然生态的绿色飘带。其以"绿色、人文"为主题，"梅兰春雨""御泉夏爽""银枫秋色""松竹冬翠"四季景观，点缀古旧城墙和雕塑小品，展现了历史的厚重和文明的进步，同时也为人们提供赏心悦目的休闲游憩空间（图 11-3）。

图 11-3　皇城根遗址公园空间节点

11. 1. 2. 4　生态廊道功能

城市的建设和发展与生态质量息息相关，城市中需要充分利用建设空间形成科学合理的生态廊道，共同构成城市生态安全系统。遗址公园多依托古城墙遗址或古河道遗址等，其空间自身多具备线性特征，其连续绵延的自然环境，使自然界的动植物要素传播更为便捷，有利于城市生态的多样化。并且为保证遗址公园的科普保护等功能，其多不允许大规模建设与开发，多以自然、生态形态来构筑景观系统。例如北京菖蒲河公园，其特点是空间开阔、视野通畅，多植物景观，少构筑遮挡，依托水体边界塑造出姿态丰富的城市天际线，同时丰富密集的植物景观更赋予公园以消尘、减噪、增湿、降温、富氧、去污等生态作用（图 11-4）。

图 11-4　北京菖蒲河公园滨水植物景观

11. 1. 2. 5　防灾减灾功能

遗址公园同时也可以作为城市防灾减灾的重要场所，在灾害来临时可为城市防灾减灾工作带来极大的便利。如北京市目前规划的灾害应急避难场所规划纲要中，皇城根遗址公园可容纳 4.5 万人、顺城公园可容纳 3 万人、明城墙遗址公园可容纳 6.5 万人、元土城遗址公园可容纳 23 万人，这是遗址公园防灾减灾功能的具体体现。

11. 2　遗址公园规划设计要点

11. 2. 1　遗址公园规划设计原则

11. 2. 1. 1　原真性与完整性的原则

遗址公园规划设计的首要原则，是对遗址的科学保护与合理利用。《保护世界文化和自然遗产公约》中明确提出了，保护遗产的首要工作即在于保持遗产的原真性与完整性。因此，在城市遗址公园的规划设计过程中，也必须要遵循原真性原则和完整性原则。

所谓原真性，是指原始的、真正的、忠实的而非复制的、假造的、虚伪的物质属性含义。1964 年颁布的《威尼斯宪章》中，就明确提出了保护历史古迹的原真性的原则。1994年的《奈良文件》也提出"原真性包括遗产的形式与设计、材料与实质、利用与作用、传统与技术、位置与环境、精神与感受"。

所谓完整性，表示尚未被人类扰动过的原初状态。这一原则不仅包括遗址本体要保持完整性，同时与遗址密切相关的周边环境空间及其所代表的历史文化信息等元素亦要保持完整性，这就要求遗址本体与其周边环境要保持信息的一致与和谐，同时也要对其所代表的深层文化要素有所考虑。

11. 2. 1. 2　适度开发原则

在遗址公园规划设计过程中，应注意遗址自身的环境承载力及环境敏感度，以此为依据来进行公园的开发强度与游览强度的设计，采取适度开发、保护优先的原则，以避免遗址公园在日常使用过程中，对遗址造成破坏。

11. 2. 1. 3　可逆性原则

由于多数遗址其保存现状有不同程度的残缺，在遗址公园修建过程中需要进行不同程度的修缮、加固与整饬。由于公园的现代功能需求还需要部分新建或扩建，但以上措施都应保证是可拆除，且拆除后对遗址应无任何破坏，即坚持随时可根据需要将遗址恢复为最本真状态的原则，以保证未来对遗址的保护、发掘和研究不受到任何干扰和影响。

11. 2. 1. 4　保护与利用相结合的原则

遗址公园对遗址的保护与利用方式，还不同于需要封闭式保存的遗址，其更倾向于既能科学保护，又可合理利用。因此，还要秉持保护与利用相结合的原则。不同的遗址本体之间存在很大的差异性，且保存现状各不相同，而其利用方式也有不同特点，需因地制宜、一事一议，既要以完善健全的技术手段去保护好遗址，让其可以永续留存，又要考虑好适宜的利用方式，让其以最亲切、最易懂的方式展现在游人面前，最大化地传递其历史和文化价值。

11. 2. 2　遗址公园规划设计方法

与普通的城市公园相比，遗址公园因包含有宝贵的历史文化遗址，要同时兼顾保护与利用双重要求，因此其规划设计方法有一定的独特性。

11. 2. 2. 1　遗址保护与利用方法

遗址公园的规划设计既要考虑到遗址的保护，又要考虑到城市公园建设的需求，因此公园内的功能设置与遗址的保护利用的关系是既有冲突又相辅相成的。对待遗址应有科学和灵活的处理方式。如遗址保存较为完整，且其景观作用较为突出，则应尽量凸显其主体地位，弱化其他景观要素，并应严格按照"修旧如旧"、保持"原真性"的原则，保留其原有特征及使用痕迹，最大限度展现其原始样貌。如遗址主体缺失或仅部分残留，则可适当局部发掘，选择关键要素作为公园景观的核心。若在遗址完全消失或是完全潜藏地下且不便发掘的区域，则可采取重现其历史格局或重建重要历史构筑的方式，重现其历史风貌，凸显遗址公园的文化内涵。

例如，北京圆明园遗址公园即集合了以上多种遗址保护与利用方式，在对现有遗址进行保护、修缮的前提下，再现了其山形水系，重砌了部分景点和碑石，修葺了局部湖石驳岸，在保护遗址的前提下将圆明园的叠山理水、构楼筑台等造园艺术全面展示给游人，起到了很好的科普展示、文化教育等多方面作用（图11-5）。

图 11-5　北京圆明园遗址公园景观

11.2.2.2　因地制宜的风格设计

城市遗址公园的风格设计受到两个重要层面影响。

一是遗址本身往往具有历史厚重感，有较为强烈的民族特色或时代印记，且部分遗址自身就具有突出的中国古典式样特征，因此往往会使遗址公园更倾向于中式传统的造园手法。如北京团河行宫遗址公园，其自身是在考古发掘的基础上进行恢复性重建而成的城市公园，因此其天然沿袭了团河行宫历史上的空间布局和景观架构，带有较为强烈的中式传统造园印记。因此在团河行宫遗址公园的规划设计中，完全保留了其古典的山水体系、亭台楼阁、空间关系，使其重现成为一处浓荫环绕、山水相依、楼阁掩映之皇家宫苑，体现出典型的中国传统自然式园林的特点。

二是遗址公园的规划设计还受到周边现代城市空间的影响。现代城市对公共空间的要求往往是具备开放性、公共性、参与性，在景观特征上倾向于开阔疏朗、明晰理性、便于开展活动。这就对部分遗址公园的修建提出了时代性、现代性的要求。如北京明城墙遗址公园在规划设计中，就采取了较为现代和开放的方式。其在突出城墙遗址这一核心景观的基础上，以大面积的树林草地为景观基底，以适宜的灌木花卉、雕塑小品作为景观点缀，形成了一个依托城墙展开的现代线性公共空间。简洁现代的景观衬托着厚重隽永的城墙，形成了一派新旧元素和谐相融的时代画面，更为周边市民提供了一处可观、可游、可用的文化休闲空间。

因此，遗址公园的风格设计不仅限于传统中式，也不应一味塑造成西方现代式样，而是应该做到深入调研，因地制宜，使传统中式与现代西方景观风格完美融合到场地与功能中去，真正实现景观审美与城市功能的和谐统一。

11.2.2.3　凸显遗址文化元素的景观设计

遗址公园中的景观元素设计不同于普通公园，其题材、形式、审美倾向等都受到遗址的影响。遗址公园中的景观要素要与主体遗址所展现的历史、文化、民俗等相适应。如北京明城墙遗址公园规划设计中，以古城墙为核心文化要素，因此在景观设置过程中，设计了"老树明墙""残垣漫步""鼓楼新韵"（图11-6）三处景观主题，既符合古城墙所代表的北京传统城市文化韵味，又满足了新城市空间的功能要求，成为我国现代城市遗址公园的优秀案例。

图 11-6　北京明城墙遗址公园"鼓楼新韵"景观

11.3　遗址公园实例分析

11.3.1　北京元土城遗址公园

元土城遗址公园是北京历史文化积淀的一处典型代表，被列入了北京历史文化名城保护规划重点保护的区域，它集中展示了北京在元代的建城历史，彰显了其悠久的古都风韵，因此被规划设计成为一处开放式的大型城市遗址公园（图11-7）。

图 11-7　元土城遗址公园入口空间

其全长约4000m，整体宽度介于100～160m之间。整体分为"城垣怀古""蓟门烟树""蓟草芳菲""银波得月""大都建典""水关新意""鞍疆盛世""燕云牧歌"八个景观主题，从主题设计到景观元素，都呼应元土城遗址这一景观主题，相得益彰（图11-8）。

作为一处开放式的遗址公园，元土城遗址公园边界没有围墙或栅栏，而是采用植物材料进行围合，以低矮的女贞、大叶黄杨等灌木，塑造成绿篱形式，形成围而不挡的自然边界。在视线关系上，做到开合相宜，沿街景观时而郁闭，时而开敞，使公园景观和外部城市空间互相渗透，呼应有序。在公园内的游人感受到围合感及舒适感，形成一个较为安静的和隔绝的绿色环境空间，公园外的游人则感受到自然的掩映。整个公园自然地生长在城市中，与现

图 11-8　北京元土城遗址公园雕塑景观

代城市融为一体。

　　由于整个公园的宽度较宽，因此在内部交通组织上较为灵活，采用了主次分明的交通体系。首先沿小月河设计一条主路贯穿公园，形成主要的交通干道。在此基础上伸展出不同方向的分支园路，一方面联系短轴方向的交通，同时构成变化丰富、四通八达、曲回婉转的游览路线，丰富了游人的游览体验（图11-9、图11-10）。

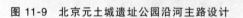

图 11-9　北京元土城遗址公园沿河主路设计　　　　图 11-10　北京元土城遗址公园曲折多变的支路

　　沿道路设计不同规模的活动空间，多以小尺度的游憩空间为主，分布在林下、岸边、路旁，结合景墙、植物、地形、水体等进行适当围合，为不同需求的游人提供了丰富的空间类型，满足其不同的使用功能要求。在"大都建典"区域，则设置了大尺度的广场空间，以巨大的雕塑群构成宏伟、壮阔的历史场景，展现古都历史文化脉络给人带来的震撼感。结合粗犷沧桑的城墙遗址，共同构成公园景观欣赏的高潮。

　　公园主题设计围绕着"土城一条线""绿化一条线"和"历史文化一条线"这三条线索，构成全园的景观骨架。三种主题相互穿插，相互渗透，互为依托，贯穿全园，使公园的景观连续性及整体性得以保证，共同构成了北京一处优秀的城市遗址公园。

11.3.2　西安唐城墙遗址公园

　　西安唐城墙遗址公园是以唐长安外城城郭的城墙遗址为主体，其范围南北长3.7km，东西宽120m，以遗址公园的形式，将唐长安城墙及其所关联的唐代城墙、城壕、街道、里坊等城市空间结构进行集中展示，并通过景观营造，形成可观、可游、可赏的城市公共空间（图11-11）。

图 11-11 西安唐城墙遗址公园入口景观

在规划设计中以唐诗为景观主线，以书法、雕塑、绘画、工艺美术、园林景观为表现手段，将唐诗、唐人、唐画、唐塑等要素，融合在景观设计中，全方位体现初唐文化之清新、盛唐文化之浪漫及晚唐文化之个性。

在规划中，以城墙遗址为界限，将公园划分为"内城"和"外城"两种不同氛围的景观区域。"内城"景观以映射唐代长安城纵横交错的棋盘式道路为园路结构，通过种植行列式的乔木、规整的绿篱和十字交叉的园路，再现了唐代经纬纵横、规整理性的城市空间体系。"外城"景观则以自然式的植物配置和曲折宛转的道路系统，强调了接近自然的野趣景观氛围（图 11-12）。

图 11-12 西安唐城墙遗址公园"外城"园路

在园林小品的设计上，西安唐城墙遗址公园中设计了多样的雕塑小品，如"李白吟诗"雕塑、唐诗景观柱、"大棋盘"等，从景观元素的设置上布置若干大量反映唐代时代特征和历史文化的雕塑或小品，来全方位烘托遗址的文化内涵（图11-13、图11-14）。

图11-13　西安唐城墙遗址公园内雕塑小品（一）

图11-14　西安唐城墙遗址公园内雕塑小品（二）

从总体上看，西安唐城墙遗址公园的规划设计从遗址本体出发，在科学合理地保护遗址的前提下，充分发掘其所代表的历史含义和文化意境，并将其贯穿到全园的景观立意以及要素的创作中去，从空间结构、园路体系、植物配置、雕塑小品等各个层面全方位展现了唐代长安的遗风遗韵，构筑了一处回味隽永的城市文化空间。

课程思政教学点

教学内容	思政元素	育人成效
北京圆明园遗址公园	爱国情怀	通过对圆明园遗址公园的了解，使学生牢记历史，牢记"落后就要挨打"的历史教训，激发学生的爱国情怀
北京明城墙遗址公园和西安唐城墙遗址公园	文化自信 民族自豪	激发学生对中国源远流长的历史产生民族自豪感和文化自信，从而能够珍视、维护和设计具有中国特色、体现民族文化的园林

第 12 章 游园的规划设计

12.1 游园概述

12.1.1 游园的发展概况

由于各国对绿地的分类标准不同，因此各国对游园有着不同的称谓，在美国，游园的概念类似于袖珍公园、小型公园；在日本，游园被称为近邻公园和街区公园。

袖珍公园（vest-pocket park）又称小游园、迷你公园、绿亩公园等。位于纽约 53 号大街的佩雷公园（Paley Park）就是美国袖珍公园的首例。该公园占地 $405m^2$，已成为市里的标志之一。它靠近道路、进入方便，不仅成为周围人群的休息场所，还有不少专程来游玩的人。人们将城市中的空地、废弃物堆放点改造成花园或游憩点以最大限度地争取城市中的绿化用地，改善城市日益恶化的环境。在美国城市中，有一些小型的城市外部活动空间，如波特兰的劳维约广场（Lovejoy Plaza，图 12-1）、弗考特广场（Forecourt Plaza）。袖珍公园的设计形式巧妙解决了城市用地紧张与城市小型绿地建设的问题，由此受到国外各大城市所推崇，并涌现了大量的相关研究。

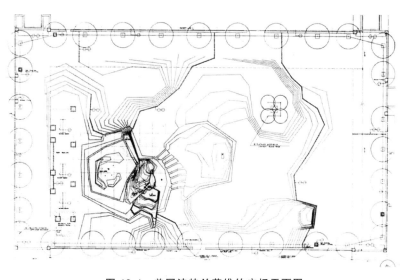

图 12-1 美国波特兰劳维约广场平面图

这种小型绿地在日本也同样受到重视。1923 年日本关东大地震，使东京 43% 的城市化为废墟，但东京的 27 处大小公园、广场、河流等极大地发挥了防火和避难的作用。所以，在后来的首都复兴计划中，居住区和街道中设有大量的小公园。1919 年，日本颁布了第一部全国通用的城市规划法规《都市计画法》，其中规定实行区面积的 3% 作为公园绿地保留，促进了新城区小公园的诞生。相关的理论研究也很多，如日本当代著名建筑设计师芦原义信所著的《街道的美学》中就极力提倡在日本建设袖珍公园，并针对日本街道情况深入分析小公园建设理论。已有大量的小型公园在日本建设，以东京为例，到 2000 年 4 月，共建造街区公园 2794 处，近邻公园 96 处，地区公园 18 处，综合公园 39 处，运动公园 26 处，特殊公园 53 处，广域公园 2 处。在管理上，以"爱护会"的形式，由周围居民组织管理，减轻了政府的负担，同时提高了居民的参与和保护意识。如今，日本城市各个街区公园和近邻公园式绿地分布比较广泛，通过连接街路与公园，组成公园系统，起到美化城市、防火与避难的作用。

与美国、日本相似，欧洲的游园建设也经历了漫长的过程，最终形成了自己的风格特色。例如，法国不仅在巴黎市中心建设游园，而且在法国南部的偏僻村庄也修建了一定数量的游园。英国伦敦十分重视绿地的公众参与性、可达性，为了方便市民的休闲娱乐活动，修建了大量方便市民出行的公共绿地，通过绿色网络连接各级城市绿地，形成了高质量的绿色空间。

12.1.2　游园的概念

中华人民共和国住房和城乡建设部 2017 年颁布的《城市绿地分类标准》（CJJ/T 85—2017）中将城市游园定义为：除 G13 各种公园绿地外，用地独立，规模较小或形状多样，方便居民就近进入，具有一定游憩功能的绿地。游园是散布于城市中的中小型开放式绿地，虽然有的游园面积较小，但具备游憩和美化城市景观的功能，是城市中量大面广的一种公园绿地类型。

街道广场绿地是我国近几年来发展最为迅速的一类绿地。街道广场绿地是指位于城市规划的道路红线范围以外，以绿化为主（绿化用地占地比例不小于 65%）的城市广场。它是介于街头小游园与城市广场之间的一种新型绿地。广场绿地可以降低城市建筑密度，美化城市景观，改善城市环境，同时可供市民进行休憩、游戏、集会等活动，在发生灾害时还可起紧急疏散和庇护作用。

小型沿街绿化用地即原来所谓的街头小游园，一般是指分布于街头、旧城改建区或历史保护区内，供市民游戏、休憩的公园绿地。这类公园绿地一般面积不大，但也应以不小于 1000m² 为宜，其绿地率应不小于 65%。单个的街头小游园面积虽然不大，但其总体分布广、利用率高，而且多在一些建筑密度高的地段或绿化状况较差的旧城区，因此这类绿地对于提高城市的绿化水平及居民的生活质量起着重要作用。

12.1.3　游园的功能

① 生态功能　植物一般是城市游园主要的构景元素，发挥着重要的生态效益。植物能够吸收和净化空气，有效地阻挡、过滤空气中的烟尘与粉尘。植物的有效配置还可以降低城市噪声污染、改善局部小气候，营造更加舒适的环境，实现改善城市整体环境、提高人民生活质量的目的。

② 景观功能　游园形式灵活，设计多样，具有重要的景观功能。绿地中的自然要素（植被、水体、山石等）与人工要素（园林构筑物、雕塑、小品等）相互关联，形成景观节点、景观带、景观区或景观轴等，给人以直观的视觉、听觉、嗅觉与触觉等全方位的美感体验。游园量大面广，极易形成较完整的绿地体系，因此良好的绿地景观对美化城市、装饰环境、提高城市形象起到了重要作用。

③ 社会功能　相较于大型城市公园，生活节奏的加快使得城市居民更易选择距离较近、环境优美、功能较齐全的游园作为日常休闲的户外场所，它在满足人的情感生活、道德修养、人际交往追求方面发挥着重要作用。同时，游园的设计融入城市的历史文化、地域特色及标志性景观，能够很好地提升城市形象、弘扬城市文化，突出城市特色，展现城市生机和魅力。

12.1.4 游园的类型

12.1.4.1 根据与街道的位置关系分类

游园的位置一般与道路有以下几种不同的关系，由于其关系的不同，会产生不同类型的游园空间（图12-2）。

① 街角的游园空间 位于街角的游园空间的开放性强，用地集中，利于形成开敞的空间。这类游园的两面与城市道路相邻，受到道路上车流的影响较大，不利因素会对场地产生的冲击较强，因此位于街角的游园空间要屏蔽不良因素，在内部形成具有亲和力的空间。

位于街角的游园空间，会有行人穿越场地，因此，场地中的行走路线要具有便捷性，为行人的使用要求提供服务。

② 沿街的游园空间 这种游园一侧与城市道路相邻，由于宽度的不同，此类型的游园也具有不同的空间形式。

一种情况是游园的宽度较小，造成游园很难放置较多的空间，因此大多以绿化种植和少量的景观小品来营造空间。另一种，当沿街绿地宽度较大时，游园的内部景观空间成为与城市街道景观相过渡的区域，人们多在这种空间中进行户外活动，通过景观空间的组织营造可以把街道景观和游园景观较好地融合起来，形成充满活力的城市开放空间。

③ 跨街区的游园空间 游园位于城市道路之间，这种城市游园是两条单向行驶的道路的绿化分隔区域。路人以及周围居民可以十分方便地在其中穿行、游憩。这种类型的游园需要保证空间的围合性，避免受到道路的影响。另外，此类游园空间景观营造要融合到当地街道景观之中，应充分考虑其对城市道路景观的影响以及对城市形象的塑造。

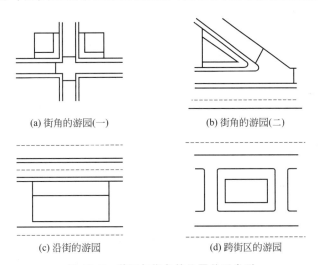

(a) 街角的游园(一)   (b) 街角的游园(二)

(c) 沿街的游园   (d) 跨街区的游园

图 12-2 游园与街角的位置关系类型

12.1.4.2 根据空间层次分类

游园空间可以划分为私密空间、半私密空间、半公共空间、公共空间四个层次。在游园空间规划设计中，主要就空间形态与层次的构筑与布局进行研究。

游园中的公共空间主要是指广场等开放性的空间；半私密空间是指在围合的绿地，包括其中的绿地、场地、道路等；私密空间是指私密感强且较封闭的空间。

在游园中各个层次的空间营造中，应考虑不同层次的空间尺度、围合程度及通达性。私密空间的尺度小、围合感强、通达性弱；公共空间尺度大、围合感弱、通达性强；半私密空间处于两者之间的过渡形式。应注重各个层次的空间营造。

12.1.4.3 根据空间功能分类

① 交通空间　交通是城市意向感知的主体要素，作为城市物化环境的景观元素，使景观获得联系和连续的关系，同时因其"线型连续"方式不同而各具特色。

② 休息空间　休息空间是通过主体间的观看、休息、聊天等形式活动存在的空间。对于建立人们之间的关系、营造和谐社会环境具有重要的意义，是不可或缺的场所，是游园中较为常见的空间形式，其形态小，形式灵活多样，多复合于其他空间布置。

③ 活动空间　在游园中，活动空间经常是道路的汇聚点、不同层次空间的焦点，是人们活动集中、人群聚集的地点，如中心广场等。同时，活动空间也是游园空间中能让人逗留的地点。人的行为研究表明，有很多人去的地点，就会对人们有心理上的吸引力。在设计中，要有意识地将道路引向不同的活动空间。

活动空间应成为游园空间中的汇聚点。设计时要考虑人的行为模式，在同一个游园空间中，会有不同地点、活动的存在，一个成功的游园空间有不同功能类型的活动空间。

12.1.5　游园的特点

不同类型的绿地景观在服务对象、适合的功能形式等方面有一定的差异，因此，需要根据游园的特点、性质来进行恰如其分的设计。其主要特征包括以下几个方面。

12.1.5.1　开放性

游园空间属于城市公共空间的一种，开放性是游园空间所必须具备的特性。目前存在有以下三种不同的开放形式。

① 封闭式　在使用功能上是开放的，但在空间形式上是封闭的，主要表现为带有围墙的绿地；

② 半开放式　将"绿色"引入城市，采用围栏等形式；

③ 完全开放式　绿地的边界变得模糊，不存在围墙这种清晰的边界，而是采用绿化这种虚化的柔性边界，这种形式的游园空间与城市的融合性更强，渗透到城市当中，没有限定分隔的空间感，能自由进出，也是目前游园设计所采用的主要形式。

从基础建设角度来看，开放性要求考虑无障碍设计，主要指设计满足残疾人、带小孩的家长、骑自行车的人的需要等。

12.1.5.2　地域性

地域性包括物质和文化两个方面，物质方面如建筑形态和民族工艺品等，文化方面如生活方式、历史文化等。在国际化的今天，外界信息迅速涌入，空间设计多呈现千篇一律的设计理念。游园的地域性设计可以体现特定地方特色，体现地区历史文化氛围，营造当地的人文景观，为当地使用者提供归属感与场所感，作为城市的地域性魅力所在。

12.1.5.3　互动性

游园空间是一个交流的空间，进入空间本身就是交流的开始，看与被看也是一种交流。在城市游园空间中要注重良好的交往空间的塑造，尽可能地为人们的逗留、步行、驻足、观看、聆听与交谈提供空间，创造空间的互动性，增加空间的活力。例如，流水能让人们驻足嬉戏，活动设施可以让人们去参与等。在设计时，应创造宜人的、有趣味性的空间吸引人群，实现空间与人的互动，为人们提供优美、自然的环境，为人们创造美的生活。

12.1.5.4　袖珍性

城市游园占地规模较小、布局灵活，可布置在用地紧张的城市用地中，增加城市公园的绿地面积。在旧城改造中城市游园发挥着重要的作用，因为其用地面积小，能在用地紧张的旧城中见缝插绿，创造尽可能多的贴近生活的绿色空间。

12.1.5.5 便达性

游园一般建设于城市街道旁，面积可大可小，形式多种多样，在城市中分布均匀，服务半径较小，因而城市游园所需的出游时间较区级、市级的公园更高，是步行就可以到达的最便捷的城市公园绿地。这一特性使游园更方便市民日常使用，是公园绿地中使用率较高的一类绿地。

12.2　游园规划设计要点

12.2.1　游园规划设计原则

游园作为室外公共空间对于改善城市环境及生活条件至关重要，它作为人们日常生活所依赖的空间应备受重视，应满足最基本的三项原则：为必要性的户外活动提供适宜的条件；为自发的和娱乐性的活动提供合适的条件；为社会性活动提供合适的条件。因此，游园设计应充分考虑游人的行为习惯、心理、生理及思维方式的特征，最大限度地满足各类人群对绿地的使用要求，对绿地内的设施和构成要素进行合理布局，将水体、铺地、小品、植物等多种要素与环境设施有机结合起来，创造多样化、特色化、人性化的游园景观，从而形成方便、舒适、美观、实用并安全的街旁环境。以人为本的设计更注重科学与艺术、技术与人性的结合。

12.2.1.1　便利性

游园出入口的便利性是设计中需要着重考虑的因素。游园的主要出入口处，一般需要有集散场地和停车港湾，以利于人和车辆就近停靠。较长段的绿地，每隔几十米要留出开口，以方便游人出入。主要景点和运动器械周围要有集散活动广场，以便于游人欣赏与活动。设计时，如果游人行进前方是非常吸引人的雕塑、喷泉、游戏设施，或有重要建筑或公共设施等，道路走向最好趋近直线，即使有弯曲，也不要太绕远，要做到顺而不穿，满足多数游人希望能尽快到达前面的心理，若设计道路蜿蜒曲折，久而久之，就会踩出一条近路，绿地就会遭到破坏。另外，一些游人穿行少的小路，还可考虑铺设嵌草砖或步道板，既方便游人，又保护绿地。道路主要入口处转角一般要做圆角处理，这样既可缩减转弯距离，又防止转角绿地被破坏。

12.2.1.2　安全性

游园内设施布置要保证安全，处理好各类设施的细部，以避免伤害游人。其具体主要包括以下几个方面。

① 边界防护　部分街旁观赏绿地为防止人和车辆的任意穿行，需要在绿地边缘设置绿篱、侧石、栏杆或挡土墙，以保护植物。一些坡度较大的台阶边、水体岸边也要有护栏。

② 地面防滑　游园内铺装一定要选用防滑材料，必须充分考虑雨雪天气中路面活动安全。有的绿地内道路、台阶、广场铺装，选用的是大理石等，这些材料过于光滑，应少用或做防滑处理。

③ 水深警示　游园内的水体以浅水为主，水深最多不要超过70cm，否则会有潜在危险；一般水体边还要设警示标志，以提醒游人注意安全。

④ 儿童游戏场的特殊安全要求　游园内的儿童游戏场所一般不能为坚硬地面，有条件的可做塑胶地面；场地及器械上不能有细小坚硬的突出物；不能布置安全系数小、运动剧烈的器械；不能选择有毒、有刺、有飞絮树种；花灌木种植不宜过密，以免遮挡视线，要尽可能让孩子始终处于家长看护的视线之内。

⑤ 照明设计　灯光的设计和点缀会为夜晚的游园增添魅力，但装饰切忌过于华丽耀眼，

趋光恐黑是人的普遍心理，晚间游园内有照明设施会方便游人，给人以安全感，但也不能太亮，要健康节能，努力为游人打造一个温馨、自然、舒适的环境。

12.2.1.3 舒适性

　　舒适的环境会吸引人长时间停留，从而提高游园的使用效率。首先，应完善供坐设施，长时间的站立和行走会使人感到劳累，座椅、座凳、挡土墙、台阶、花坛池壁、块石等，都可供人短暂停留休息，缓解疲劳，游园为满足需要，应设有一定数量的这类休憩设施。冰凉的石制或金属制座椅、座凳冬冷夏热，长久坐着，会使人感觉不舒适。要尽量选用木制的有靠背的座椅，塑料制品的座凳也可供选择。活动器具都应符合人体工程学要求，尺寸合适，便于使用。其次，设计应满足乘凉、避雨需要，夏日高温炎热，人们都愿意去有树荫的地方，绿地内游人常停留的场地周边应适当种植高大茂密的庭荫树以方便游人。凉亭、长廊等，可供人乘凉避雨休息使用，应适当设置。

　　另外，还应特别关注无障碍设计，绿地主要入口如果有台阶，一般应同时建有坡道，有的还应有扶手，有的主干道还要有盲道，以方便残疾人使用。有条件的，还应建有其他无障碍设施与器具。

12.2.1.4 参与性

　　人都有好奇的心理。绿地内活动的儿童更是希望能亲身参与游戏、自娱自乐。中老年人也愿意绿地里有器械能锻炼身体，有条件的绿地应该满足游人这类需要。扬•盖尔的《交往与空间》将人们的行为习惯与外界的环境结合起来分析，发现当公共空间的环境设计较理想时，会增加在场地中活动的时间和发生频率以及增加活动类型，反之就只能发生必要性的活动，而且活动的频率显然减少。

　　露天舞场和健身活动场地，夏季傍晚都会吸引大量的市民，成为城市街头最热闹的地方，在可能的条件下，有必要在绿地内设置这类场地，并配置适量可触摸的健身器械，以吸引游人停留，增加绿地的活力。

　　游园中可以设置儿童游戏场地和器械。通过配置相应有趣味的滑梯、沙坑等儿童游戏器具，增加绿地的吸引力。热闹的活动场所，人既渴望参与活动，也希望观赏他人活动。因此在舞场、运动游戏场、著名景点等场地周边，还应设置一定数量的座椅、座凳、休息台阶等，供人坐憩，并在场地周边设置花坛、果皮箱、照明灯具等设施，形成良好的"人看人"环境，以满足需要。

　　绿地中除了人活动本身带来的愉悦外，优良的绿地环境景观更可令人赏心悦目。游园引入自然素材——植物，由于植物的形态、色彩、质感和气味有很强的观赏性，可以营造富有生命力和意境的绿色空间，带给人们奇妙的心理感受。植物的配置方式和丰富的植物种类是构建健康场所的重要因素。绿地植物配置要合理，季相变化丰富多彩。绿地植物种植应有层次变化，乔、灌、花、草、藤多样，春花、夏叶、秋果、冬绿各有特色，并富于变化，常绿树数量要加以控制，因为如果种植过多，气氛会过于庄严肃穆；同时，绿地内的建筑应体量适宜、设计新颖，小品、雕塑应色彩明快，有时代特色。儿童游戏器具外形应活泼生动，色彩亮丽，引人关注，大小尺寸也要符合儿童使用。美好的环境有益于人身心健康、愉快，会更具吸引力。

12.2.1.5 私密性

　　游园的设计也要适当满足部分人的私密性需求。城市游园周围大多是建筑与道路，人车密集，噪声大，干扰多，因此绿地周边一般要种植浓密的乔灌木作为屏障，以遮挡灰尘，屏蔽噪声，营造良好的内部环境。同时绿地内部应适当营造不同功能的小空间，游人一般都愿意在广场边缘活动与停留，并彼此保留一定的距离，因此座椅、座凳的设置要保持一定距离，适当隔离。大的广场边缘还应适当设置若干小广场，以方便游人自由使用。

12.2.2 游园规划设计方法

12.2.2.1 宏观层面

① 尊重并利用场地的自然环境　天然形成的地形地貌、自然气候、水文特征等自然环境是一个区域内设计与建设的前提，很大程度上决定了特定区域的景观风貌。实践中，尊重自然的地形地貌要求，与地段环境融为一体，充分考虑自然气候、水文条件以及现有自然景观，更能突出区域固有的环境精神。如在我国新疆，绿洲（沙漠中终年有水的沃土）是该区一种独特的地域类型，呈"岛屿"状散布于荒漠之中，新疆各族人民充分利用绿洲的水源及植被条件经过世代生息繁衍便形成了该地独有的绿洲景观。游园面积虽小，但仍然需要考虑其所依托的自然环境，并可结合场地特性与需求进行人工地形的创设，一般有平地、凸地、山脊、凹地以及山谷。除此之外，应充分利用场地内水体、植被、山石等自然因素，力求做到"虽由人作，宛自天开"。

② 融合并弘扬地域特色文化　城市游园是展示城市文化内涵最直接的窗口，而树立文化观念是塑造城市景观特色的前提。在探索地域文化时，要用发展的眼光审视时代精神，不可否认在不久的未来，经过岁月的洗礼与沉淀，时代精神也会成为一座城市的"历史文化"。因此，无论是深厚的历史文化还是时代精神，若融入游园的建设中，都会使其所在城市更具生机与活力。

融入历史文化或时代精神，可以从城市的演变、发展、形成以及历史传说、风俗习惯、名人轶事等方面，进行情景再现或精神传达，或提炼一定的城市文化代表性符号运用于游园的设计中，丰富游园内容的同时展示城市独有的文化魅力。如北京皇城根遗址公园充分结合老北京文化，对三处历史皇城墙进行了复建，并保留数十棵古榆、国槐，设置的数十处城市雕塑小品和休闲建筑，与古城的历史、文化、环境隽永和谐共处，颇具特色，广为人知。而奥运期间设计建造的北京鸟巢及水立方早已深入人心，这种大型公建作为城市的时代特色，其自身的标志性元素已然成为时代精神的象征，游园若加以借鉴，极易引起使用者的共鸣，形成具有时代精神特色的绿地景观。可见，游园的设计融入城市的历史文化或提取时代精神符号，一定能够在某种程度唤起人们对于城市古老文化的追忆，或对时代精神的铭记。

12.2.2.2 微观层面

游园的构成要素有其自身的特殊性，微观层面上，主要包括地形、植物、铺装、园林构筑物及小品雕塑和"人"，需结合各个要素进行针对性设计。

① 地形　地形的高低、尺度及外观形态等方面的变化能创造出丰富的地表特征，为游园的景观变化与空间创设提供依托的基质。常见的坡地、土丘、下沉广场等都是地形的表现形式，它们能打破原本平整的地面，创造更多的层次和空间，使绿地富于韵律与活力。除此之外，假山置石在游园中的应用也具有重要作用。游园中的假山体量不宜过大，且通常与绿地中地形的创设紧密结合。而置石能够用简单的形式体现较深的意境，达到"寸石生情"的艺术效果，一般有特置、对置、散置等多种布置形式。假山置石景观的创设尽量选择能够突出本地特色的石材，并结合绿地的自然环境与文化氛围进行造型，方能为绿地增添更多特色与亮点。如泰安市泰山石置石景观与苏州市太湖石置石景观就分别选用地方性石材，结合本土植物进行造景，充分表现出地域置石景观的独特性。

② 植物　植物种类的选择是创造本土文化的基础，乡土植物无疑是首选，其自身的生理、遗传、形态特征等都与当地的自然环境相适应，因此能充分体现当地的本土气息及植物文化，如热带地区的棕榈科植物，西北地区的针叶及落叶阔叶植物，西南及华南等地的常绿

阔叶植物等。因此，秉承适地适树、生境相宜的种植设计原则，恰当运用乡土植物对构建地域性景观具有重要意义。

注重植物的季相变化对游园建设也尤为重要，所谓"四时之景不同，而乐亦无穷也"。游园作为城市景观的直接反映，四季都应有景可观。四季之景，当属北方地区的冬季景观最难以营造。冬季景观容易产生单调、乏味之感，此时植物的树形、树干枝条、树皮色彩、冬芽和果实观赏价值突显，如树冠圆整的馒头柳、枝干亮红的红瑞木、树皮斑驳的白皮松、冬芽饱满的玉兰以及黄果满树的苦楝等。因此，北方冬季植物景观的营造要适当运用常绿针叶树与落叶阔叶树相结合，并进行合理的植物配置，方能使冬季景观更加丰富多彩且富于地域植物特色。

③ 铺装　对于可进入式游园，道路与广场往往给人提供穿行与停留的空间，满足人们的使用需求。游园中的景观节点，往往是人们视觉的焦点和聚集、活动的空间，是设计的点睛之笔。因此，独特而富有地域文化韵味的道路或广场铺装设计极易给人留下深刻的印象，起到锦上添花的作用。

游园的广场及道路的材料尽量就地取材，选用带有本地特色的铺装材料，如山岳型城市的石材，海滨城市的沙子、贝类及木栈道，煤矿高产区的废煤料等都可以成为园林设计中独具特色的建设铺装材料。其次，铺装的图纹样式也发挥着重要作用，如文化性地刻、抽象型图纹、代表性符号等，另外铺装的用色、拼接方式等对地域性景观特色的塑造也有一定影响。

④ 园林构筑物及小品雕塑　园林构筑物主要包括台阶、坡道、墙、栅栏以及公共休息设施。园林小品是园林中提供休息、装饰、照明、展示和方便游人之用及园林管理的小型建筑设施。两者都兼具观赏与服务功能，具有一定的艺术感染力和视觉震撼力，在被使用过程中潜意识地影响人们对于整个绿地乃至其所在城市的印象与感受。因此设计中首先应满足功能需求，其次，风格尽量统一且最好具有一定的地域特色。如了解场地特有的文化并提炼一定的符号作为设计元素融入园林构筑物及小品的设计，可使其更具整体性与场所归属感。例如位于青岛东海路上的"三美神"雕塑，以"海带"为题材，高低错落于起伏的草地上，富有动感的曲线如同三位亭亭玉立、婀娜多姿的美女一展芳容，雕塑以黑松、碧海、蓝天为背景，充分体现了城市时代精神和地域特色。

游园中的雕塑体量不宜过大，实践发现，与抽象深邃、体量庞大的雕塑相比，那些体量适中、平易近人或蕴含生活情趣的雕塑更受欢迎，如位于韩国釜山某绿地中的直饮水设施，将河豚、石质洗手钵等组合在一起，既反映了海滨城市的特色，又具有一定的便利性、趣味性与生活气息，深受人们的喜爱。这类小型雕塑尺度适中且贴近生活，能满足人们触觉、视觉等需求，无形中增加了人们与雕塑的互动，激发游人的参与感。

12.3　游园实例分析

12.3.1　美国佩雷公园

12.3.1.1　背景

美国佩雷公园（Paley Park）通常被认为是世界上第一个口袋公园，由美国第二代景观设计师罗伯特·泽恩（Robert L. Zion）设计。当时建设佩雷公园的目的就是将1963年展会上所提出的口袋公园建设给予现实化。位于美国纽约53号大街的佩雷公园于1967年5月23日正式开园，并在1999年根据原来的设计进行了重新建设。

12.3.1.2　区位

佩雷公园位于曼哈顿中心第53东大街的北边，处在第五大道和麦迪逊大道之间；佩雷公园位于第五大道上广受大家欢迎的现代艺术博物馆的对面，在商店、办公室和酒店集中区的中央。整个基地大约只有 50ft×100ft（12m×32.5m），面积为 390m²，基地坐北朝南，阳光充足。

12.3.1.3　设计

整个公园自西向东可分为 3 个区域（图 12-3）：首先是进入口袋公园的过渡空间，用一样的铺装将人行道的空间合为一体，巧妙地处理了边界问题，使公园与周边环境融为一体，公园前面的人行道成了公园视觉的延伸。之后的区域为公园的入口空间，由 4 级台阶和两边的无障碍坡道组成（图 12-4），巧妙地利用了公园的地形，公园与外界更有空间层次感。最西侧则是公园的主体空间，是人们主要的活动休憩空间。

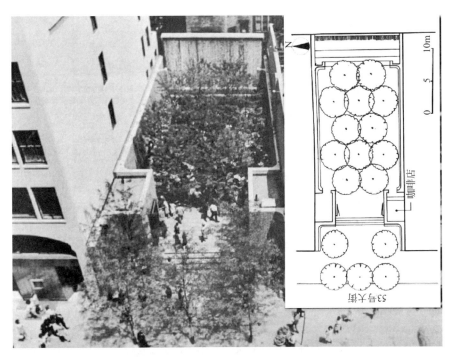

图 12-3　美国纽约佩雷公园的平面图和鸟瞰图

图 12-4　美国纽约佩雷公园的入口

佩雷公园最具有特色和代表性的景观是泽恩在其尽端布置的一个水墙瀑布，6m高的景墙瀑布为佩雷公园的背景。晚上灯光随着瀑布散射流出，展现出很好的观赏效果，而其景墙瀑布制造出来的流水声音，刚好可以掩盖城市的喧嚣，为公园内休憩的人群带来另一种自然的宁静，水墙瀑布可以说是整个公园最大的景观亮点。

佩雷公园的面积小而简洁，但并不是说粗略处理，除了水景瀑布墙这一焦点景观之外，还有细节上的美化。例如，佩雷公园内可以看到圆弧形态花盆、流线形可移动座椅、随季节变化多彩的时节花卉等。这些景物的组合成就了宜人、舒适的品质空间。佩雷公园面积非常小，为了满足人们能够坐下来休息的设计初衷，从平面上看，整个场地基本上都是铺装和可移动的座椅，设计非常简单，但每一处都设计得十分精致（图12-5）。

图12-5　美国纽约佩雷公园的瀑布和可移动座椅

佩雷公园中的皂荚树每隔3.6m呈梅花形栽种，共17株，松散的树木分布延伸到人行道以及入口处又长又低的台阶，形成轻松的氛围，适合人们中午享受到阳光。而6m高的瀑布是佩雷公园最吸引人的景观，它顺着整个后墙倾泻而下，使人们在街道上就能清楚地注意到公园的存在；同时瀑布所制造的水跌落的声音，可以缓和来自周围城市的噪声。

另外，台阶、外面的路面和种植墙上都装点了粉色花岗岩——平整但不是太光滑。中央的路面在方形格子中嵌入了100mm×100mm规格的小料石，在理性的排列下又显得不呆板。漆成白色的可移动椅子更显得公园不拘一格。统一种植的乔木、围墙上的藤本植物以及花池中的一年生草本植物，软化了公园内其他坚硬材料所形成的僵硬感。

12.3.1.4　评价

佩雷公园的应用以简洁明了的功能分区、有效的场地围合、富有特色的景物以及有选择性的细节设计等成就了它宜人的休憩空间。佩雷公园尺度宜人，环境舒适，深受人们的喜爱，是口袋公园的经典之作。

公园最初的原型是一个小型户外空间的概念，在这个户外空间中，购物者可以来到公园休息；路过的市民和来自外地的旅行者也会被这钢筋混凝土森林中的一抹新鲜且宁静的绿色吸引进来。

在公园的使用方面，佩雷公园也因其精细而成熟的设计成为一个很好的实例，它利用城市高楼的背景形成了很好的微气候；利用瀑布的水声减弱街道噪声；利用城市地区户外饮食供应吸引人群；利用折叠座椅等各种休息设施容纳密集的人群。佩雷公园在细节上很好地融入了城市，并且成为人们城市生活中不可缺少的部分。

12.3.2 美国纽约绿亩公园

12.3.2.1 背景

绿亩公园（Green Acre Park）位于美国纽约市，建成于1975年10月，是一座使用频率非常高的口袋公园。公园由佐佐木事务所设计，在2008年被评为世界最佳公园之一。

12.3.2.2 区位

绿亩公园位于纽约市第51街，第2和第3大道之间，面积约600m^2，基地为长36m、宽18m的长方形；西南朝向，阳光充足。整个公园内容大概包括景观瀑布、水流、12株乔木、休息凉亭、休憩桌椅、售卖亭以及3个有高差区别的休息空间。

12.3.2.3 设计

绿亩公园平面设计划分为入口、交通、种植、水景和三个休息区域（图12-6）。入口的区域是亭廊和台阶部分；交通区则是整个公园的园路，畅通地连接了入口和其他使用空间；种植区主要通过植物景观的种植，在美化环境的同时，也起到了边界分隔空间的作用；水景设计在公园的边缘位置，作为整个公园的主要景观元素之一同时做到最大限度地不占用使用空间；整个公园最具代表性的是三个有高差层次的空间，在丰富游人空间体验的同时也增加游人休憩空间。

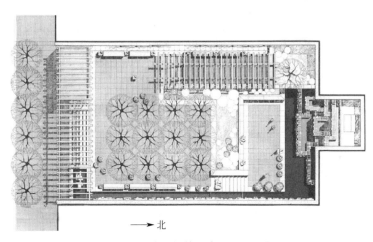

图12-6　美国纽约绿亩公园平面图

绿亩公园主体空间为三个有落差的休憩空间，在设计过程中充分利用了基地地形，虽然平面面积仅有600m^2，而实际有效休憩空间非常丰富。主要休憩空间为中间层的树阵广场，广场顶面由12株乔木构成，是一个非常有代表性的、特色的覆盖空间。空间内休憩桌椅使用活动式交错排列，用规则式则会使空间偏生硬刻板；而固定座椅则用统一的形式和材料，但又有分隔和连续的变化，方便使用的同时丰富了空间的变化。

绿亩公园在处理特色景观时，充分利用了水、植物等元素组合处理，特别是水元素的应用。与佩雷公园不同的是，绿亩公园面积稍微偏大、地基不一样，因此，绿亩公园在其末端设计了富有层次感的人工瀑布，在瀑布两侧种植着茂盛的景观植物，流水与植物在对比之下，更加突显出生动（图12-7）。休憩人群享受在其中，潺潺的水流声，隔绝了公园与外界吵闹的环境，在繁杂中感受着大自然的宜人（图12-8）。

绿亩公园的其他细节处理也非常周全。如入口亭廊的构造，采用延伸无柱廊架，造型简洁但非常独特，使空间开敞、通透；公园内种植的时令花卉，种植容器选择半椭圆形态，组合方式紧密有致、灵活多样。花卉品种繁多，形态、色彩或花香随着季节的更换而变化，为空间增色不少，但是后期管理非常重要。

图 12-7　美国纽约绿亩公园的流水瀑布

图 12-8　美国纽约绿亩公园的流水瀑布和休憩的人群

12.3.2.4　评价

绿亩公园的设计，合理运用了基地现状，并通过服务设施与景观元素的组合设计，在面积仅有 600m² 的基址上建设了层次丰富的休憩空间。绿亩公园的建设、应用以及人们对它的喜爱再次诠释了袖珍型游园的特点，如尺度亲切、环境自然、功能性强、使用频率高、舒适宜人等。绿亩公园和佩雷公园并称"姐妹公园"，也有着世界最佳公园的美誉之称。

12.3.3　上海创智公园

12.3.3.1　背景

创智公园（Kic Park）为上海创智天地园区一期工程建设过程中未被充分利用的遗留地。该公园于 2009 年由意大利建筑师盖天柯（Francesco Gatti）带领团队设计完成，是我国近几年对城市街角绿地应用较经典、成功的一个案例。

12.3.3.2　区位

创智公园在上海创智天地园区一期内一处街角，基址面积约 1100m²，现在作为附近同济大学和复旦大学的学生进入创智坊的入口处。

12.3.3.3　设计

创智公园平面图见图 12-9。创智公园构成要素的基本材料，主要选用木质平台、钢结构、砖墙、木质板，使用折叠铺装结合草坪的方式，使整个场地创意性地收紧，灵动又亲和，它会随时间流逝而记录自然环境、年代的变化，给人一种真实的朴素感。

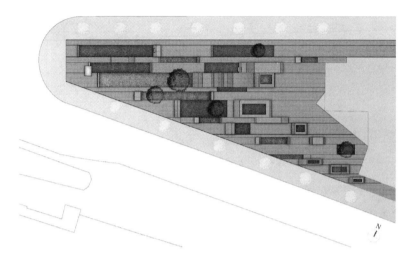

图 12-9　上海创智公园平面图

Francesco Gatti 运用翻折的木制地板体系，把本是原生态的、无个性的材料打造成为既有个性化又具有原创性的作品（图 12-10、图 12-11）。绿地空间主要通过木制地板体系的折叠打造而成，整个场地思维意向图来源，像扇子般裁剪翻折的纸片。

图 12-10　上海创智公园的座椅（一）

场地木板的折叠变成了高高低低的座椅、躺椅或者平台，人群在这里可坐、可躺、可依、可靠、可跳、可跑，甚至可以来点不一样的行走方式，追求特别的新鲜感。掀起来竖直偏高的木板平台变成公共标识、公告墙等。整个场地的设计致力于应对公共场地中不可或缺的各种功能。

设计师根据人的心理活动、行为需求及周边环境等，结合材料折叠方式的使用造型创造出各种不同的空间，如木板的高低升降体现了植物之间的内部空间，同时创造出一块拥有朋友聚会和休憩交流功能的公共空间。又因场地条件和尺度的局限性，折叠木质体系在整个公

图 12-11　上海创智公园的座椅（二）

园场地上做出一些特色的处理，以个性空间的营造作为对待特定地形文脉条件的回应而"独一无二"，在本来平淡的位置引入发散性的间隔区域，以帮助人们找到各自的个人空间。

12.3.3.4　评价

上海创智公园原本作为创智坊入口处的一块小空地，面积小且处于街角，在快速的城市建设中，成了城市的"漏网之鱼""尴尬之地"。创智公园的建设不但解决了创智坊入口空间的需求，也解决了城市建设过程中此类缝隙空间，使土地得到了充分的利用。

它以独特的材料、个性的空间为附近的人群提供交流的场所，为路过的行人提供休憩的空间，为政府提供公告墙，为陌生人提供标识等。在那里可坐、可躺、可倚靠，可以和朋友谈天说地，可以一个人安静地享受音乐等。创智公园虽然面积仅有 $1100m^2$，但无论是从材料选择还是空间构造，都充分展现着它极大的功能意义，其实也是在展现现代小型休憩空间应用的意义。

课程思政教学点

教学内容	思政元素	育人成效
游园规划设计原则及游园实例分析	人文关怀	引导学生在设计时，以人为本，关注游人的心理和行为规律，尤其要关注弱势群体和特殊人群，如营造良好的微气候、设计无障碍通道等

参 考 文 献

[1] Rybczynski W，陈伟新，Gallagher M. 纽约中央公园 150 年演进历程［J］. 国外城市规划，2004，19（2）：65-70.

[2] 陈美兰. 北京郊野公园建设发展研究［D］. 北京：北京林业大学，2008.

[3] 冯璐. 不同类型城市公园绿地防灾避险规划研究［D］. 哈尔滨：东北林业大学，2014.

[4] 金云峰，周聪惠. 城市绿地系统规划要素组织架构研究［J］. 城市规划学刊，2013（3）：86-92.

[5] 靳晓雨. 浅谈美国纽约中央公园历史发展变化的启示［J］. 黑龙江史志，2014（17）：142-144.

[6] 李倞，秦柯. 西方城市公园发展史［J］. 山西农业科学，2008（10）：86-88.

[7] 李玉红. 日本城市公园绿地管理发展研究［J］. 中国园林，2009，25（10）：77-81.

[8] 李韵平，杜红玉. 城市公园的源起、发展及对当代中国的启示［J］. 国际城市规划，2017，32（5）：39-43.

[9] 廖亚平. 浅析低碳理念的城市公园规划设计［J］. 低碳世界，2017（28）：193-194.

[10] 卢宁，李俊英，闫红伟，等. 城市公园绿地可达性分析——以沈阳市铁西区为例［J］. 应用生态学报，2014，25（10）：2951-2958.

[11] 骆天庆. 美国城市公园的建设管理与发展启示——以洛杉矶市为例［J］. 中国园林，2013，29（7）：67-71.

[12] 孙媛. 从城市公园看中国现代景观的产生与发展［D］. 天津：天津大学，2009.

[13] 唐学山. 园林设计. 北京：中国林业出版社，1997.

[14] 陶晓丽，陈明星，张文忠，等. 城市公园的类型划分及其与功能的关系分析——以北京市城市公园为例［J］. 地理研究，2013，32（10）：1964-1976.

[15] 田丽萍. 奥姆斯特德城市公园规划理念的形成与发展［D］. 太原：山西农业大学，2014.

[16] 吴人韦. 英国伯肯海德公园——世界园林史上第一个城市公园［J］. 园林，2000（3）：41.

[17] 徐波，赵锋，李金路. 关于"公共绿地"与"公园"的讨论［J］. 中国园林，2001，17（2）：6-10.

[18] 许浩. 美国城市公园系统的形成与特点［J］. 华中建筑，2008，26（11）：167-171.

[19] 杨忆妍，李雄. 英国伯肯海德公园［J］. 风景园林，2013（3）：115-120.

[20] 俞青青. 城市湿地公园植物景观营造研究［D］. 杭州：浙江大学，2006.

[21] 赵迪. 俄罗斯园林的历史演变、造园手法及其影响［D］. 北京：北京林业大学，2010.

[22] 赵晶，朱霞清. 城市公园系统与城市空间发展——19 世纪中叶欧美城市公园系统发展简述［J］. 中国园林，2014，30（9）：13-17.

[23] 赵晓铭，孟醒. 欧洲主要国家现代城市公园发展动态与经验借鉴［J］. 中国园林，2013，29（12）：94-98.

[24] 庄晨辉. 城市公园［M］. 北京：中国林业出版社，2009.

[25] ［美］爱德华·格莱泽. 城市的胜利［M］刘润泉，译. 上海：上海社会科学院出版社，2012.

[26] ［美］查尔斯·E·利特尔. 美国绿道［M］. 余青，莫雯静，陈海淋，译. 北京：中国建筑工业出版社，2013.

[27] ［美］简·雅各布斯. 美国大城市的死与生［M］. 金衡山，译. 南京：译林出版社，2006.

[28] 李俊奇，车武. 德国城市雨水利用技术考察分析［J］. 城市环境与城市生态，2002，15（1）：47-49.

[29] 夏镜朗，崔浩. 澳大利亚水敏性城市设计经验对我国海绵城市建设的启示［J］. 中国市政工程，2016（4）：36-40.

[30] 亚当·斯密. 国富论［M］. 北京：中国华侨出版社，2005.

[31] 杨滨章. 哥本哈根"手指规划"产生的背景与内容［J］. 城市规划，2009，33（8）：52-58.

[32] 杨锐. 都市港湾：多伦多唐河下游地段一次成功的景观城市主义实践［J］. 现代城市研究，2010（4）：40-44.

[33] ［英］伊恩·伦诺克斯·麦克哈格. 设计结合自然［M］. 黄经纬，译. 天津：天津大学出版社，2006.

[34] 中华人民共和国住房和城乡建设部，中华人民共和国国家质量监督检验检疫总局. 城市公园设计规范（GB 51192—2016）［S］. 北京：中国建筑工业出版社，2016.

[35] 杜汝俭，李恩山. 园林建筑设计［M］. 北京：中国建筑工业出版社，2009.

[36] 胡洁，吴宜夏，吕璐珊. 北京奥林匹克森林公园山形水系的营造［C］. //中国风景园林高层论坛：风景园林新亮点. 2007.

[37] 胡长龙. 园林规划设计［M］. 北京：中国农业出版社，2002.

[38] 刘颂，刘滨谊. 城市绿地系统规划［M］. 北京：中国建筑工业出版社，2011.

[39] 王绍增. 城市绿地规划［M］. 北京：中国农业出版社，2008.

［40］ 杨赉丽.城市园林绿地规划［M］.北京：中国林业出版社，1997.

［41］ 陈丽筠.浅议综合性功能的当代城市公园设计［D］.厦门：厦门大学，2009.

［42］ 丁静雯，王云.上海综合性公园水景规模调查研究［J］.上海交通大学学报（农业科学版），2013，31（3）：29-33.

［43］ 董丽，胡洁，吴宜夏.北京奥林匹克森林公园植物规划设计的生态思想［J］.中国园林，2006，22（8）：34-38.

［44］ 胡洁，吴宜夏，段近宇.北京奥林匹克森林公园交通规划设计［J］.中国园林，2006，22（6）：20-24.

［45］ 胡洁，吴宜夏，吕璐珊.北京奥林匹克森林公园景观规划设计综述［J］.中国园林，2006，22（6）：1-7.

［46］ 胡洁，吴宜夏，吕璐珊等.北京奥林匹克森林公园竖向规划设计［J］.中国园林，2006，22（6）：8-13.

［47］ 庞瑀锡.北京城市综合公园儿童活动场地使用状况评价（POE）研究［D］.北京：北京林业大学，2015.

［48］ 王鹏，姚朋.作为绿色基础设施枢纽的城市综合公园发展策略探讨［J］.建筑与文化，2014（12）：96-97.

［49］ 夏成钢，王智等.历史与现代之间——北京海淀公园设计思路［J］.中国园林，2005，21（3）：1-5.

［50］ 尹露曦.城市综合公园景观生态化设计方法探析［D］.北京：北京林业大学，2015.

［51］ 张益章.基于低影响开发的景观规划设计［D］.北京：清华大学，2015.

［52］ 安德鲁·雷德劳，约翰·雷纳，金荷仙，等.墨尔本皇家植物园依安·波特基金会儿童园的规划与建设［J］.中国园林，2007，23（10）：9-14.

［53］ 杜西鸣.新加坡远东儿童乐园［J］.风景园林，2014（4）：130-137.

［54］ 郭润洁.基于情节建构理念下儿童公园的改造与更新——以郑州市儿童公园为例［D］.郑州：河南农业大学，2015.

［55］ 胡仲月.基于儿童身心健康需求的儿童公园设计方法初探［D］.成都：四川农业大学，2014.

［56］ 林娜.基于儿童心理及其行为特征的儿童公园设计研究［D］.广州：华南理工大学，2016.

［57］ 潘建非，陈凯怡.基于色彩心理学的广州儿童公园硬质景观分析［J］.广东园林，2016，38（5）：9-15.

［58］ 汤辉，叶瑞盈，陈锦济.基于视觉感知的城市儿童公园入口空间吸引力研究——以广州市区儿童公园为例［J］.中国园林，2016，32（7）：73-77.

［59］ 殷彦.儿童游戏场地空间景观分析研究［D］.咸阳：西北农林科技大学，2013.

［60］ 程鲲.动物园游客的观赏和教育效果评价［D］.哈尔滨：东北林业大学，2003.

［61］ 冯冰.动物园规划设计研究——南昌市动物园设计研究［D］.南昌：南昌大学，2011.

［62］ 王凯.动物园观展设计的研究［D］.哈尔滨：东北林业大学，2006.

［63］ 康兴梁.动物园规划设计［D］.北京：北京林业大学，2005.

［64］ 李程远.展示、保护与教育：新加坡动物园规划设计研究［J］.风景园林，2016，32（9）：34-43.

［65］ 吕向东.新加坡夜间野生动物园［J］.野生动物，1996（6）：40-42.

［66］ 梦梦，纪建伟，张志明，等.我国野生动物救护现状及发展分析［J］.林业资源管理，2016（2）：19-24.

［67］ 汪辉，汪松陵.园林规划设计［M］.北京：化学工业出版社，2012.

［68］ 吴俊.北京动物园设计初探［D］.北京：北京林业大学，2007.

［69］ 张恩权.动物园的发展历史［J］.科学，2015，67（2）：16-20.

［70］ 张恩权.动物园设计［M］.北京：中国建筑工业出版社，2011.

［71］ 张明千.江苏淮安市动物园动物展区的生态化、景观化建设［J］.中国园艺文摘，2015（4）：146-147.

［72］ 张天洁，李程远，朱瀚森.生物友好与自然教育——美国圣地亚哥动物园规划设计研究［J］.风景园林，2016，32（9）：23-43.

［73］ 陈进勇.邱园的规划和园林特色［J］.中国园林，2010，26（1）：21-26.

［74］ 郭雪蓉.现代植物园景观的营造法则研究［D］.昆明：昆明理工大学，2007.

［75］ 贺善安，顾姻，褚瑞芝，等.植物园与植物园学［J］.植物资源与环境学，2001（4）：48-51.

［76］ 克利斯朵夫·瓦伦丁，丁一巨.上海辰山植物园规划设计［J］.中国园林，2010，26（1）：4-10.

［77］ 李方正，李雄，牛琳，等.植物分类园景观营造研究——以晋中百草坡森林植物园分类园为例［J］.风景园林，2015（7）：96-101.

［78］ 李萍.植物专类园发展及类型研究［D］.北京：北京林业大学，2011.

［79］ 李正，李雄.中国山地景观中的植物园——以北京植物园为例［J］.风景园林，2016（7）：64-73.

［80］ 麻广睿.植物园发展与更新规划［D］.北京：北京林业大学，2009.

［81］ 曲晓妍，张德娟.浅议植物园分类与生态可持续发展性［J］.辽宁农业科学，2009（2）：55-56.

［82］ 容克·格劳，丁一巨.从药草园到专类园——欧洲大陆植物园的发展历程［J］.中国园林，2010，26（1）：18-20.

［83］ 苏文松.植物园规划设计的地域性特色研究［D］.南京：南京林业大学，2008.

[84]　陶昕，李勇．生态仙湖——写意自然．深圳市仙湖植物园的规划与生态发展 [J]．风景园林，2010 (5)：67-69.

[85]　王修齐，张铭．林奈和林奈植物园 [J]．植物杂志，1990 (5)：39-41.

[86]　王中英．国外的植物园 [J]．世界农业，1989 (6)：41-43.

[87]　魏晓玉，李雄．悉尼皇家植物园的发展历程及规划设计研究 [J]．建筑与文化，2016 (2)：229-231.

[88]　闫会玲，杜勇军，刘立成，等．植物园规划设计原则初探 [J]．陕西林业科技，2015 (4)：94-96.

[89]　余树勋．植物园规划与设计 [M]．天津：天津大学出版社，2000.

[90]　赵书笛．药用植物园规划设计研究 [D]．北京：北京林业大学，2015.

[91]　韩文秀．以迪士尼乐园为例探析体验设计 [J]．科技与创新，2016 (11)：56.

[92]　金盏．人性化设计再现园林景观设计中的应用分析——由迪士尼乐园引发的有关于园林景观设计思考 [J]．建筑节能，2018 (20)：163-164.

[93]　刘烨鑫．论现代城市生活的迪士尼化——以上海南京路步行街为例 [D]．上海：复旦大学，2012.

[94]　盛锴．"迪斯尼化"视角下的当代商业综合体设计研究 [D]．杭州：浙江大学，2013.

[95]　肖晗．迪士尼乐园的规划分析 [J]．中国水运，2015 (6)：333-336.

[96]　熊瑛．大型主题公园策划与规划研究 [D]．北京：北京工业大学，2001.

[97]　徐方斐．主题乐园周边道路景观设计探究——以上海迪士尼乐园南入口道路景观提升工程为例 [J]．交通设计，2017 (7)：38-42.

[98]　周慧惠，郑靖婷，束芸．美国境外迪士尼乐园规划特征比较分析 [J]．规划师，2016，32 (8)：136-140.

[99]　贺旺．后工业景观浅析 [D]．北京：清华大学，2004.

[100]　胡燕．后工业景观设计语言研究 [D]．北京：北京林业大学，2014.

[101]　梁芳．我国后工业公园设计探讨 [D]．哈尔滨：东北林业大学，2007.

[102]　刘抚英，邹涛，栗德祥．后工业景观公园的典范——德国鲁尔区北杜伊斯堡景观公园考察研究 [J]．华中建筑，2007，25 (11)：77-84.

[103]　王向荣，林箐．西方现代景观设计的理论与实践 [M]．北京：中国建筑工业出版社，2002.

[104]　俞孔坚，凌世红，袭伟，等．上海世博后滩公园城市景观作为生命系统 [J]．城市环境设计，2013，71 (5)：116-119.

[105]　张静．城市后工业公园剖析 [D]．南京：南京林业大学，2007.

[106]　朱梅安．后工业景观的生态规划设计研究 [D]．杭州：浙江大学，2013.

[107]　陈佳宁．人与自然交融的城市湿地公园规划设计研究 [D]．哈尔滨：东北农业大学，2016.

[108]　城市湿地公园设计导则 [S]．北京：住房城乡建设部，2017.

[109]　仇保兴．城市湿地公园的社会、经济和生态意义 [J]．中国园林，2006，22 (5)：5-8.

[110]　高江菡．城市湿地公园设计探究 [D]．北京：北京林业大学，2014.

[111]　李进进．城市湿地公园规划设计研究 [D]．南京：南京农业大学，2014.

[112]　李林梅．城市湿地公园规划设计理论初探 [D]．北京：北京林业大学，2007.

[113]　骆林川．城市湿地公园建设的研究 [D]．大连：大连理工大学，2009.

[114]　唐旭卉．城市湿地公园景观规划设计初探 [D]．北京：北京林业大学，2016.

[115]　吴彪．镇江焦北滩湿地公园生态规划研究 [D]．南京：南京林业大学，2011.

[116]　许婷，简敏菲．城市湿地公园研究进展及发展现状 [J]．安徽农业科学，2010，38 (16)：8753-8755.

[117]　张聪颖．城市新区湿地公园规划设计方法研究 [D]．北京：北京林业大学，2016.

[118]　周建东．城市湿地公园生态规划设计的理论框架研究 [J]．安徽农业科学，2007，35 (36)：11818-11821.

[119]　曹华芳，刘剑，徐峰等．元大都遗址公园道路系统调查与分析 [J]．安徽农业科学，2007，35 (27)：8545-8549.

[120]　郭俊伶．现代遗址保护新模式——城市遗址公园 [J]．大众文艺，2014 (20)：108.

[121]　李彬．北京元大都遗址公园植物景观配置分析研究 [J]．山西建筑，2018，44 (1)：190-192.

[122]　李梦磊．元大都城墙遗址公园浅析 [J]．遗产与保护研究，2017，2 (2)：166-171.

[123]　彭历．北京城市遗址公园研究 [D]．北京：北京林业大学，2011.

[124]　沙鸣娜，杨昌明．城墙遗址公园历史与文化表达手法探究 [J]．华中建筑，2012 (10)：140-143.

[125]　滕磊．国家考古遗址公园的实践与思考 [J]．博物馆，2018，11 (5)：95-100.

[126]　张琳，张迪昊，许凯，等．基于遗址保护与展示的城墙遗址公园规划探索——以唐长安城城墙遗址公园规划为例 [J]．规划师，2010，26 (10)：47-52.

[127]　张凯莉，周曦．对城墙遗址公园规划设计问题的思考——以北京明城墙遗址公园为例 [J]．建筑与文化，2015 (11)：106-108.

[128]　赵放中，梅红，王浩，等.北京皇城根遗址公园浅析 [J].中国城市林业，2011，9（1）：19-21.

[129]　李婧轩.袖珍公园景观设计研究 [D].哈尔滨：东北林业大学，2010.

[130]　罗佳.街旁绿地人性化空间营造研究 [D].哈尔滨：东北林业大学，2011.

[131]　宋佳慧，范晓杰，于东明等.地域性景观视角下的街旁绿地设计研究 [J].华中建筑，2016（7）：91-95.

[132]　袁野.袖珍公园的发展与规划设计对策的研究 [D].哈尔滨：东北林业大学，2006.

[133]　曾美华.基于"口袋公园"概念下小型休憩绿地的规划设计研究 [D].南昌：江西农业大学，2016.